ちくま新書

やりなおし高校物理

永野裕之
Nagano Hiroyuki

1454

やりなおし高校物理【目次】

数式の博物館

図版作成　朝日メディアインターナショナル株式会社

はじめに

宇宙は、およそ138億年前に生まれました。地球が誕生したのは約46億年前です。これに対して、現生人類（ホモ・サピエンス）が出現したのは約20万年前。言うまでもなく、宇宙は人類が生まれるずっと前からありました。自然界の法則は、人間が発明したものではなく、気がついたときにはすべてそこにあったのです。人類は長い時間をかけてそれらを少しずつ「発見」し、あるときは「まさか！」と驚き、あるときは「さもありなん」と納得しながら、自分たちをとりまく宇宙を理解してきました。物理というのは、そうやってわかってきた自然法則＝「物の道理」を体系化してまとめた学問です。

物理学の対象は文字通り森羅万象に及び、力学、熱学、音響学、光学、電磁気学、素粒子物理学、天体物理学、物性物理学など多岐にわたりますが、本書では、高校の物理の主要４分野である「力学」、「熱力学」、「波動」、「電磁気」を扱っています。

『やりなおし高校物理』というタイトルの本書を書かせていただくにあたって、私が特に気をつけたのは次の4点です。

①読み物として面白いこと

できるだけ教科書的にならないように気をつけました。また身近な例を用いることで、読者の方の興味を惹きつけ、先を読みたくなるように留意したつもりです。また各節の終わりにはこぼれ話的な「コラム」も設けました。

②数式を極力使わないこと

全編にわたり極力数式を使わずに説明してあります（もっとも苦心しました）ので、数式アレルギーをお持ちの方にも楽しく読んでいただけると思います。ただ、物理を通して数学を見ることで、数や数式の意味と意義がとてもよくわかるようになるというのは、物理を学ぶ醍醐味の一つです。そこで、時々「数式の博物館」と名付けた横書きの頁を挟ませてもらいました。本文で説明した物理現象のイメージをもって数式を眺めてもらうことで、物理的にも数学的にもきっと新しい気づきが得られるはずです。

③図を多く用いること

数式がない分、どうしても図によってイメージを膨らませていただくことは必要だと考えました。こうした縦書きの新書としては図の分量は異例なほど多いと思います。

④物理法則が発見された経緯（科学史）を紹介すること

科学史に多くの頁を割いているのは本書の特徴のひとつです。人類がどのようにある自然法則を見つけたのかを知っていただくことは、どうしてその物理法則が必要になったのかという疑問にお答えするだけでなく、ひとつひとつの法則に人間の血を通わせることにもなると思います。過去の天才たちが苦労の末に偉業を成し遂げるまでのドラマをどうぞお楽しみください。

本書の読者対象は主に、高校時代に物理を選択したものの、あまりよく理解できなかった方や、現役の高校生の方を考えています。学校の授業や教科書とはひと味違った角度から改めて紹介することで、物理に対する立体的な理解を提供し、物理という学問の魅力を再発見していただくきっかけになることを目指して書きました。

また、本書は現在小学生や中学生のお子さんをお持ちの親御さんにもきっと役立てていただけると思います。中学受験の理科で問われる内容や、中学の理科で学ぶ内容は、高校物理の内容を小出しにしている面が多々あるからです。お子さんが理科に躓くのは、全体像が見えないせいであることが少なくありません。そんなときは、是非本書で得られる知見を教えてあげてください。きっと、喜ばれると思います。

さあ、それでは始めましょう。

「力とはなにか」、「温度とはなにか」、「光とはなにか」、「電気とはなにか」といった素朴でかつ根源的な命題をひとつひとつ解決しながら、これまでに人類が摑んだ宇宙の真理にせまっていきます。結果――すべての科学者がそうであるように――「ああ、自然界というのはなんて美しいのだ」と感じていただければ、筆者としてこれ以上の喜びはありません。

永野裕之

第1章 力学

1　運動の表し方

†変位と速度と加速度

「物理とは未来を予測する学問です」と、初めて聞いたときのことはよく覚えています。私は高校一年生でした。未来を予測するという、どこかＳＦ的な響きのある言葉に「勉強」の場で出会った意外性にワクワクしましたし、他の教科では漠然としていた学ぶ目的を、物理では具体的にそして強烈に感じました。その後地球惑星物理学科に進学し、物理を通じて得られた数学の理解を礎にした今があるのは冒頭の言葉に出会ったからだと言っても過言ではありません。

語弊を恐れずに言えば、机の上の消しゴムのように、ずーっと静止している物体は物理の対象として面白みに欠けます。せっかく未来を予想できるのだから変化を扱いたいわけです。

当たり前ですが速度のない物体は位置を変えません。**速度は位置が変化する原因である**

とも言えます。

たとえばあなたが、今車に乗って、時速１００㎞で高速道路を走っているとしましょう。そのまま速度を保って1時間運転をし続ければ、30分後あなたは今より50㎞先の地点にいることが予想されます……なんて、小学校のときにならった速さ×時間＝距離という公式で計算したに過ぎないと思われるかもしれませんが、これだって**等速度運動**における位置の変化を予測するという立派な物理です。

ただし、物体が重力で落下する時のように、刻一刻と速度が変化する場合は、速さ×時間＝距離という公式では未来を正確に予測することはできません。**加速度**という概念も使って、記述する必要があります。

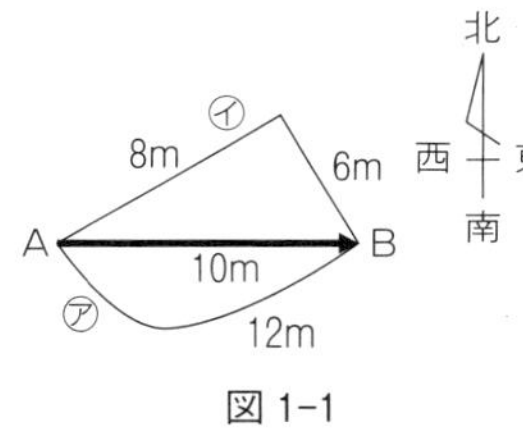

図 1-1

先の話を進める前にここでいくつかの言葉の定義を確認させてください。まず、**変位**（displacement）と**移動距離**（migration length）について。

図１－１でＡ地点からＢ地点まで移動したとします。このとき、**変位**というのは、**最初と最後の位置の変化を表す量**なので、この場合の変位は「東に10ｍ」です。変位は**距離**だけでなく**向きも持つ量**

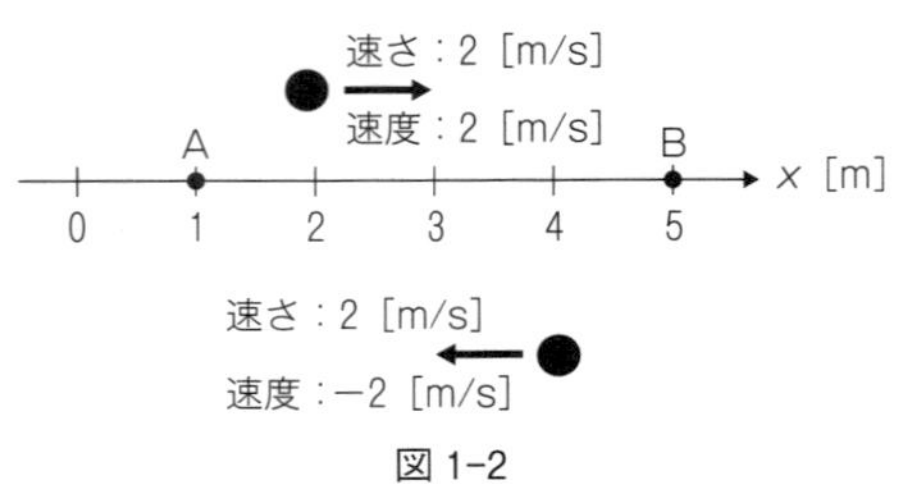

図1-2

（数学的にはベクトル）であることに注意してください。

一方の**移動距離**は**経路に沿った長さ**を表します。移動距離は方向をもたない量（スカラーといいます）です。図1-1で㋐の経路における移動距離は12mであり、㋑の経路における移動距離は14mです。たとえば、100mのトラックをちょうど一周したとき、変位は0ですが、移動距離は100mになります。

また物理では、**速さ**（speed）と**速度**（velocity）は意味が違いますので注意してください。

図1-2で、物体が2秒間でx軸上をAからBまで移動したとします。**速さとは1秒間に進む距離**なので、この場合の速さは秒速2mです。

次に、物体が2秒間でx軸上をBからAまで移動したとします。この場合も速さは先ほどと同じ秒速2mです。ただし、**速さは大きさだけを考えるのに対して、速度は向きも考える**（数学的には、速度は変位ベクトルと同じ方向を持つベクトルです）ので、この場合の速度は秒速マイナス2mになります。たとえば、東京―新大阪間を走る東海道新幹線の速さが時速200kmのとき、上りを正の向きにすると、上りでも下りでも速さは時速200kmですが、速度は、上りなら時速（プラス）200km、下りなら時速マイナス200kmになります。速さは速度の絶対値であるという理解でも構いません。

さらに、物体の速度が変化するとき、物体は**加速度**（**acceleration**）を持ちます。言わば、**物体の速度変化の原因が加速度**です。加速度は**単位時間**（**ふつうは1秒**）あたりの**速度変化**で定義されます。

つまり「速度変化÷時間（秒）＝加速度」です。なお、ここでいう「速度変化」には、速さは変わらず向きだけが変化する場合も含まれることに注意してください。速度は大きさと方向を持つ量ですから、速度変化を時間で割った加速度もやはり大きさと方向を持つ量（ベクトル）です。

たとえば、直線道路の赤信号で止まっていた車が青で発進し、10秒で時速36km＝秒速10mになったとすると、この間の加速度は1・0［m／s^2］です（図1-3）。

m／s^2は加速度を表す単位で**「メートル毎秒毎秒」**と読みます。これは速度（秒速）表すm／s（メートル毎秒）を秒（s）で割ったことを表しています。

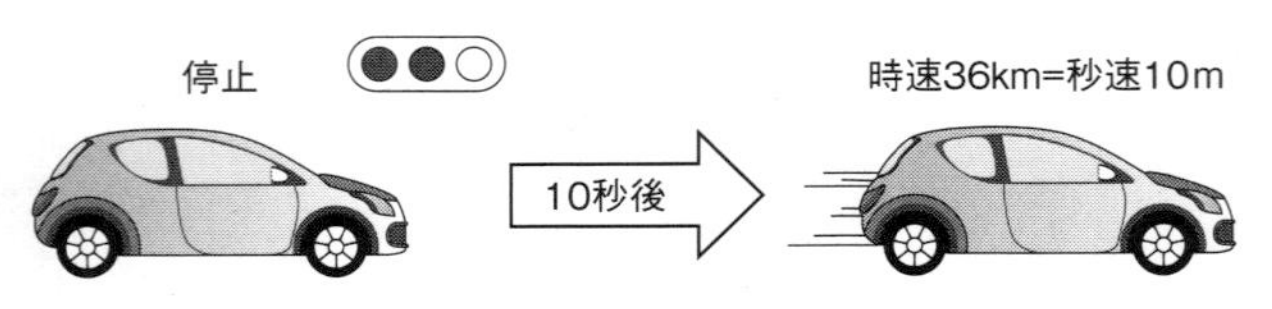

加速度：10[m/s] ÷ 10[s] = 1.0[m/s²]

図1-3

余談ですが、電車などの公共機関の乗り物は加速度がおよそ1・0［m/s^2］以下になるように設定されています。乗り物酔いのことを学問的には「加速度病」と言うことからもわかるように、急激な速度変化は乗り心地がよくないからです。ちなみに新幹線が走り出すときの加速度は0・5［m/s^2］くらいです。

速度と加速度はよく混同されます。でも速度の大きさと加速度の大きさは無関係です。速度が大きいからと言って加速度が大きいとは限りません。どんなに大きな速度を持っていても、等速であれば、加速度は0です。

†等加速度直線運動

物体が一定の加速度で一直線上を運動しているとき、物体は**等加速度直線運動**をしているといいます。等加速度であるとき、単位時間（1秒）あたりの速度変化は一定なので、直線運動をする（方向を変えない）物体が等加速度であるということは、物体の速度変化

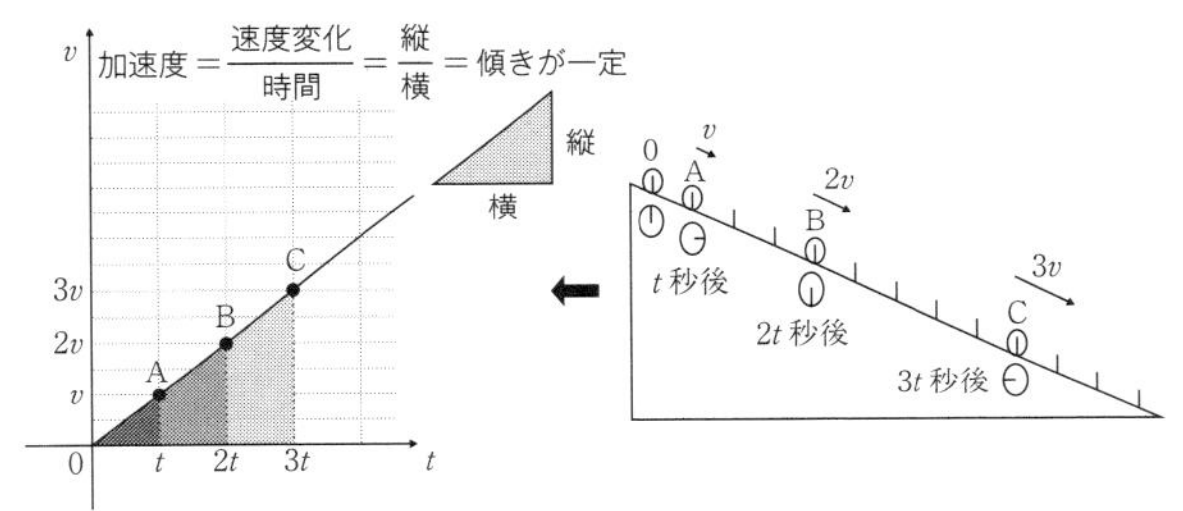

図 1-4

の大きさが時間に比例することを意味します。すなわち時間が2倍、3倍になれば、速度変化の大きさも2倍、3倍になるということです。

例として図1－4のように坂の上を転がるボールの運動を考えてみましょう。あとで詳しくお話ししますが、物体に働く力が一定のとき、物体の加速度は一定になりますので重力にしたがって転がり落ちるこのボールの運動は等加速度直線運動です。

時刻0のとき（ストップウォッチを押して時間を測り始めたとき）ボールが静止していたとします。その後静かに転がりはじめて、t秒後に上の図のA地点を通過し、2t秒後にはB地点、3t秒後にはC地点を通過したとすると、速度変化（この場合は初速度が0なので速度そのもの）は時間に比例するので、B地点での速度はA地点の速度の2倍、C地点ではA地点の3倍の速度になります。

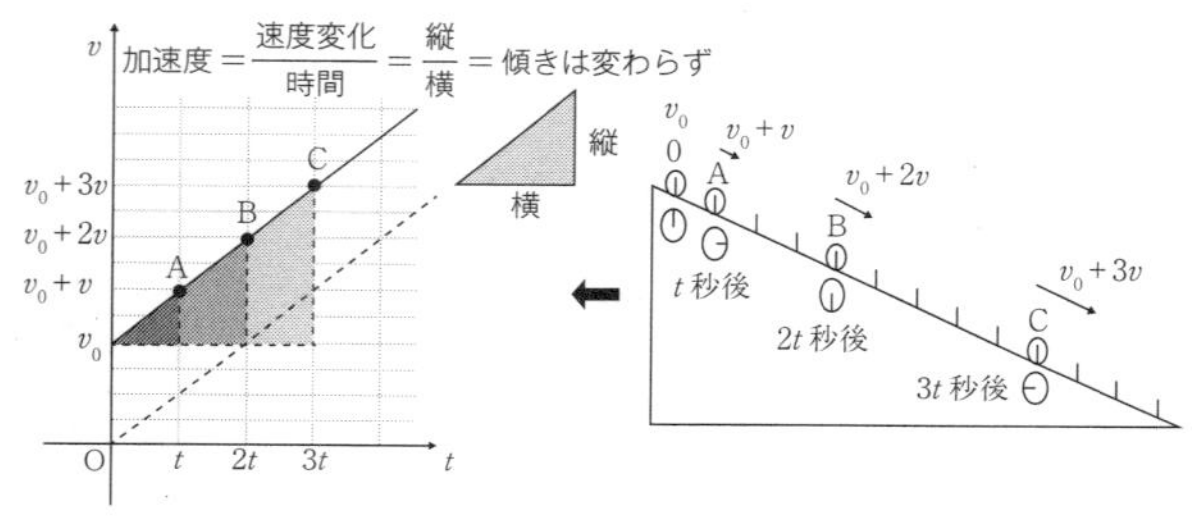

図 1-5

　一般に、比例関係にある2つの変数の一方を縦軸、他方を横軸にとるとそのグラフは原点を通る直線になるので、ボールの運動について**速度を縦軸、時間を横軸にとったグラフ**（**v－tグラフ**といいます）も原点を通る直線になります。

　前述の通り、加速度＝速度変化÷時間ですが、これはv－tグラフの傾き（縦÷横）に一致します。**等加速度直線運動のv－tグラフが直線になる**ことは、加速度が一定であれば傾きが一定になることからもご理解いただけるでしょう。

　では、時刻0のときにボールが静止していないケースは、どうなるでしょうか？（図1－5）これは難しくありません。時刻0における速度（**初速度**といいます）が0でも、0でなくても、加速度が重力によって決まるという点は変わらないからです。速度変化の「原因」である加速度が同じであれば、速度の増え方も同じというわけです。要は、初速度があるケースは、A点を通過するときも、B点を通過するとき、C点を通過するときも（初速度がないケースよりも）初速度の分だけ速くなります。ボールに初速度があると、ｖ－ｔグラフはもはや原点を通りませんが、重力で決まる加速度（傾き）は変わらないので、グラフは先ほどと同じ傾きの直線になります。

さて、ここまで意図的に避けてきた話題があります。それは、等加速度直線運動における移動距離の求め方です。等速運動であれば、冒頭にも登場した「速さ×時間＝距離」を使えば計算できます。でも、刻一刻と速度が変わる加速度運動における移動距離はどのようにして計算すればいいのでしょうか？　その答もｖ－ｔグラフが教えてくれます。

等速運動における「速さ×時間＝距離」はｖ－ｔグラフでは「縦×横＝面積」という長方形の面積に相当します。これを等加速度直線運動に応用してみましょう。

先ほどの坂を転がり落ちるボールのように、一定の加速度を持つ直線運動の速度は徐々に（少し難しく言えば連続的に）変化します。しかし今はこの運動を、ごく短い時間の等速運動の後、瞬時に速度を上げ、またごく短い時間の等速運動をしてから瞬時に速度を上げる……という断続的に速度を上げる等速運動の積み上げで近似します。図１－６の階段状のグラフは、この乗り心地の悪そうな運動をｖ－ｔグラフで表したものです。

等速運動をしている物体の移動距離は長方形の面積で表わせますから、このグラフにおける長方形の面積の和は、断続的に速度を上げる等速運動の移動距離を表します。

　ここで、それぞれの速度で等速運動をする時間すなわち長方形の横の長さを限りなく短くしていったらどうなるでしょうか？　傍目にはだんだん普通の等加速度直線運動と見分けがつかなくなってしまうと思いませんか？　実際、階段状のグラフはギザギザが目立たなくなって、普通の等加速度直線運動のグラフにほぼ重なります（図1－7）。

　こうなってくると等速運動の積み上げによる近似の誤差は小さくなり、等加速度直線運動における移動距離は、（それぞれの速度における）等速運動の移動距離の和で精度よく近似できるでしょう。つまり、等加速度直線運動の移動距離はごくごく細長い長方形の面積

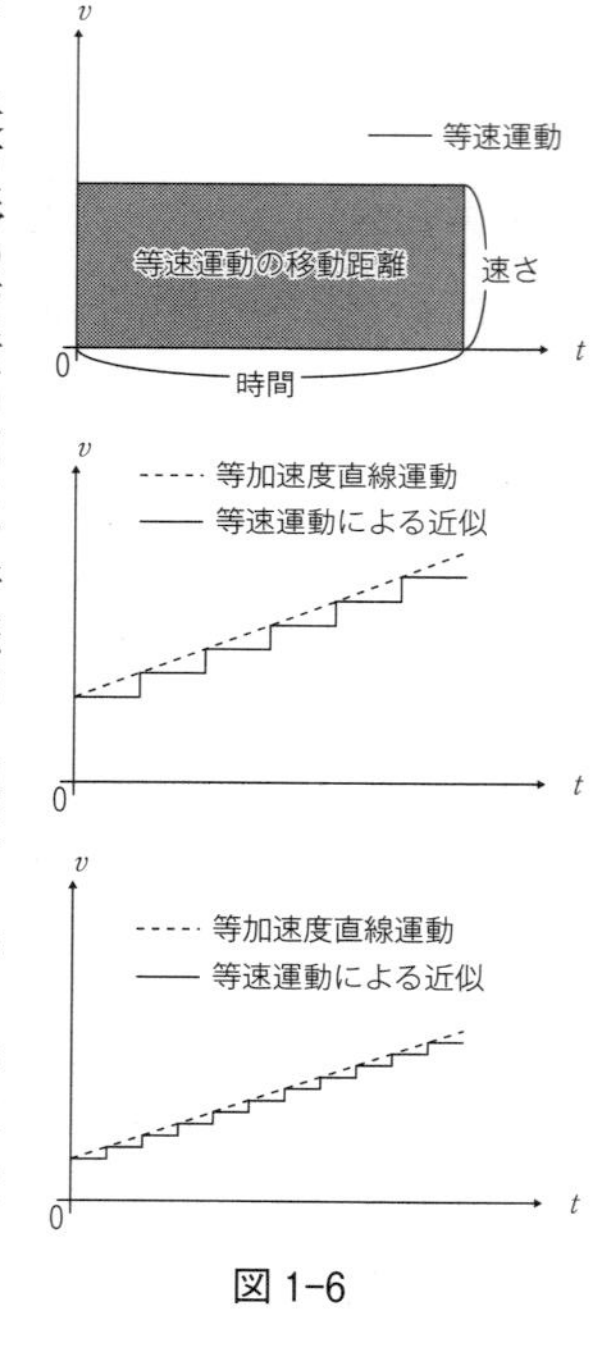

図 1-6

の和に限りなく近くなります。ここで多くの方が「ごくごく細長い長方形の面積の和」と等加速度直線運動のグラフにおける台形の面積はほとんど等しいことに気づかれることと思います。そうです。**等加速度直線運動における移動距離はそのｖ－ｔグラフとｔ軸で囲まれた台形の面積であると考えることができる**のです。

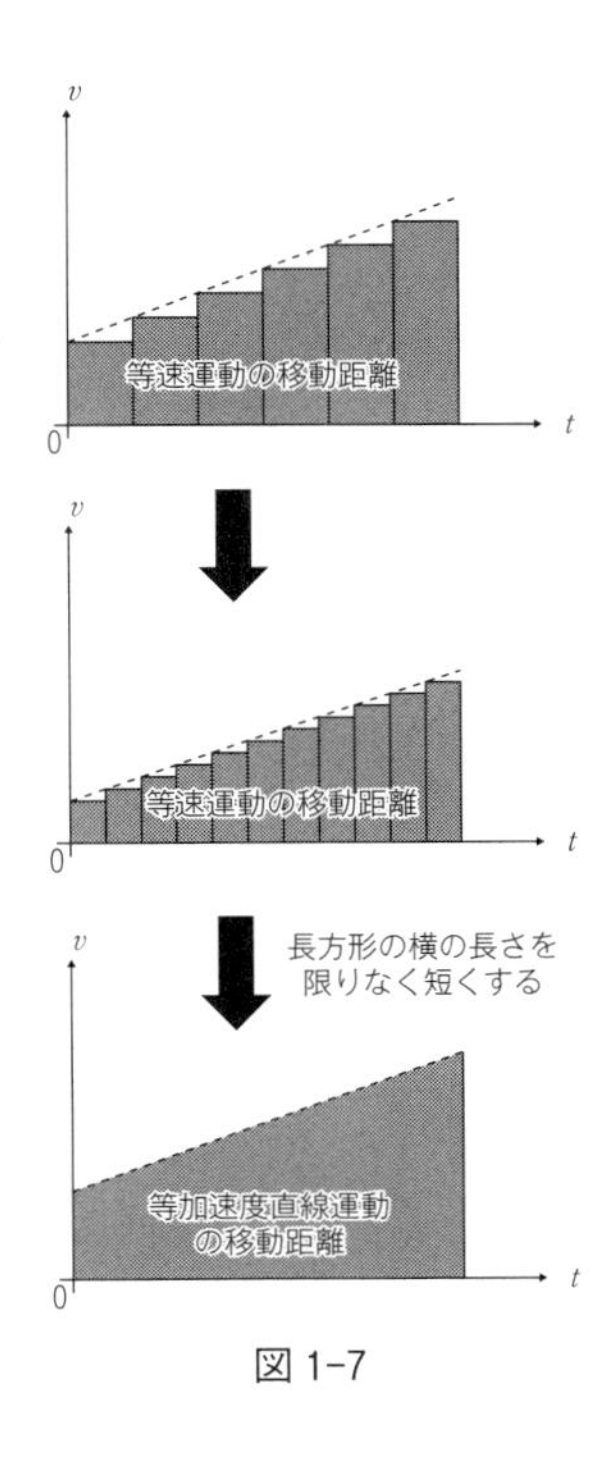

図 1-7

数式の博物館①　等加速度直線運動を表す数式

ここまでの内容を数式で表しておきたいと思います。

加速度は「単位時間あたりの速度変化」ですから、Δt（デルタ）秒の間の速度変化がΔvであったとすると、加速度aは、$a = \dfrac{\Delta v}{\Delta t}$と書くことができます［注：$\Delta$（デルタ）は差を表す際によく使われるギリシャ文字です］。

今、下の図のように、物体が時刻0に初速度v_0で原点を通過し、x軸上を等加速度直線運動してt秒後に速度vになったとします。そうすると、vは次のように表せます。

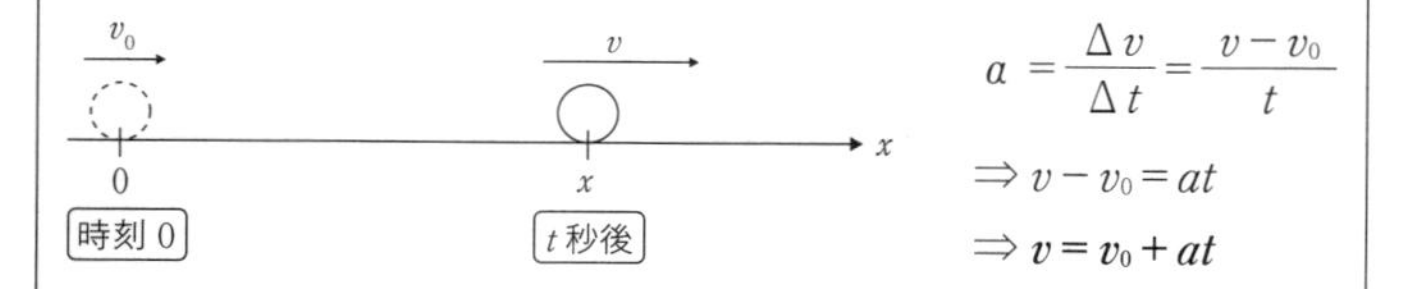

$$a = \frac{\Delta v}{\Delta t} = \frac{v - v_0}{t}$$

$$\Rightarrow v - v_0 = at$$

$$\Rightarrow \boldsymbol{v = v_0 + at}$$

この運動のv-tグラフは下のようになります。移動距離をxとすると、移動距離は「v-tグラフとt軸で囲まれた台形の面積」（17頁）ですから、

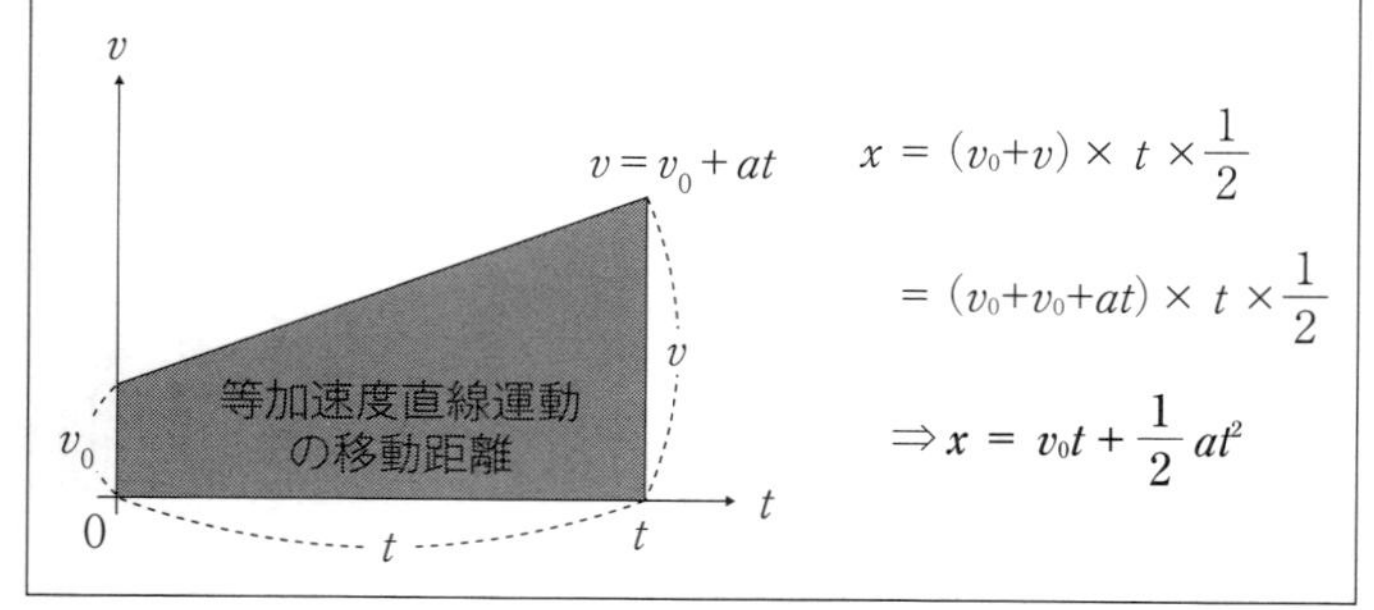

$$x = (v_0 + v) \times t \times \frac{1}{2}$$

$$= (v_0 + v_0 + at) \times t \times \frac{1}{2}$$

$$\Rightarrow \boldsymbol{x = v_0 t + \frac{1}{2} at^2}$$

コラム　運動と微積分

17頁で取り上げた等加速度直線運動をするボールのように、速度が変わり続ける物体の**瞬間の速度**はどのようにして求めればいいのでしょうか？　たとえばA地点からB地点までの距離を、この2点間を移動するのにかかった時間で割っても、A地点を通過した際の瞬間の速度は求められません。ボールはどんどん加速しているわけですから、こうして求めた速度は、Aでの瞬間の速度よりは速い（Bでの瞬間の速度よりは遅い）ことが予想されます。だったら、BよりもっとAに近い点のデータを使って「距離÷時間」を計算すればいいんじゃないか、と考えるのはごくごく自然なことでしょう。（現実的に可能かどうかはさておき）Aからの距離と時間を調べる点がAに近ければ近いほど、「距離÷時間」の計算結果は、Aでの瞬間の速度に近づくはずです。

ただし、距離÷時間の計算において「時間」を完全に0にすることはできません。なぜなら、「0で割る」という数学のタブー（0で割る演算を許すと不合理が生じることがわかっているので数学では禁止されています）を犯すことになってしまうからです。

0に近づければ近づくほどいいとわかっているのに、完全に0になると破綻してしまうというのはジレンマですね……。そこで考え出されたのが**極限**という考え方です。

変数がある値に限りなく近づくとき、その変数によって決まる数（その変数の関数）が限りなく近づく具体的な値を極限といいます。たとえば「1÷x」においてxが大きければ大きいほど、「1÷x」の値は限りなく0に近づきますね。ですから、xを限りなく大きくするときの「1÷x」の極限は0です。……と言うと、「いや、厳密には『約0』でしょ？」と思われる方がいらっしゃるかもしれません。でも「極限は0です」とは「限りなく近づく値は0です」という意味であって0に等しいという意味ではないので「約」は必要ないのです。極限以前の数学は完全に等しいもの以外に「＝」を使うことはありませんでした。でも極限では完全に等しくなることがあるかどうかに拘らず、「限りなく近づく値」を「＝」を使って表します。これは実に画期的なことでした。

極限を使えば、**時間が限りなく0に近づくときの「距離÷時間」の極限は瞬間の速度だと言うことができます。**（言えるだけでなく）極限を考えることで瞬間の速度を実際に計算するためのテクニックも編み出されました。また、22頁で求めた等加速度運動の移動距離も、等速運動の移動距離の和の極限として定義・計算できます。
数学では前者の計算を**微分**、後者の計算を**積分**と呼びます。

2 運動の三法則と色々な力

アイザック・ニュートン（１６４３―１７２７）と**アルバート・アインシュタイン**（１８７９―１９５５）。この２人が物理学史上の２大巨頭であることに異論がある人は少ないでしょう。

言うまでもなくアインシュタインは20世紀最大の物理学者であり、「現代物理学の父」です。一方のニュートンは**ガリレオ・ガリレイ**（１５６４―１６４２）と並んで「近代科学の父」と呼ばれています。アインシュタインが相対性理論等によって現代物理学の扉を開いたのに対し、ニュートンが確立したいわゆる「ニュートン力学」は物理学そのものの出発点であったと言っても言い過ぎではありません。

もちろん、ニュートン以前にも「物理学者」はいました。しかし彼らの理論の多くは、世界を作り給うた神の意図を推し量ろうとするものであり、学問というよりはむしろ哲学に近いものだったと言えるでしょう。実際、ニュートン以前の学者は様々な物理現象について、その都度「この物理現象の裏には〇〇という神のご意志があるのではないか?」という仮説を立て、その仮説の上に個別の原因を解明することに終始していました。

ニュートンはこの作り話的な仮説を嫌いました。実際、世紀の名著『**プリンキピア**(**自然哲学の数学的諸原理**)』の中で「私は仮説を立てない」と明言しています(一説によると、神の行いは人間には理解不能であると考えていたからだとも言われています)。ニュートンは観測される事実のみを頼りに、それらが持つ性質や統一的な法則を解明することに専念しました。たとえ「なぜ」がわからなくても物理法則がどのようになっているかがわかれば十分と考えたのです。『プリンキピア』の中でニュートンが整理し、体系立てた運動の諸法則は、徹底した実証主義に基づいているという点と、地上のリンゴから天体の惑星に至るまでその運動の仕組みを統一的に説明することができるという点でまさに画期的でした。

高校物理における最重要課題はそんなニュートン力学の根幹を成す次の「**運動の三法則**」と**万有引力**(83頁)を理解することです。

【運動の三法則】

運動の第一法則：慣性の法則
運動の第二法則：運動方程式
運動の第三法則：作用・反作用の法則

†慣性の法則

運動の第一法則は「**力が加わらなければ物体は自身の運動状態を維持する**」というものです。ニュートン自身の言葉を借りれば、「物体は外部から加えられた力によって状態が変化しない限り、静止状態か等速直線運動を貫く」とも言い換えられます。これが**慣性の法則**（law of inertia）です。

慣性の法則は運動の三法則の中で最も我々の直感に反するものかもしれません。なぜならサッカーボールを蹴ったときも、机の上の消しゴムを指で弾いたときもボールや消しゴムが運動をし続けるというシーンは見たことがないからです。日常生活の中では物体は最初に力を与えたときこそ勢いよく動き始めますが、徐々にゆっくりになっていつかは止まってしまいます。こうした経験から物体は力が働かないとやがて止まってしまうと考えるようになるのはむしろ自然なことでしょう。

図 1-8

でもこれは誤りです。

慣性の法則の正しさは、氷の上のように摩擦の小さい場所では感じることができます（図1-8）。アイススケートの初心者が誰かに背中を押されて滑り出すと、止まることがいかに難しいかを実感するはずです。たいていは尻もちをつくか、リンクの端の壁に当たるまで滑り続けてしまいます。自分でブレーキをかけられない初心者は、慣性の法則によって同じ速度でまっすぐにすべりつづけるからです。

日常生活の中で地面や床の上を動いている物体がやがて止まってしまうのは力を与え続けないからではありません。ほとんどの場所には摩擦力があるために、進行方向とは逆向きの力を受けるからです。

運動の第一法則は「物体の速度が変化する時、そこには必ず力が存在する」と言い換えることもできます。つまり慣性の法則は、物体の速度（速さや方向）の変化を通して、摩擦力をはじめとする様々な目に見えない力の存在を教えてくれるのです。

一方で、慣性の法則は実感しづらい法則なだけに、様々な錯覚も生み出します。たとえば停止していた車が発進するとき、乗っている人は体が後方に引っ張られるような感じがしますがこれは錯覚です。車の中の人は慣性の法則によって「静止」の運動状態を続けようとするのに対し、車は前に進むので背中がシートに押され、その背中に感じる圧迫を「後ろに引っ張られている」と勘違いしてしまうのです。

一般に加速度運動する空間にいる観測者が感じる見かけの力（本当は存在しない力）を**慣性力**といいます。遠心力やあとで詳しく解説するコリオリ力も慣性力です（92頁）。

ちなみに慣性の法則を最初に発見したのはニュートンではなくガリレオ・ガリレイです。次節（エネルギー保存則）で説明する通り、摩擦が無視できるならば、ある斜面から転げ落ちたボールは、別の斜面を、斜面の角度によらず、最初と同じ高さまで上ります（図1-9）。ガリレオはこの事実に気がつきました。そして彼は「もし上る斜面の角度を極めて小さくしたら、ボールは（力を与え続けなくても）極めて遠くまで転がり続けるのではないか」と考えました。この思考実験から「物体が動き続けるためには力は必要ない」というそれまでの常識を覆す慣性の法則にたどりついたのです。

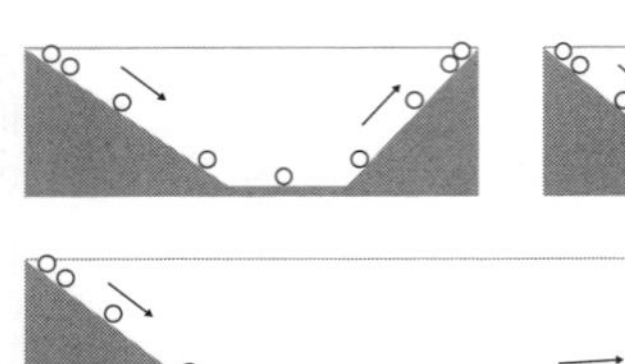

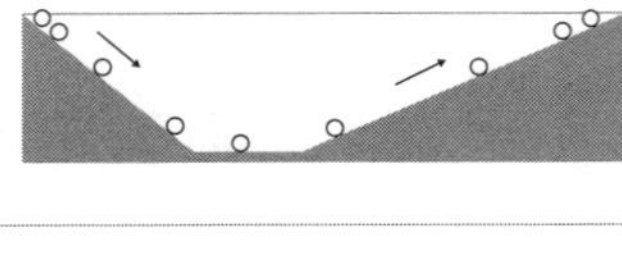

図 1-9

運動方程式

運動の第一法則（慣性の法則）が力を見るためのものだとしたら、運動の第二法則は力を計算するためのものだと言えます。**「物体に加わる力は、物体の加速度と質量の積に等しい」**というが運動の第二法則です。質量をm、加速度をa、力をFとして運動の第二法則を「ma＝F」と数式で表したものを**運動方程式(equation of motion)**といいます（図1－10）。

運動方程式は力とは加速度を生むものであることを教えてくれます。先ほど慣性の法則は「物体の速度が変化するとき、そこには必ず力が存在する」と言い換えられると書きました。速度が変化する原因は加速度ですから、運動方程式はこの定性的な説明を定量化したものだと言うこともできます。

ここで注意していただきたいのは速度の変化には速さの変化だけではなく、方向の変化も含まれるという点です。これも後で詳

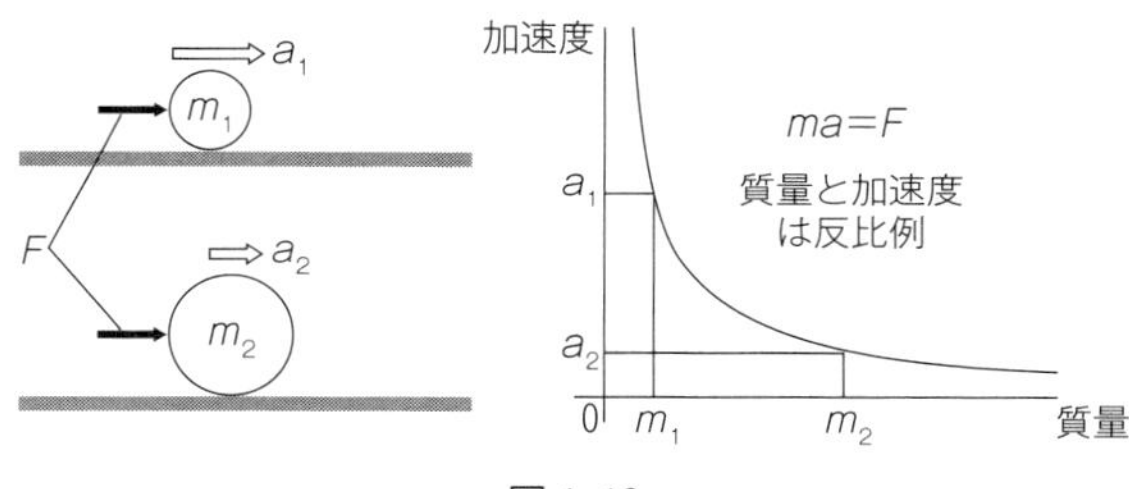

図 1-10

しく解説しますが、等速円運動のように一定の速さで運動する物体にも加速度はあります。円運動というのは運動方向を刻一刻と変える運動ですから、円運動をする物体は常に加速度を持ち、その加速度は中心方向の力が生み出しているわけです（次頁図1－11）。

運動方程式において物体に働く力Fを一定にすれば、質量mと加速度aの積は一定値になります。一般に2つの変数を掛けあわせた値が一定になることは、2つの変数が互いに反比例の関係にあることを意味するのでしたね。つまり、**物体に働く力が一定であれば物体の質量と加速度は反比例します**。例えば、質量が2倍になれば、加速度は半分になります。

ところで、質量と重さの違いはおわかりでしょうか。この2つの言葉は同じ意味だと思ってる方もいらっしゃるかもしれませんが、厳密には違います。

質量は加速度と反比例の関係にあることからもわかる通り、

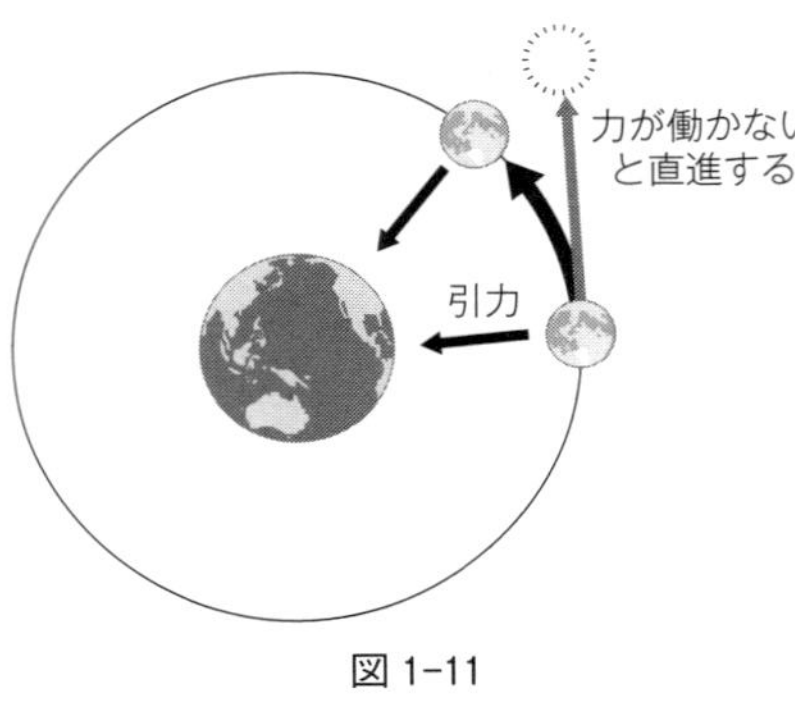

図 1-11

物体の動きにくさの度合いを表す数値です。ですから物体の質量は地球上でも月の上でも宇宙空間でも変わりません。ある物体の質量はその物体固有の量です。

これに対して**重さとは、物体に作用する万有引力（重力）の大きさ**です。重力が変われば重さは変わりますから、同じ物体でも地球上での重さと月面での重さは違うものになります。また地球は完全な球体ではなく、その上標高がマチマチであったり、地球の内部構造が一様ではなかったりするせいで、場所によって万有引力の大きさは微妙に違います。

体重計やばね秤（ばかり）で計測されるのは重さです。たとえばテニスボールの「重さ」を、ばね秤を使ってあなたのご自宅とエベレストの山頂と月面とで測るとしましょう。その測定値は、すべて異なる値になります。

一方、天秤を使えば、このような測定場所による違いは生まれません。仮にあなたのご自宅で、テニスボールとある卵が釣り合ったとすると、エベレストの山頂でも月面でもテニスボールはやはり同じ卵と釣り合います。これはテニスボールとある卵の「動きにくさ」が同じであることを意味します。つまり天秤は物体に固有の質量を測定していると言えるのです。

運動方程式を使えば質量と加速度から力を計算することができますが、逆に力と質量から加速度を計算することもできます。前節で学んだ通り、加速度は速度変化の原因ですから、加速度がわかれば速度がどのように変化するかは計算で求めることができます。同じく速度は位置変化の原因ですから速度がわかれば位置がどのように変化するかも計算できます。

すなわち、ある物体の運動について運動方程式を正しく立てることができれば、その物体がこの先どのような振る舞いをするかが完璧にわかるというわけです。これが「物理は未来を予測する学問である」と言われる所以です。

†作用・反作用の法則

「ある物体Aが別の物体Bに力を加えるとき、BはAに対し同じ大きさの力を正反対の向きに加える」というのが、運動の第三法則です（図1-12）。これを作用・反作用の法則

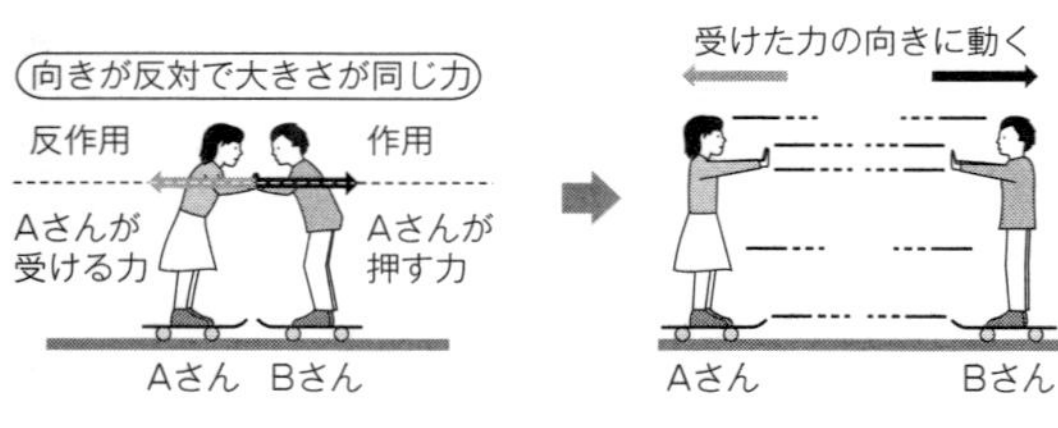

図1-12

(the law of action and reaction) といいます。「作用」とは、二つの物体の間で一方が他方に与える力のことです。

運動の三法則のうち、第一法則（慣性の法則）は実感しづらい法則です。第二法則（運動方程式）は力や加速度といったものを計算するのに役に立ちますが、実生活でこれらの値をはじき出す必要があるシーンはそう多くありません。しかしこの第三法則（作用・反作用の法則）が実感できる場面は日常生活のありとあらゆるところに潜んでいます。

たとえば、人が地面を蹴って歩くことができるのは、地面を蹴る力の反作用として地面が人を押し返すからです。風船を膨らませて手を離すと風船が部屋中を飛び回るのは、風船が空気を押し出す力の反作用として押し出された空気が風船を押し返すからです。ジェット機やロケットが推進力を得るのも同じ原理を使っています。

作用・反作用の法則には一切の例外がありません。万有引力や磁石の力のように離れた物体どうしに働く力にも作用・反作用の法則は成り立ちます。

りんごの木からりんごが落下するのは、りんごに万有引力が働くからですが、実は地球もりんごに同じ力で引っ張られています。すなわち地球もりんごに対して同時に「落下」しているわけです。

†力の定義と分類

これまで何度も「力」という言葉を使ってきましたが、力とはそもそも何でしょうか？日常生活の中では「彼の英語の力はたいしたものだ」とか「お金の力で解決する」とか「体中に力がみなぎってきた」など、様々な意味で使われる単語ですが、物理学における「力」は次の二つの意味に限られています。

Ⅰ　**物体の運動状態を変化させる作用**

Ⅱ　**物体を変形させる作用**

高校物理の対象となるのは**質点**（material point）、**剛体**（rigid body）および**弾性体**

(elastic body) です。質点とは、質量だけがあって大きさのない物体のことをいいます。剛体は、大きさは持ちますが変形しない物体です。そして弾性体は大きさを持ち力を加えると変形しますが、力を取り除くともとに戻ります。もちろん現実の物体は大きさを持ち、力を加えれば変形し、力を除いても完全にはもとには戻りません。つまり、高校物理で扱う対象は話を抽象化し単純化するための仮想的な物体です。

高校の物理では、力は**遠隔力**と**近接力**に大別されます。

遠隔力とは、物体どうしが離れていても働く力のことで、高校物理の範囲内では**重力（万有引力）**と**静電気力**（228頁）と**磁力**（274頁）の三つがこれにあたります。近接力とは物体と物体の境界面にだけ働く力のことであり、遠隔力以外の力はすべて近接力です。

この先は高校物理の範囲を逸脱しますが、素粒子物理学では自然界の力を次の四つの「基本相互作用」に分類します。

① 重力相互作用
② 電磁相互作用
③ 強い核力

④　弱い核力

①はいわゆる万有引力のことです。②は電気の力と磁気の力を合わせたものです。あとで詳しく学ぶとおり、電場（電気の力が存在する空間）と磁場（磁気の力が存在する空間）は互いを生みだす関係にあることからこのように呼びます。③と④の核力とは、原子核内の陽子と中性子の間に働く力であり、その作用距離はごくごく短い（③は約千兆分の一メートル以下、④は約百京分の一メートル以下）ので、私たちの身の回りにある力は①と②のいずれかであると言っていいでしょう。

たとえば手のひらにりんごを乗せて持ち上げるとき、手のひらはりんごに力を及ぼし、（作用・反作用の法則によって）同時に手のひらはりんごから同じ大きさの力を受けます。この「力」はどこから生まれるのでしょう？

手のひらとりんごの境界面を拡大していくと、それぞれの原子があります。さらに原子を拡大すると、原子核の周りをマイナスの電気を持つ電子が回っています（図1-13）。そ

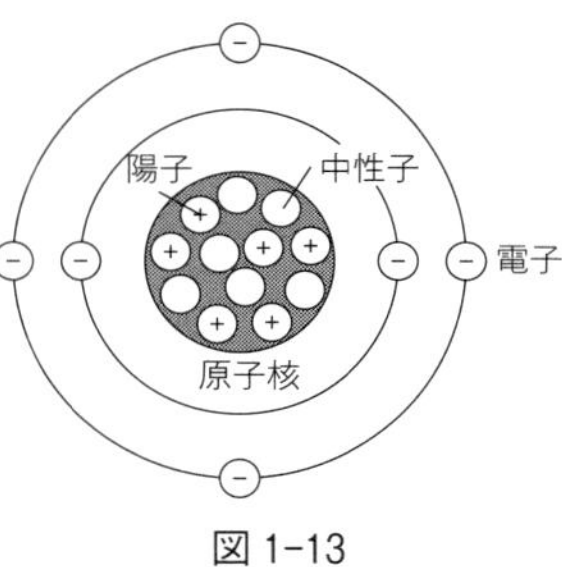

図 1-13

して、原子核にはプラスの電気を持つ陽子があります。私たちの身の回りの物体を構成する原子は内部にプラスとマイナスの電気を持っているわけです。これにより接近した原子と原子の間には②の電磁相互作用が働きます。

手のひらとりんごが接触したときもその接触面近くの原子どうしの間に電磁相互作用が働きます。これが手のひらとりんごの境界面における力の正体です。

話を高校物理に戻します。

本節では、遠隔力の中から地球上の物体に働く**重力**を、近接力の中からは**弾性力**、**垂直抗力**、**摩擦力**、**浮力**を紹介したいと思います。

†重力

古代ギリシャのアリストテレスは、重い物体ほど速く落ちると考えました。

彼は、各物体には「固有のあるべき場所」があって、重い物体ほどその固有の場所は空間の低い位置（あるいは地球内部の深い位置）であるとしました。そして、その場所にない物体は自身の場所へ回帰するために「自然的運動」を開始するのだと説きました。重い物体ほど速く落ちるのは、軽い物体より低い（深い）ところにある物体固有の「あるべき場所」に一刻も早く復帰しようとするためだと説明したのです。

この説は長らく信じられてきましたが、ガリレオはある思考実験をもとに異を唱えました。ガリレオの思考実験はこうです。

重い物体と軽い物体を糸で結んで落下させることを考えます。

もし、アリストテレスの説が正しいとすると、軽い物体は重い物体より遅く落ちるので、重い物体は軽い物体に引っ張られて単独で落ちる時よりも落下スピードが遅くなるはずです。一方、二つの物体をひとつの魂とみなせば、全体の重さはむしろ重い物体一つのときより重くなっているので、落下スピードはより速くなるはずです。一つの現象が見方を変えると全く違う結果になるというのは矛盾します。そこでガリレオはアリストテレスの重い物体ほど早く落ちるという説を否定し、自らの手で様々な実験を行うことによって**物体の落下運動は空気抵抗がなければ、質量に関係なく同じである**という事実を導き出しました。

言うまでもなく地球上で物体が落下するのは物体に**重力**（gravity）が働くからです。重力の働く方向を**鉛直方向**（vertical direction）といい、鉛直方向に垂直な方向を**水平方向**（horizontal direction）といいます。

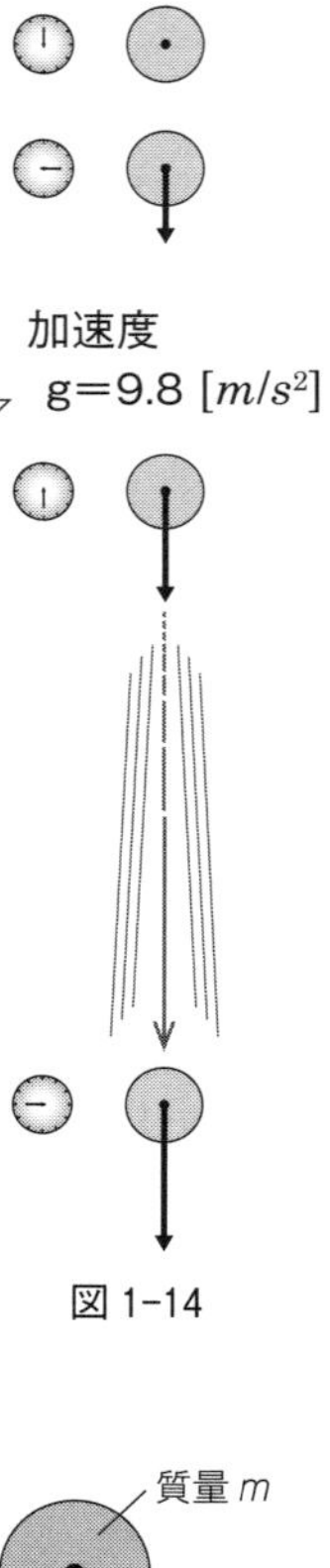

17頁で、斜面を転げ落ちるボールの運動は等加速度直線運動になる（v－tグラフが直線になる）ことを紹介しました。同じように地面に落下する物体も等加速度直線運動になります（図1－14）。測定によってこのときの鉛直方向の**加速度は物体の質量によらず一定で約9・8メートル毎秒毎秒**であることがわかっています。この落下における物体の加速度を**重力加速度**（**acceleration of gravity**）といい、ふつうは**g**で表します。

　物体が重力によって落下運動するとき、運動方程式「ma＝F」の加速度aに重力加速度のgを代入すると「mg＝F」になることから、**質量mの物体に働く重力はmg**であることがわかります（図1－15）。

　なお、重力の正体は物体の地球の間に働く万有引力であり、「9・8」という重力加速度の値は万有引力の式から導くこともできます。

加速度
g＝9.8 [m/s^2]

図 1‒14

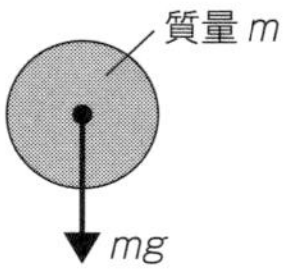

質量 m

mg

図 1‒15

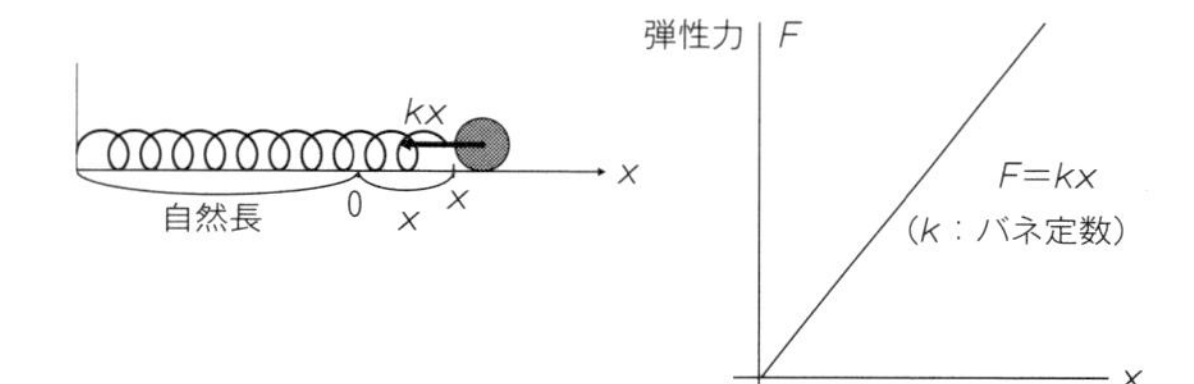

図 1-16

†弾性力

バネなどの弾性体が変形しているとき、もとの形に戻ろうとする力のことを**弾性力**（elastic force）といいます。実験によると、**物体の変形量がある範囲内にあれば弾性力の大きさは物体の変形の大きさ**（変形量）に比例します。この法則は、イギリスの科学者**ロバート・フック**（1635—1703）が発見したので、**フックの法則**（Hooke's law）といいます。

バネであれば、バネが自然長（そのバネに力が働いていないときの長さ）より伸びたり縮んだりしているとき、バネが自然長に戻ろうとする力はこの伸びや縮みに比例するというわけです。このときの比例定数を**バネ定数**（spring constant）といいます。バネ定数の値はバネの種類や長さによって決まるバネに固有の値です（図1－16）。

フックのことをもう少し紹介させてください。フックは物理と生物の両方の教科書に登場する稀有な科学者です。物理の教科書ではこのフックの法則の発見者として、生物の教科書では初めて顕微鏡で細胞を観察した人物として紹介されています。細胞（cell＝小部屋という意味）という名前をつけたのもフックです。

またフックは、同じイギリスの大科学者ロバート・ボイルの助手として真空ポンプの開発に携わったり、望遠鏡を作って火星や木星の自転を観察したり、化石を研究して進化論を唱えたり、光の屈折についての研究をしたりと、数々の素晴らしい科学的発見の現場に立ち会いました。それだけでなく建築家としても有名で、ロンドンが大火に見舞われた時には焼け跡のほぼ半分を測量し、復興に大きく貢献しました。その多岐にわたる活躍の様子から彼のことを「ロンドンのレオナルド・ダ・ヴィンチだ」と評する歴史家もいます。

そんなフックは、ニュートンと犬猿の仲であったことでも有名です。若かりし頃のニュートンが王立協会に初めて出した論文をフックがひどく批判し、以後も事ある毎に嫌がらせをしたため、のちに王立協会の会長になったニュートンは、王立協会の引っ越しの際にフックの関連資料を全て捨ててしまいました。そのため、目覚ましい業績を挙げた科学者であったのにもかかわらず、フックの肖像画は一枚も残っていません。

†垂直抗力

たとえば机の上に本を置くと、机はほんのわずかですが凹みます。そしてこの凹みを元に戻そうとする弾性力が働きます。もちろん、作用・反作用の法則によって同時に本も机を同じ大きさの力で押し返します。

物体同士が面で接しているとき、その接触面における変形を元に戻そうする面に垂直な弾性力のことを特に**垂直抗力（normal force）**といい、記号はNを使うことが多いです。

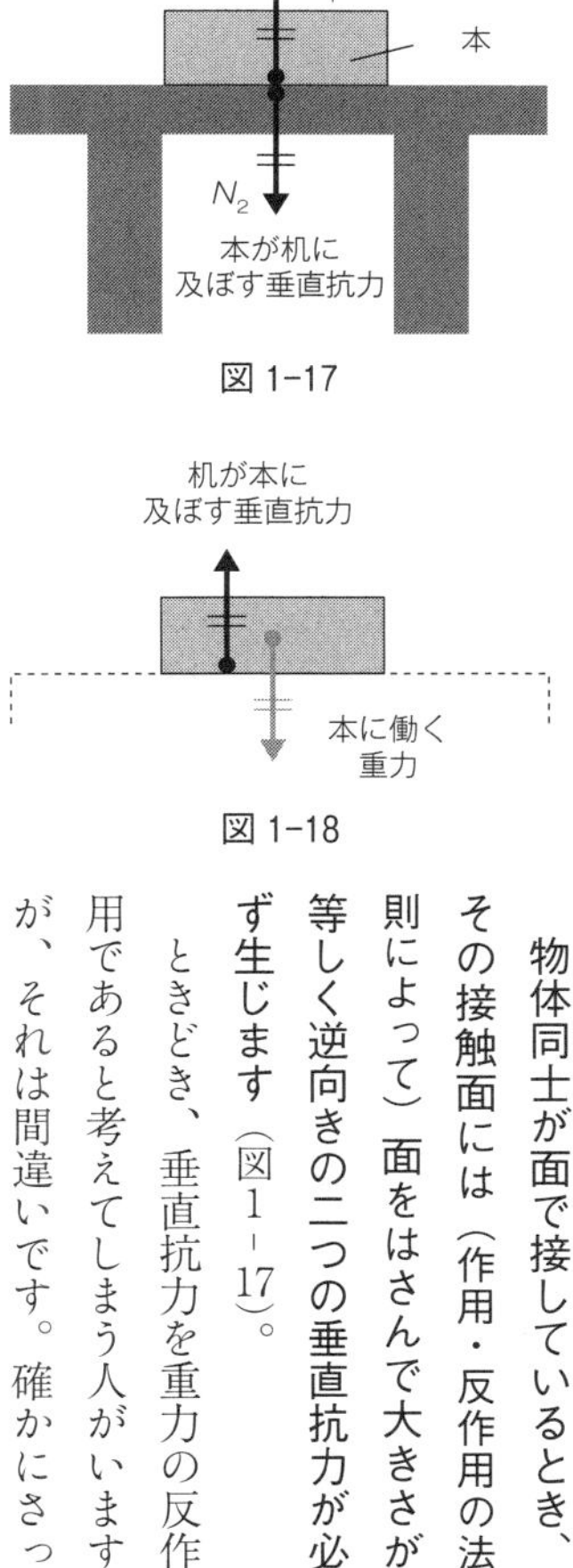

図 1-17

図 1-18

物体同士が面で接しているとき、その接触面には（作用・反作用の法則によって）面をはさんで大きさが等しく逆向きの二つの垂直抗力が必ず生じます（図1-17）。

ときどき、垂直抗力を重力の反作用であると考えてしまう人がいますが、それは間違いです。確かにさっきの例でも本に働く重力と本が机から受ける垂直抗力は互いに大きさが等しく反対方向の力のペアになりますが、これはたまたま力が釣り合っているだけです（だからこそ本は机の上で静止していられるのです。図1－18）。作用・反作用の法則はあくまで「押す」物体（前の例では本）と「押される」物体（前の例では机）のそれぞれに働く力のペアについて成立する法則ですから勘違いしないようにしましょう。ちなみに本に働く重力の反作用は本が地球を引っ張る万有引力です。

†摩擦力

引っ越しのとき、ダンボールに本を目いっぱいに詰めてしまい30kgぐらいの重さになったとしましょう。これを持ち上げて動かすのは大変なので、床の上を引きずって移動させることにします。でも簡単には動きません。それはダンボールが置かれた床とダンボールとの間に、運動を妨げようとする力が働くからです。この力を**摩擦力**（frictional force）といいます。徐々に力を強めていけばやがてダンボールは動き始めます。その際、動き始める直前よりも動き始めてしまってからの方が楽になることはご存じの通りです（図1－19）。

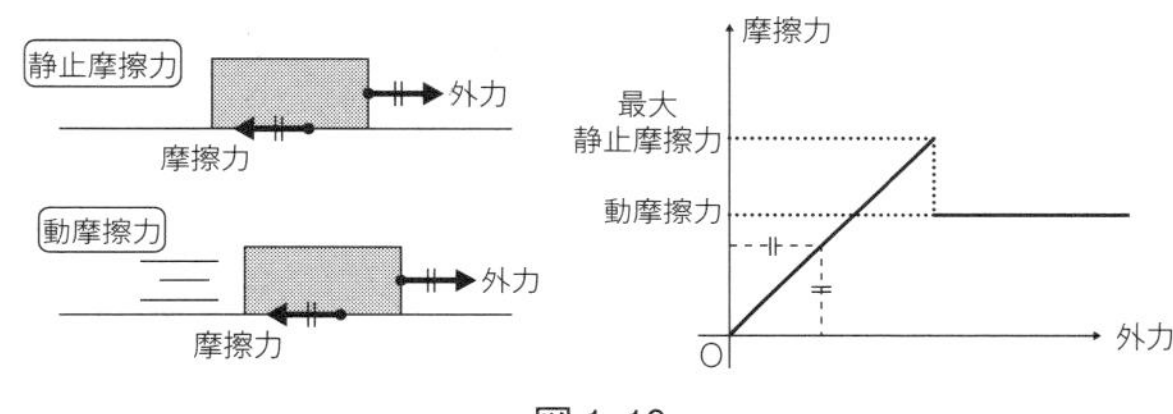

図 1-19

物体が動かないときに働く摩擦力のことを**静止摩擦力**（static friction force）といいます。物体が「動かない」のは、物体に働く力がつり合っているからです。すなわち、静止摩擦力は動かそうとする方向の外力と大きさが等しい反対向きの力です。静止摩擦力の大きさは常に外力と等しいので、外力の大きさが変われば、静止摩擦力の大きさもかわります。ただし、静止摩擦力の大きさには限界があり、外力の大きさがこれを超えると力のつりあいが破れ、物体は動き始めます。この動き始める直前の静止摩擦力のことを特に**最大静止摩擦力**（maximum static friction force）といいます。

一方、物体が動いているときに働く摩擦力のことを**動摩擦力**（dynamic frictional force）といいます。実験により、動摩擦力は外力の大きさに関わらず常に一定であることがわかっています。また私たちの経験どおり、最大静止摩擦力は動摩擦力より大きいのです。

一般に二つの物体が接している場合、摩擦力が無視できるケースはほとんどありません。それだけ摩擦力は私たちの生活にあふれています。たとえば、壁の釘が抜けないのも、マッチを擦って火がつけられるのも、靴紐がほどけないのも、タイヤの回転によって自動車が前に進めるのもすべて摩擦力のおかげです。

摩擦（friction）という語を初めて文献中で用いたのはニュートンだと言われていますが、静止摩擦力と動摩擦力の違いも含めて「物体の運動を妨げる力」の存在は古くから知られていました。紀元後4世紀に活躍したローマの哲学者テミスティオスは「動いている物体の運動をさらに強める方が、静止している物体を動かすより易しい」という言葉をのこしています。

摩擦力はありふれた力ですが、その発生のメカニズムは大変複雑です。接触表面の微細な突起、表面の変形・汚れなどが複雑に相互作用することによって生まれます。しかし、最終的には**最大静止摩擦力と動摩擦力はそれぞれ垂直抗力**（物体同士が押し合う力）**に比例する**ことが実験によって確かめられています。

†浮力

有名な科学クイズです。

「あなたの部屋に鉄1kgと綿1kgと天秤があります。鉄1kgを右の皿に、綿1kgを左の皿にそれぞれ乗せたとき、どちらに傾くでしょうか？」

「ひっかけだな。鉄のほうが重そうな印象があるけれど、同じ1kgなのだから天秤はちょうど釣り合うはず。よってどちらにも傾かない！」

と答えてしまった人は残念ながら不正解です。

正解は「右に傾く」（鉄の方の皿が下がる）です。

あなたの部屋の中には空気があるので、**物体はその体積に比例する浮力を受けます。**同じ質量（1kg）であれば、より体積が大きい綿の方が、受ける浮力も大きくなります。よって、綿の方が「軽く」なり、鉄の方が「重く」なるというわけです。

古代の科学者の中では最も大きな足跡を残したアルキメデスが浮力を発見したときのエピソードはよく知られています。

紀元前3世紀頃、時の王ヒエロン二世は、神殿に奉納するため、職人に

「純金でできた王冠を作れ」

と命じて必要な量の金塊を渡しました。しばらくして職人は素晴らしい王冠を仕上げ、王

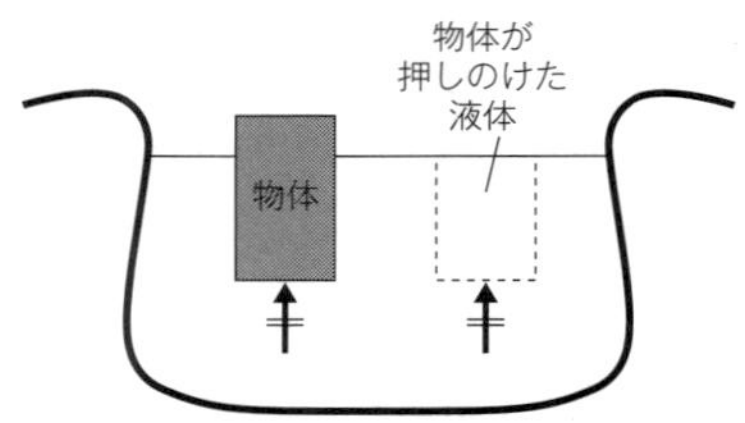

図 1-20

は大層喜びました。しかしやがて町中に「職人が金に銀を混ぜて、王から預かった金の一部を盗んだ」という噂が立ちます。王冠は見事な出来栄えだったので見ただけでは銀が混ざっているかどうかは分かりません。そこで王は当代随一の学者であったアルキメデスを呼び、

「この王冠が純金でできているかどうかを調べてほしい」

と命じました。アルキメデスはすぐに、同じ重さの金塊と体積が同じであれば、王冠は純金でできていることを証明できると気づきます。しかし王冠は複雑な形をしているので体積を求めるのは簡単ではありません。もちろん、聖なる冠は溶かすことも切り刻むこともできないので、どうしたものかとほとほと困ってしまいます。


そんなある時、街の公衆浴場に入ったアルキメデスは自分の体の分だけ水かさが増えるのを見て「物体が押しのけた液体の分量は液体に沈んでいる物体の体積に等しい」ことに気

づきました。さらに風呂の中では自分の体が軽く感じることから**「液体の中にある物体は、その物体が押しのけた液体の重さと同じ大きさの上向きの力**（浮力）**を受ける」**といういわゆる**アルキメデスの原理**に到達します（図1－20）。この原理が成り立つのは、ある深さにおける液体の圧力は常に一定だからです。

「物体が押しのけた液体の重さ」はその体積に比例するので、結局、**液体中にある物体の体積が大きければ、物体が受ける浮力も大きい**と言えます。

やっと王様の期待に応えられると喜んだアルキメデスは「ヘウレーカ！」（私はわかった！）と叫びながら街中を裸で走りまわったとか。

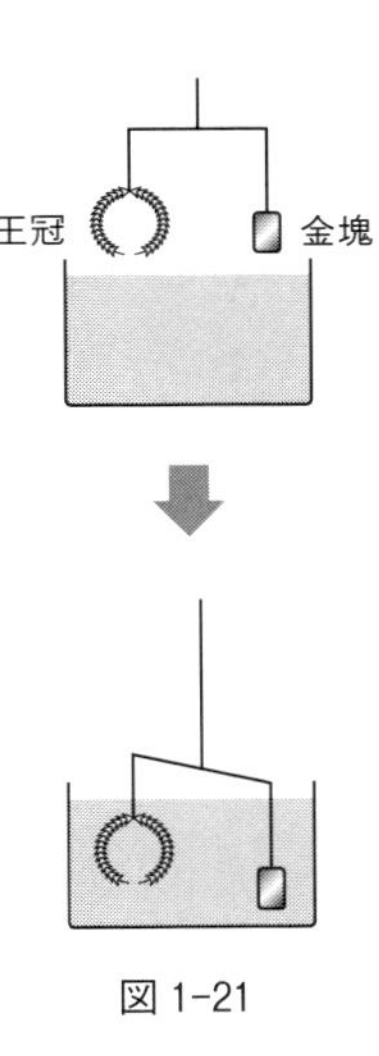

図1-21

浮力を利用して王冠に金以外の金属が混ざっているかどうかを判定する方法はこうです（図1－21）。まず王冠と同じ重さの金塊と水槽を用意します。王冠が純金であると仮定すると、王冠の体積と純金の体積は同じになります。物体が受ける浮力は液体中にある物体の体積に比例するので、両方を水に沈めた場合、王冠と純金は同じ大きさの浮力を受けるはずです。そこで金塊と王冠を天秤に吊るし、両方を水槽に沈めてみました。すると水槽の外では釣り合っていた金塊と王冠が水槽の中では金塊の方に傾きました。

王冠の方が金塊よりも大きな浮力を受けたからです。これは王冠が純金であること（＝王冠と金塊が同じ体積であること）と矛盾します。こうしてアルキメデスは王冠に不純物が混ざっていることを証明し、王様に報告しました。欲に目が眩んだ職人は結局死刑になったそうです。

その後の研究で、液体中の物体だけでなく、気体の中にある物体も同じ原理で浮力を受けることがわかっています。

数式の博物館② 摩擦力と浮力の数式表現

摩擦力と**浮力**を数式でも表しておきたいと思います。

前述の通り、最大静止摩擦力と動摩擦力は垂直抗力に比例します。垂直抗力をNとし、それぞれの比例定数をμ（ミュー）、μ'とすると**最大静止摩擦力はμN、動摩擦力は$\mu' N$**です。μを**静止摩擦係数**、μ'を**動摩擦係数**といいます。

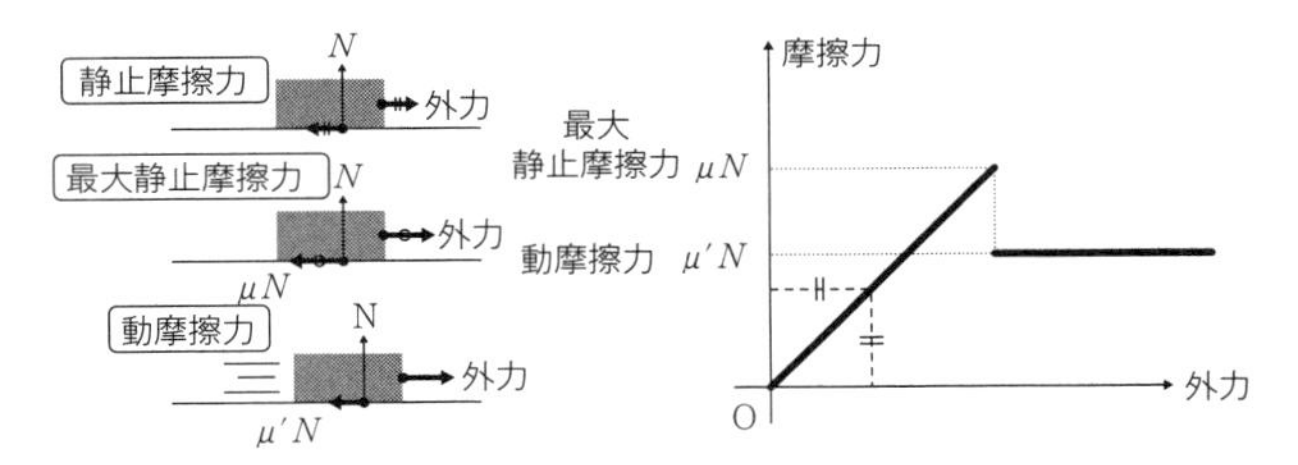

圧力×面積＝力なので大気圧をP_0、物体の底面積をSとすると、大気圧が物体の上面を押す力はP_0S。また、**密度×体積＝質量**なので、物体が押しのけた液体について、体積をV、密度をρ（ロー）とすると質量はρV。よってかかる重力は$mg = \rho Vg$（gは重力加速度）。これらから以下のように計算すると浮力はρVgとわかります。

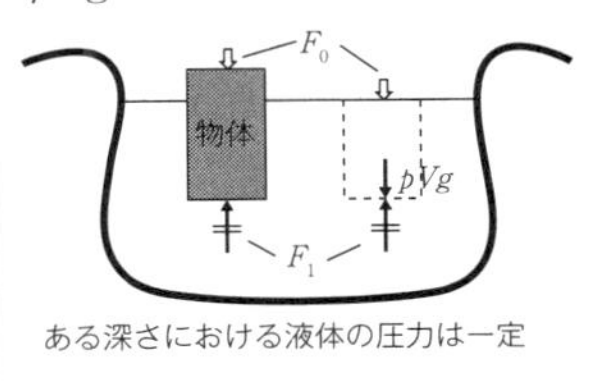

ある深さにおける液体の圧力は一定

大気圧が物体の上面を押す力は

$$F_0 = P_0 S$$

液体の圧力が物体の底面を支える力は

$$F_1 = P_0 S + \rho Vg$$

物体に働く浮力は

$$F_1 - F_0 = P_0 S + \rho Vg - P_0 S$$

$$= \boldsymbol{\rho Vg}$$

コラム　ガリレオがもたらした測定と数学による近代科学の幕開け

ニュートン以前の科学者の中では、やはり、ガリレオ・ガリレイ（1564―1642）の存在は際立っています。

ニュートンとガリレオの二人が近代科学の父と呼ばれるのは、この二人が物理現象を実験によって観測される事実から紐解こうとしたからです。今節の冒頭にも書きました通り、それ以前の科学は、検証のしようがない仮説によって、なぜ世界はこのようになっているのかということを解明しようとしていました。アリストテレスが、物体が落下するのは物質が「固有のあるべき場所」に戻ろうとするからだと論じ、重いものほど速く落ちると考えたのも、物体が落下する理由（目的）を突き止めようとしたからです。

アリストテレスの運動論は、その後二千年近くも覆されることはありませんでした。その間、これを疑う者がいなかったわけではないのですが、誰もアリストテレスの説以上に納得できる「理由」を示すことができなかったからです。

ガリレオも、前述の思考実験によってアリストテレスの運動論には矛盾があることに気づきました。しかし、彼は新たなる落下の理由を示すことには関心を持ちませんでした。その代わり、実験で観測された事実を数値化することで、物体は質量に関わらず一定の割合で落下することを明らかにし、落下運動を数式で表しました。物体の運動について、実験結果を数学的に記述したのは、ガリレオが人類で初めてです。

「宇宙は数学という言語で書かれている。そしてその文字は三角形であり、円であり、その他の幾何学図形である。これがなかったら、宇宙の言葉は人間にはひとことも理解できない。人は暗い迷路をただださまようばかりである」

という有名な言葉をガリレオは遺しました。これは、客観的なデータを使って宇宙を記述できるのは、誤解や曖昧さが入り込む余地のない、数字と記号だけであると考えたからでしょう。

当時ヨーロッパを席巻していた「あるべき論」や仮説の一切を排除し、測定と数学による記述こそ物理学であると考えたガリレオの精神は、ガリレオの亡くなった翌年に生を受けたニュートンへとしっかりと受け継がれました。そしてこの二人が活躍した約百年の間に物理学はそして自然科学全体は今日の科学に繋がる道を歩きはじめることになったのです。近代科学の精神はニュートンの次の言葉に集約されると思います。

「人間は事実に反することを想像してもよいが事実しか理解することはできない。事実に反することを理解したとしても、その理解は間違っている」

3　エネルギー保存則

世界中の物理学者に「物理におけるもっとも大切な法則はなんですか?」というアンケートを取ったらたいてい「それはエネルギー保存の法則です」と答えるでしょう。

エネルギー保存の法則は、今日までに知られているあらゆる自然現象のすべてにあてはまります。ひとつの例外もありません。エネルギー保存の法則が成り立たなければ物理ではないと言ってもいいくらいです。実際、現代物理学では新しい理論を導入しようとするとき、エネルギー保存の法則が壊れないことを最初に確認します。

それだけ重要な量でありながら物理における「エネルギー」が意味するところを完全に理解している人はそう多くないかもしれません。エネルギーという言葉は――「力」同様――物理における定義とは関係なく、日常的にも使われるからです。たとえば「今度の仕事には根気とエネルギーが必要だ」のようにいうときの「エネルギー」は「物事をなしとげる気力や活力」といった意味ですがこれは物理におけるエネルギーの定義としては、不正確です。

教科書的なエネルギーの定義は後ほど紹介するとして、ここでは、20世紀を代表する物理学者の一人である**リチャード・フィリップス・ファインマン**（1918―1988）のユニークな喩えを紹介したいと思います。ファインマンはエネルギーを「**腕白少年が持つ（絶対に壊れない）丈夫な積み木のようなものだ**」と言いました。

仮に積み木の総数が28個だとすると少年がどのように積み木で遊んだとしてもその総数が28個から変わることはありません。少年は腕白なので積み木を部屋の外に投げてしまうこともあります。そうすると一見積み木の数は減ってしまったように思われますが部屋の外にある積み木も合わせればやはり総数は28個です。

また少年は積み木を入浴剤で濁ったお風呂の底に沈めてしまうこともあります。そうなると、積み木の総数を直接目で確認することはできません。でも積み木1個を沈めたときに、お風呂の水かさがどれだけ増えるかを確認しておけば、水かさの増加分を計測することで、間接的に積み木の数を数えることができて、その数と他の積み木の数を合わせればやはり総数は28個になります。

さらに少年は、積み木を木箱の中に入れて蓋を釘で打ち付けてしまうこともあります。この場合も積み木の総数を直接カウントすることはできません。でも、積み木1つの重さをあらかじめ調べておけば、木箱の重量がどれだけ増えたかを調べることでやはり間接的に積み木の総数が28個になることは確認できるでしょう。

ファインマンはこの喩え話の中で、一番大切なのは**「見えるところには積み木がひとつもない場合だ」**と言っています。言わばすべての積み木がお風呂の中や木箱の中に入ってしまったときです。そんなときは積み木そのもの（エネルギーそのもの）を見ることはできないわけですが、それでもお風呂の水かさや木箱の重量を計算することで、その総数が変わらないことは確認できます。これこそが**エネルギー保存則の本質**だと言うのです。

ファインマンはこの喩え話の後に、**「エネルギーが何であるかは現代の物理学では何も言えない」**とも書いています。エネルギーには、重力エネルギー、運動エネルギー、熱エネルギー、電気エネルギー、化学エネルギー、核エネルギー、質量エネルギーなど様々な形がありそれぞれに計算式があります。でもどんなに姿を変えようとも（お風呂の水かさや木箱の重量になったとしても）それらを全部足し合わせるといつも同じ数（28個）になることが保証されています。エネルギーとはそういう実に抽象的なものであるというのがファインマン流の「エネルギー」の解釈です。

✝仕事とエネルギー

ファインマンはエネルギーそのものを言葉で定義することは難しいと言っていますが、一般の教科書では、**仕事（work）をする能力**のことを**エネルギー（energy）**と定めています。ただし、ここで言う「仕事」は日常語と比べるとかなり限定的です。物理学では、**力を加えて物体をその力の向きに動かすこと**だけを「仕事」と言います。

仕事の大きさは、移動方向の力と移動距離との積で計算します。すなわち、**「仕事＝移動方向の力×移動距離」**です（図1-22）。ここで、どんなに力を加えても物体が移動しない限り、仕事はゼロであることに注意してください。また、物体が移動しても、移動方向に対して垂直な力しか働かないのであれば、やはり仕事はゼロです。

たとえば、スケートリンクの上（摩擦が無視できる面の上）をボールが水平方向に転がるとき、ボールには重力や垂直抗力が働きますが、これらの力はボールの移動方向対して垂

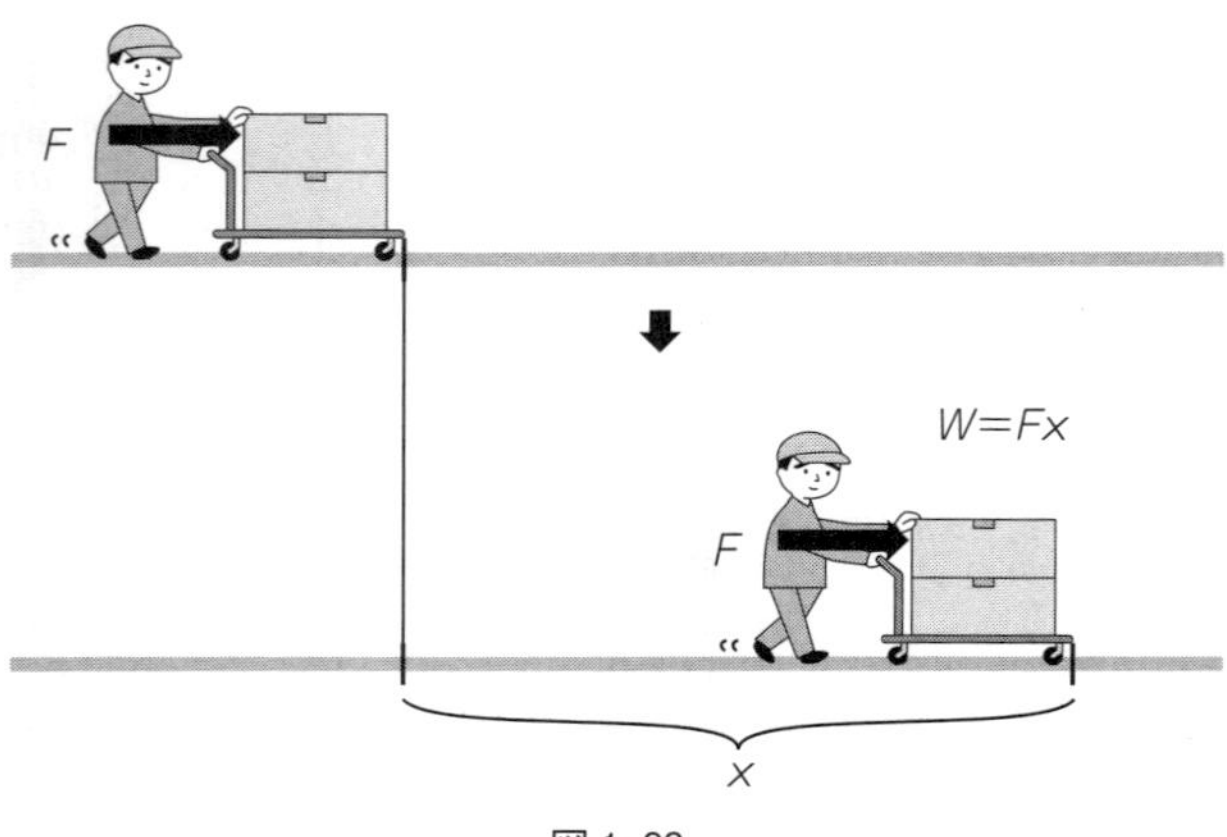

図 1-22

直なので、仕事はゼロになります。

一般に、Aという物体がBという物体に力を加えて仕事をしたとき、BがもつエネルギーはちょうどAにされた仕事の分だけ増えます。逆にAのエネルギーは仕事の分だけ減ります。**仕事とエネルギーはいつも等価交換の関係になっている**点が重要です。2つの物体の間に力が働き、仕事を行うことによって片方のエネルギーが減ったとしても、他方のエネルギーはちょうどその仕事の分だけ増えるので、**トータルのエネルギーは常に一定**になります。これが**エネルギー保存則**(energy conservation law)です。

†力学的エネルギー(運動エネルギーと位置エネルギー)

ビリヤードで突かれた球のように、運動する物体（速さを持つ物体）は他の物体に衝突すると、他の物体を（力を加えた方向に）動かすことができます。よって、**運動している物体はエネルギーを持っています**。この、運動する物体が持つエネルギーを**運動エネルギー（kinetic energy）**といいます。

ビリヤード台の上で止まっている球は力を加えない限り静止したままですが、球を天井から糸で吊るしたときは、糸を切るだけで物体は落下し速さを持ちます。糸を切るという行為は球に対して仕事をするわけではないので、球は地面より高い位置にあるというだけで（やがて運動エネルギーに変わる）エネルギーを蓄えているのですね。このように物体が「ある位置」に留まることで物体が持つエネルギーのことを**位置エネルギー**といい、特に地面から高い位置にある物体が持つ位置エネルギーを**重力による位置エネルギー（gravitational potential energy）**といいます（図1-23）。

次に水平な地面の上で、球にバネをつけて押し縮め、そのまま手で持って球を静止させてみましょう。手を離すとバネは球に力を加えて、球はその力の方向に動き始めます。自然長にないバネは自然長に戻ろうとしてバネに繋がれた物体に仕事をするわけです。つまり、自然長にないバネもまたエネルギーを蓄えています。これを**弾性力による位置エネルギー（elastic potential energy）**といいます。

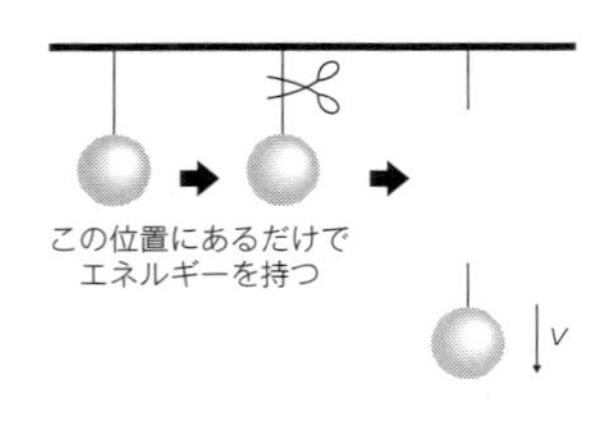

図 1-23

†力学的エネルギー保存則

運動エネルギーと2種類の位置エネルギーを合わせて、**力学的エネルギー（mechanical energy）**といいます。すなわち**「力学的エネルギー＝運動エネルギー＋位置エネルギー」**です。

今、床の上のボールを手に持ち、ある高さまで持ち上げた後、そっと手を離すという一連の運動をエネルギーという観点から考えてみたいと思います。

ファインマンに倣って、ここではエネルギーを積み木で表現してみましょう（図1－24）。最初ボールが床にある時、ボールの持つエネルギーは0とします。その後、手がボールを持ち上げることによって手はボールに仕事をします（手はボールの運動方向に力を加えるからです）。この手による仕事を積み木3個分とすれば、手に支えられてボール

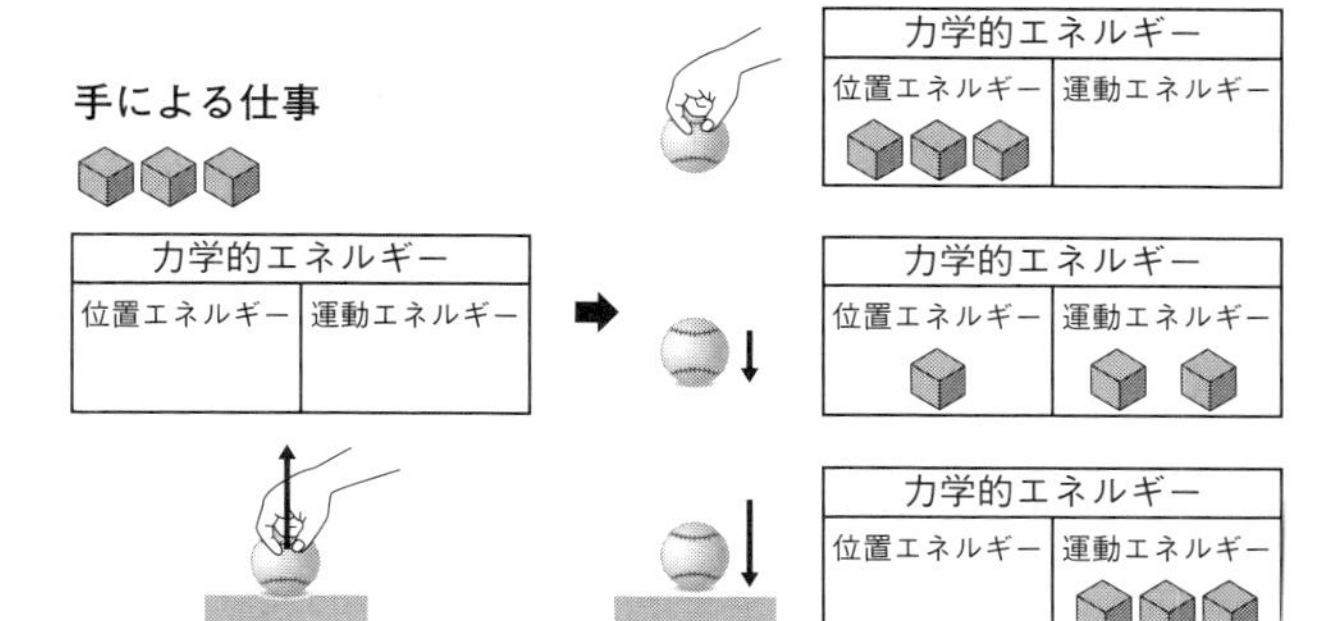

図 1-24

が静止している時、ボールには積み木3個分の（重力による）位置エネルギーが蓄えられていることになります。次に手を離すとボールは落下を始めます。もちろん、ボールはどんどんと速度を速めるわけですが、これは位置エネルギーとして蓄えられていた積み木3個分のエネルギーが徐々に運動エネルギーに変わっていくことを意味します。そして地面に着く直前、位置エネルギーはゼロとなりボールは運動エネルギーが積み木3個分になります。

同様にバネに物体をつけて手でギュッと押し縮めると、手がした仕事は（弾性力による）位置エネルギーとしてばねに蓄えられ、手を離すとその位置エネルギーが徐々に運動エネルギーに変化することによって、物体の速度はしだいに大きくなります。

一般に、重力と弾性力以外の力が働かない（移動方向に働く力が重力と弾性力に限られる）とき、運動エネルギーと位置エネルギーは互いにエネルギー（積み木）をやり取りするだけで、**運動エネルギー＋位置エネルギーの値は一定**になります。これを**力学的エネルギー保存則（law of conservation of mechanical energy）**といいます。

逆に言えば、摩擦力や空気の抵抗力等が無視できないとき、これらは移動方向（移動する方向に対して逆向きの力も「移動方向」と考えます）の力なので、力学的エネルギー保存則は成立しません。

数式の博物館③－1　運動エネルギー

57頁で学んだように「仕事＝移動方向の力×移動距離」なので、物体の移動方向に働く力をF、移動距離をxとすると、この力が物体にする仕事Wは$W=Fx$です。

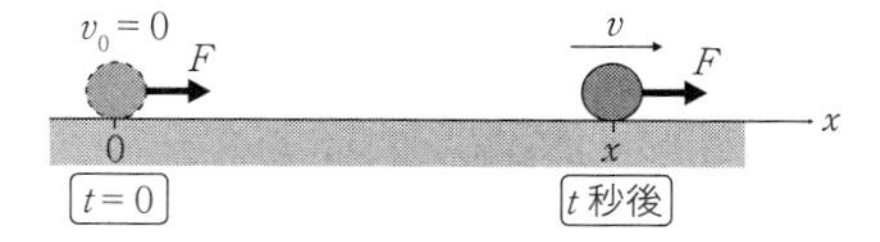

ここで止まっていた質量mの物体が力Fによって、xだけ移動し、速度がvになったとしましょう。数式の博物館①で得られた2式に「$v_0=0$」を代入すると

$$v = at、x = \frac{1}{2}at^2$$

です。この2式からｔを消去します。

$$t=\frac{v}{a}を\ x=\frac{1}{2}at^2に代入 \Rightarrow x=\frac{1}{2}a\left(\frac{v}{a}\right)^2 \Rightarrow 2ax=v^2 \cdots ①$$

また運動方程式「$ma=F$」より$a=\dfrac{F}{m}$なのでこれを①に代入すると、

$$2\frac{F}{m}x=v^2 \Rightarrow Fx=\frac{1}{2}mv^2 \Rightarrow W=\frac{1}{2}mv^2 \cdots ②$$

となり、力Fのした仕事Wは「$\dfrac{1}{2}mv^2$」という量に等しいことがわかります。

ところで、仕事はエネルギーと等価交換の関係にあるのでしたね。そこで質量m、速度vの物体が持つ**運動エネルギー**は$\dfrac{1}{2}mv^2$であると定めることになりました。

数式の博物館③－2　重力による位置エネルギー

次に、質量 m の物体を重力（mg）に等しい外力 F でゆっくりと高さ h だけ持ち上げることを考えましょう……なんて言うと、重力に等しい外力は重力とつりあうのだから、物体を持ち上げることはできないだろうと思われるかもしれません。でも無限の時間をかければ、つりあいを保ったままでも動かせることにします（このあたりは物理特有の考え方です）。

このとき外力 F がした仕事は $W=mgh$ です。物体はゆっくり移動している（傍からは静止しているようにしか見えない）ので、運動エネルギーは0であると考えられます。つまり外力がした仕事はすべて位置エネルギーと等価交換になったと考えて良いでしょう。そこで**重力による位置エネルギー**は $\boldsymbol{mgh}$ と表すことになりました。

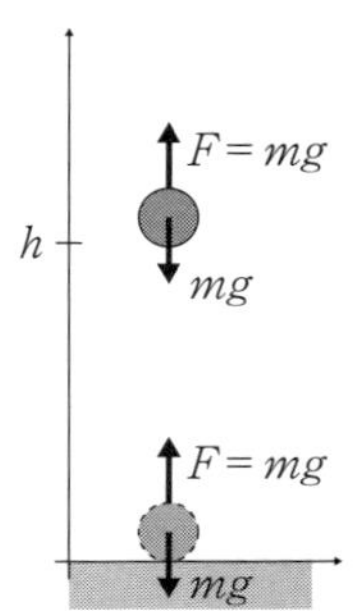

最後に、ばね定数 k のバネに繋がれた物体をバネとつりあいを保ちつつ、外力 F によって自然長から x だけ押し縮める（引き伸ばす）とき、この外力 F のする仕事を計算してみましょう。

ただし今度は、バネの力は自然長からの伸び x に比例して大きくなっていきます（41頁）。よってバネの力とつりあう外力 F も一定ではなく、$F=kx$ です。

数式の博物館③－3　弾性力による位置エネルギー

実は移動距離xの方向に働く力Fのした仕事Wが、$W=Fx$で表されるのは、**力Fが一定の時に限られます**。では今回のように力が一定ではない時はどうしたらいいのでしょうか？

21頁で等加速度直線運動の移動距離を求めたときと同じ考え方を使いましょう。

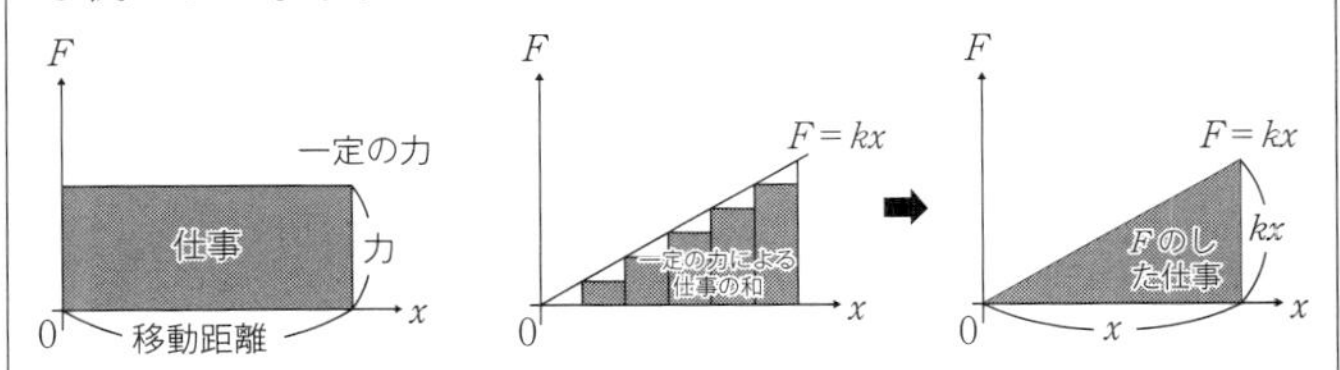

力が一定のとき、$W=Fx$は縦軸をF、横軸をxとしたグラフの長方形の面積に相当します。そこで、Fがxに伴って変化するときの仕事は、一定の力による仕事を小刻みに足したもので近似できると考えるのです。結局、バネとつりあいを保ちながら（無限の時間をかけて）物体を距離x移動させたときに外力Fがした仕事Wは、上の一番右の図の直角三角形の面積に等しいことになります。つまり、

$$W=x\times kx\times\frac{1}{2}=\frac{1}{2}kx^2$$

です。外力Fがした仕事によるエネルギーはバネに溜まる位置エネルギーに等価交換されると考えられるので、**弾性力による位置エネルギーは$\frac{1}{2}kx^2$**と定めることになりました。

コラム　恋愛ドラマと力学的エネルギー保存則

1996年に放送され、社会現象と言われるほどの大ヒットとなった『ロングバケーション（通称ロンバケ）』というドラマの中に、力学的エネルギー保存則を実感できるシーンがありました。それは木村拓哉さん演じる「瀬名」と、山口智子さん演じる「南」がアパートの3階の窓からスーパーボールを投げるシーンです。

瀬名（アパートの窓を開けながら）「いいもん見せてやるよ」
南「どうすんの？」
瀬名「これ（スーパーボール）落とすの」
南「それで？」
瀬名「それだけ」
南「そんだけ？　何が面白いの？」
瀬名「これ投げたらちゃんとここ（3階）まで戻ってくるよ」
南「嘘だね～だってここ3階だよ？」

瀬名「本当だよ」

というやりとりの後、瀬名がスーパーボールを窓から落とすシーンでした。

一般に、空気抵抗が無視できる場合、重力による自由落下運動では、力学的エネルギー保存則が成立します。また、物体の投げ上げ運動や投げ下ろし運動も初速によって得た力学的エネルギーが保存される運動（重力のみが働く運動）です。

つまり、もし風の抵抗と衝突によるエネルギーのロスが無視できる状況ならば（かつボールが地面と垂直に衝突するのであれば）力学的エネルギー保存則が成立するため、たとえ何階であろうとも、窓から落とされたボールは必ず最初の場所まで戻ってきます。最初の高さの分の位置エネルギーが地面衝突の直前にすべて運動エネルギーになり、跳ね返ったあとそれが再びすべて位置エネルギーになるまで＝最初の場所の高さまでボールは運動を続けるからです。

もちろん、現実の運動では風の抵抗は無視できません。衝突によるエネルギーロスもあります。ただ、スーパーボールはよく弾む材質で作られているため、アスファルトの地面との衝突であれば、エネルギーの損失は2割程度でしょう。実際、瀬名が軽く初速をつけて投げただけで、スーパーボールは投げた場所より少し高いところ戻ってきていました。

『ロンバケ』はもう20年以上前のドラマですが、物理法則が実感できるこのシーンは今でもよく覚えています。

4　運動量保存則

古代ギリシャのアリストテレスが、物体が落下するのは物質固有のあるべき場所に戻ろうとするからだと論じていたことは既に紹介した通りですが、彼はまた「空間に投げ出された物体が運動し続けるのは空気によって推進されるからだ」とも考えていました。しかし、空気は運動に対して抵抗力を与えるものであるということはよく知られていたので、当時からアリストテレスのこの説は批判されていました。そうした中、早くも6世紀にはヨハネス・ピロポノスという哲学者が、「運動が持続するのは投げ手の与えた動力が物体に刻み込まれるためだ」と述べています。ピロポノスのこの説は、14世紀になってパリ大学のジャン・ビュリダンによっていわゆる**「インペトゥス理論」**に発展しました。インペトゥス（impetus）とは、「勢い」とか「はずみ」といった意味を持ちます。ビュリダンは、

物体の持つインペトゥス（勢い）は、投げられた方向に働き、物体の量（密度×体積）と初速度に比例する量であると考えました。

その後、17世紀になって「我思う、ゆえに我あり」の言葉でも有名なルネ・デカルトは「物体のインペトゥス（運動の勢い）は『衝撃』によって得られる」と考えました。これは、**物体は衝撃を受けない限り運動の勢い＝運動形態を保持する**ことを意味しますから、ニュートンの慣性の法則（27頁）に直接繋がる考え方です。このように、6世紀に芽吹いたインペトゥス理論は、長い年月をかけて、ニュートンを近代物理学の扉の前に導いた道標のような役割を果たしました。

ニュートンは自身の理論をまとめた『プリンキピア』の冒頭で、物体の動かしづらさを表す物理量として質量を、そして、**運動の勢いを表す物理量として運動量（momentum）**をそれぞれ次のように定義しています。

質量＝密度×体積
運動量＝質量×速度

これはインペトゥス理論がニュートン物理学の土台になっていることの証に他なりません。

日本の高校で運動量を学ぶのは、この本と同じく、運動の表し方や運動方程式、力学的エネルギー保存則等を学んだあとですが、大学では運動量という物理量を導入するところから入って、力学全体を再構築される先生もいらっしゃいます。それは微分・積分の素養が必要になるので初心者向きではないものの、歴史的には非常にまっとうな理にかなった教育だと言えるでしょう。本節で学ぶ運動量は、それだけ物理学において重要な概念なのです。

†運動量と力積

たとえば、速度が同じピンポン球と野球の硬球をバットで打ち返すことを想像してみてください。後者の方が明らかに手に大きな衝撃を受けますね。また同じ硬球でも速度が違えば速いボールの方が大きな衝撃を受けるのは間違いありません。

さらに、同じ速度の硬球を打ち返す場合、ファウルチップのようにバットにボールがかすかにあたる（ボールの方向がほとんど変わらない）ケースと、正面方向に弾き返す（ボールの方向が180度近く変わる）ケースとでは、やはり後者の方が手に感じる衝撃は大きいでしょう。

以上より**運動の「衝撃」の大きさには質量と速度と方向が関係する**ことがわかります。

運動している物体の勢いを表す物理量として運動量が**「運動量＝質量×速度」**で定義されるのはこうした理由によるものです。ここで定義式が「質量×速さ」ではなく「質量×速度」であることに注意してください。速度は大きさだけでなく方向も持つ量（ベクトル量）ですから、速度に質量を掛けた運動量もまた大きさと方向を持つベクトル量（運動量の向きと速度の向きは同じ）です。

前節で学んだ通り、エネルギーは仕事と等価交換の関係あります。物体が外力によって仕事をされると物体のエネルギーはちょうどのその仕事の分だけ増えるのでしたね。では、運動量を変化させるものは何でしょうか？　それは**力積**（impulse）という物理量です。力積は**「力積＝力×力の働く時間」**で定義されます（図1－25）。力はベクトル量であり、時間は方向を持たない量ですから、力積もやはりベクトル量です。

運動方程式（30頁）からもわかるとおり、力を加えられた物体は加速度を持ちます。加速度があるということは速度が変化することを意味しますから、力が働けば（質量と速度

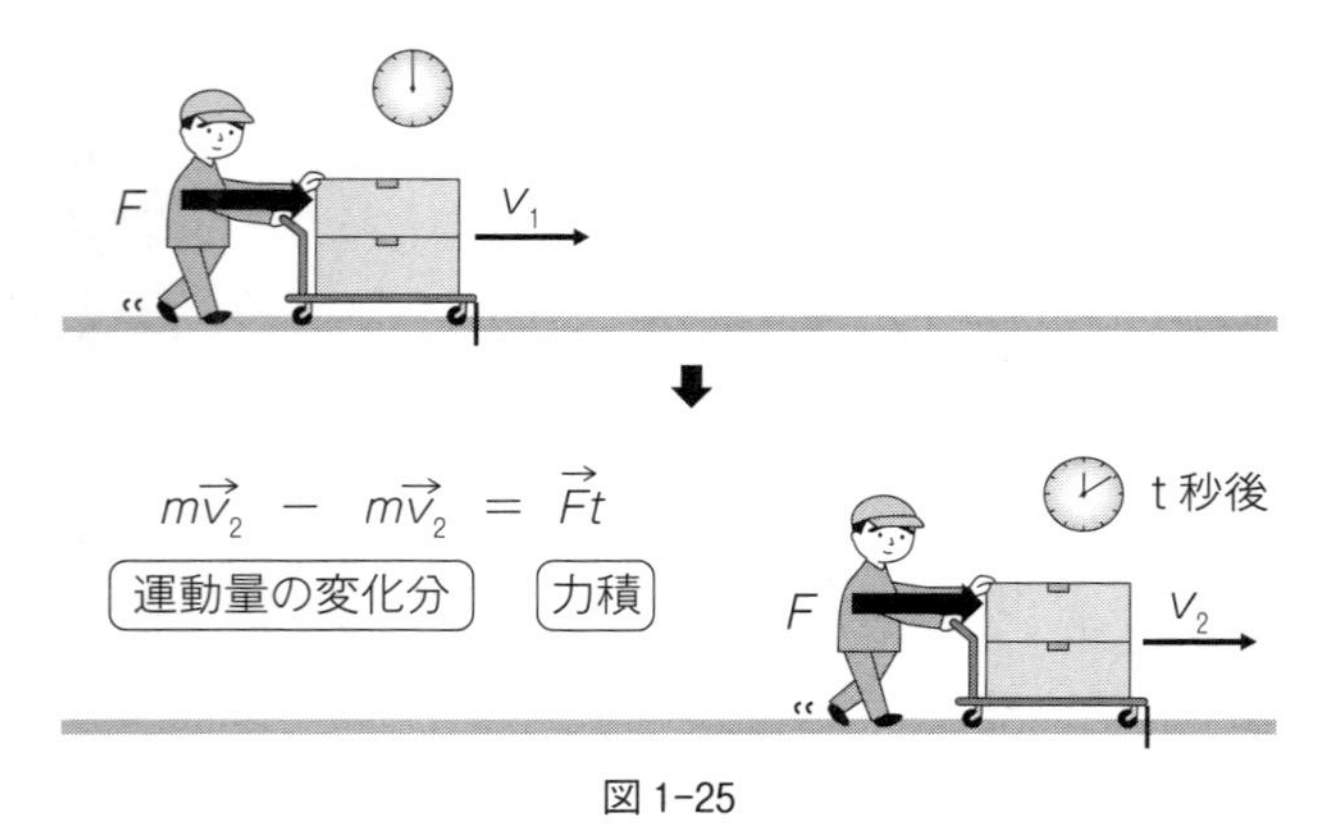

図 1-25

の積である）運動量も変化します。もし、物体に働く力が2倍になったり、力が働く時間が2倍になったりしたら、物体の勢い（運動量）も2倍になることは直観的に納得していただけるのではないでしょうか？　実際、**物体の運動量の変化分は力が働く時間に比例します。**そして、実は**力の単位（N：ニュートン）はこの比例定数が1になるように定められています。**すなわち、**「運動量の変化分＝力積」**です。

日本でもたまにありますが、特に欧米では政治家が民衆に生卵を投げつけられるという事件が頻繁に起きます。一説によるとこれは、ヨーロッパではその昔「謝肉祭（カーニバル）」の際に菓子や花と共に卵を投げるという風習があり、その名残で卵を投げるという行為に対する心理的抵抗が少ないためだそうです。それはさておき、もしあなたが誰かに生卵を投げられることがあったらどうしますか？　もちろん、なんとか上手にキャッチしたいですよね。

当然、飛んでくる卵は運動量を持っています。これをキャッチして止めるということは、運動量をゼロにするということですから、卵の運動量と同じ大きさ（で方向は逆）の力積を与える必要があります。しかし卵は生卵なので、卵に与える力が大きすぎると殻が割れて大惨事になります。力積の大きさ（＝卵の運動量の大きさ）を変えずに力の大きさを極力小さくする工夫が必要です。どうしたらいいでしょうか？　ここで「力積＝力×力の働く時間」であることを思い出してください。力の大きさを小さくしたいのなら、出来るだけ力が働く時間を長くすればいいことがおわかりになると思います。つまり、卵の動きに合わせて手を動かしながらキャッチすればいいのです。

「そんなこと、いちいち力積なんて持ち出さなくても経験的に知ってるよ」と言われてしまいそうですが、経験則も運動量と力積の関係によってしっかり説明ができるというのは物理を学ぶ喜びのひとつです！

†運動量保存則

ニュートンの力学が、インペトゥス理論を基盤にしたことは既に述べた通りです。もう少し詳しく言えば、デカルトの弟子であったホイヘンスが、ガリレオとデカルトの研究を先に進め、いくつかの物体の重心が動いていく速度（V_g）は、衝突を繰り返しても変わらないという**「重心速度不変の法則」**を発見したことが運動の三法則（27頁）が生まれる契機になりました（これについてはのちほどコラムで詳説します）。

重心（center of gravity）とは物体の各部分にはたらく重力の合力の作用点のことです。「物体の各部分にはたらく重力の合力」とは、物体の各部分にはたらく重力による効果を一つの力に置き換えたものですから、重心に糸などをつけて物体を吊るすと、回転することなく、物体は静止します。重心は複数の物体についても定義できます。その場合は、物体どうしを重さの無視できる棒のようなもので繋いだときに1点でバランスよく吊るせる点のことだと思ってください。

重心速度不変の法則とは、図1－26のように複数の物体が衝突するような場合でも、**衝突の前後で重心の速度は変わらない**、という法則です。

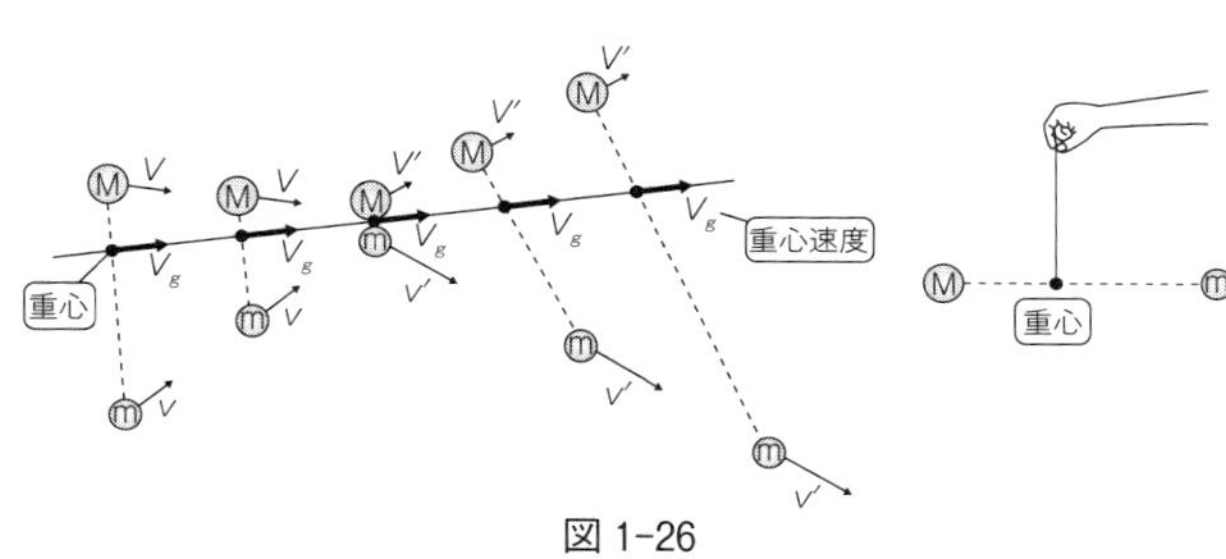

図 1-26

本節最後の「数式の博物館④」で数式を紹介しますが、複数の物体の重心速度というのは、複数の物体の運動量の和を質量の合計で割ったものです。すなわち、重心速度不変の法則は、**複数の物体の運動量の和が衝突の前後で変わらない**ことを意味します。これを**運動量保存則**（momentum conservation law）といいます。

ここで、運動量が保存するというのはあくまで複数の物体の**運動量の「和」が一定**になるという意味であり、一つの物体の運動量が変わらないという意味ではないので注意してください。

たとえば2つの物体AとBが衝突する場合、物体の境界面においてAはBにそしてBはAにそれぞれ力を及ぼし合います。その時AからBに働く力とBからAに働く力は、作用・反作用の法則により大きさは同じく向きは反対です。一方、衝突によって2つの物体が接触している時間は同じですから、「AがBに及ぼす力積」と「BがAに及ぼす力積」もやはり大きさが同

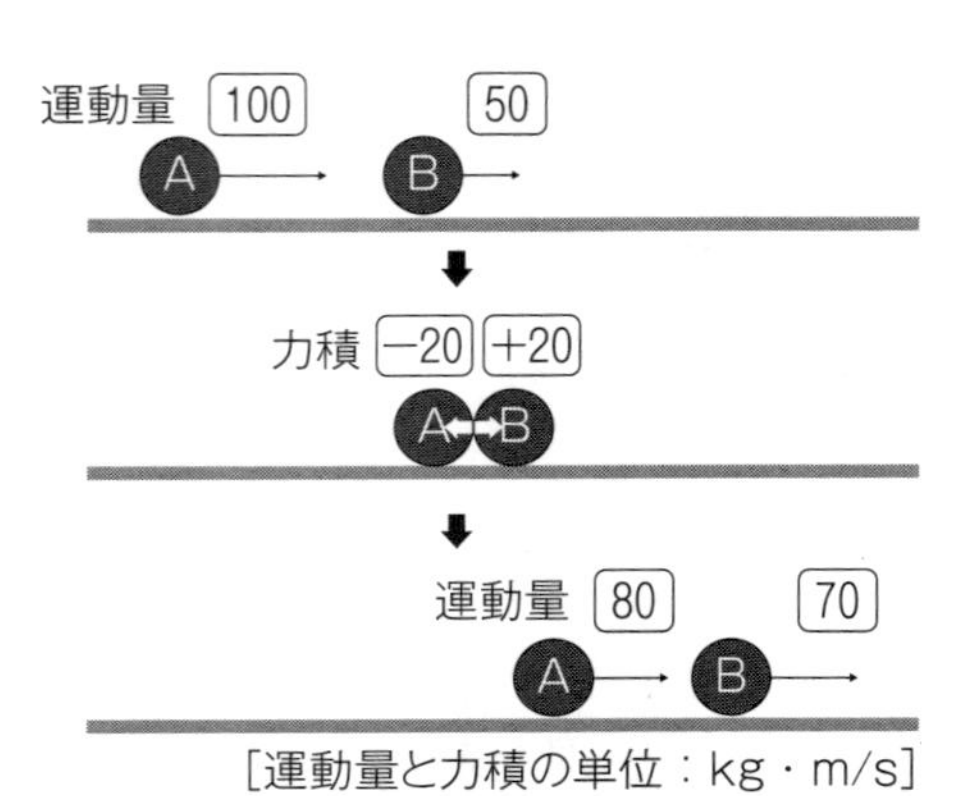

図 1-27

じで向きが反対になります。

仮に、図1-27のように、AとBが衝突の前後で運動の方向を変えないような衝突があるとしましょう。衝突前に持っていた運動量は、それぞれAは100でBは50であるとします。そして、衝突によって、Aは進行方向とは逆向きの（負の）力積を20受け、Bは進行方向と同じ向きの（正の）力積を20受けたとすれば、衝突後のAの運動量は80で、Bの衝突後の運動量は70です。衝突によってそれぞれの運動量は変化しますが、合計は150のままで変わりません（運動量と力積の単位はkg・m／s：キログラムメートル毎秒）。

一般に、運動量保存則は、複数の物体にはたらく力が、物体間の力に限られるとき（作用・反作用の力のみを及ぼしあうとき）に成立します。従って、**衝突**だけでなく、複数の物体が**合体**するときや、一つの物体が複数の物体に**分裂**するときなども、**運動量保存則は成立**します。

刑事もののドラマ等で、発砲シーンがあると、銃を打った人が後ろにのけぞるシーンがよく写し出されます。銃から弾が飛び出る運動は一種の分裂であり、運動量保存則が成立します。銃を打った人が反動を得るのは――作用・反作用の法則を使っても説明できますが――、弾と銃が静止している状態（運動量の和がゼロ）から弾が発射されると弾が前向きの運動量を持つ一方で、（運動量の和がゼロになるように）銃も同じ大きさで向きは後ろ向きの運動量を得るからです。

†力学的エネルギー保存則と運動量保存則の違いと使いわけ

前節と本節で、力学的エネルギー保存則と運動量保存則という2つの保存則を学びました。この2つはなにが違い、どういう風に使い分ければいいのでしょうか。

一番大きな違いは、エネルギーは**スカラー**（scalar）**量**であるのに対して、運動量は**ベクトル量**であるという点です。

スカラー量とは大きさのみを持つ量のことをいいます。文字通り、一つのスケール（物

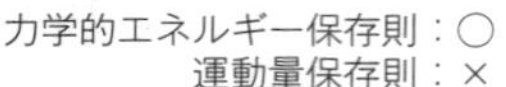

力学的エネルギー保存則：×
（水平方向の）運動量保存則：○

図 1-28

差し）で測れる量のことです。物理学におけるスカラー量には、エネルギーのほか、質量、長さ、電荷、温度等があります。

ベクトル量は大きさの他に方向を持ちます。運動量、力、速度、加速度などはベクトル量ですね。

力学的エネルギー保存則は、**ひとつの物体に注目しているとき**、その物体に働く力が重力・弾性力・進行方向に垂直な力のいずれかのみ（複数同時でもよい）であれば成立します。たとえばジェットコースターの運動では（レールとの摩擦が無視できれば）滑り始めたコースターにはたらく力は、重力と（進行方向に対して垂直である）レールからの垂直抗力のみなので、コースターについて力学的エネルギー保存則が成立します（図1-28）。

一方、運動量保存則は、**複数の物体に注目しているとき**、それらの間にはたらく力が物体間の作用・反作用の力のみであるときに成立します。ジェットコースターのコースターもレールも両者の作用・反作用の力（垂直抗力）以外の力である重力を受けますし、レールは地面に固定する土台からの力も受けますから、コースターとレールについて運動量保存則は使えません。

次に、平らな道路で2台の自転車が出会い頭に衝突してしまった場合を考えてみましょう。ブレーキをかける余裕がなく、地面との摩擦は無視できたとしても、衝突によって自転車は変形し、この変形にエネルギーが消費されます。つまり2台の自転車の力学的エネルギーの和は衝突前に比べて衝突後の方が小さくなり、力学的エネルギー保存則は使えません。

しかし、運動量に注目すると、どんなにシャーシーが変形してしまったとしても、（地面との摩擦が無視できれば）水平方向についてはお互いに作用・反作用の力しか働かないため、水平方向の運動量保存則が成立します。

特に、変形等によってエネルギーがまったく失われない理想的な衝突のことを**完全弾性衝突**（**perfectly elastic collision**）といいます。一般に、複数の物体が衝突するとき、衝突の前後でそれらの力学的エネルギーの和は一定になりませんが、完全弾性衝突の時に限り衝突の前後で力学的エネルギー保存則が使えます。

数式の博物館④　重心速度一定と運動量保存則

重心速度不変の法則から運動量保存則を導きます。

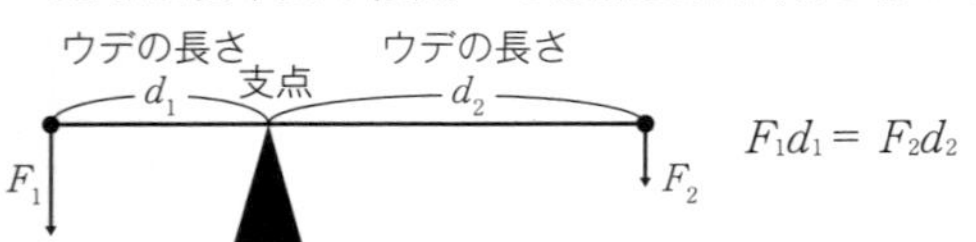

$$F_1d_1 = F_2d_2$$

中学理科で、シーソーのような装置でバランスが取れている場合、力と、支点から力が働く点までの距離（ウデの長さ）の積は等しくなることを学びました（**てこの原理**）。

下の図のように x 軸上に質量が M である物体と、質量が m である物体があるとします。それぞれの位置は x_M、x_m としましょう。

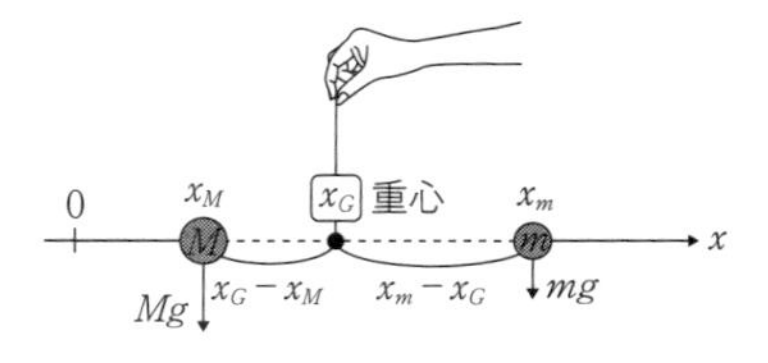

重心の位置を x_G とすると、てこの原理より、

$$Mg\cdot(x_G - x_M) = mg\cdot(x_m - x_G) \Rightarrow (M+m)x_G = Mx_M + mx_m$$

$$\Rightarrow \boldsymbol{x_G} = \frac{\boldsymbol{Mx_M + mx_m}}{\boldsymbol{M+m}}$$

です。一般に Δt の間に物体が $\Delta\vec{x}$ だけ位置を変えたとするとこの間の速度は $\vec{v} = \dfrac{\Delta\vec{x}}{\Delta t}$ なので

$$\overrightarrow{v_G} = \frac{\Delta\overrightarrow{x_G}}{\Delta t} = \frac{M\dfrac{\Delta\overrightarrow{x_M}}{\Delta t} + m\dfrac{\Delta\overrightarrow{x_m}}{\Delta t}}{M+m} = \frac{\boldsymbol{M\overrightarrow{v_M} + m\overrightarrow{v_m}}}{\boldsymbol{M+m}}$$

となります。ここで質量の合計（$M+m$）は一定であることを考えると、ホイヘンスが発見した「重心速度不変の法則」とはすなわち「$M\overrightarrow{v_M} + m\overrightarrow{v_m} =$ 一定」ということであり、これは運動量保存則に他なりません。

コラム　運動量と運動の三法則

前頁の「数式の博物館④」の通り、ホイヘンスの発見した重心速度不変の法則は運動量保存則に直接繋がります。このコラムでは、運動量と力積の関係、及び運動量保存則から運動の三法則が生まれた経緯をお話ししたいと思います。

27頁でニュートンの運動の三法則を紹介した際、第二法則は現代風に翻訳して、「物体に加わる力は、物体の加速度と質量の積に等しい」と紹介しましたが、実際にニュートンが主張していたのは「運動量の変化は、加えられた外力（力積）に比例し、外力の方向に起こる」（安孫子誠也著『歴史をたどる物理学』より引用）というものでした。

運動量は質量と速度の積です。合体や分裂以外では質量はふつう変わらないので、運動量は速度変化によって変化します。ここで加速度を持ち出せば、速度変化＝加速度×時間ですから、右の文言はすぐに「質量×加速度×時間＝比例定数×力×時間」と表せます。両辺を「時間」で割れば、「質量×加速度＝比例定数×力」という式に

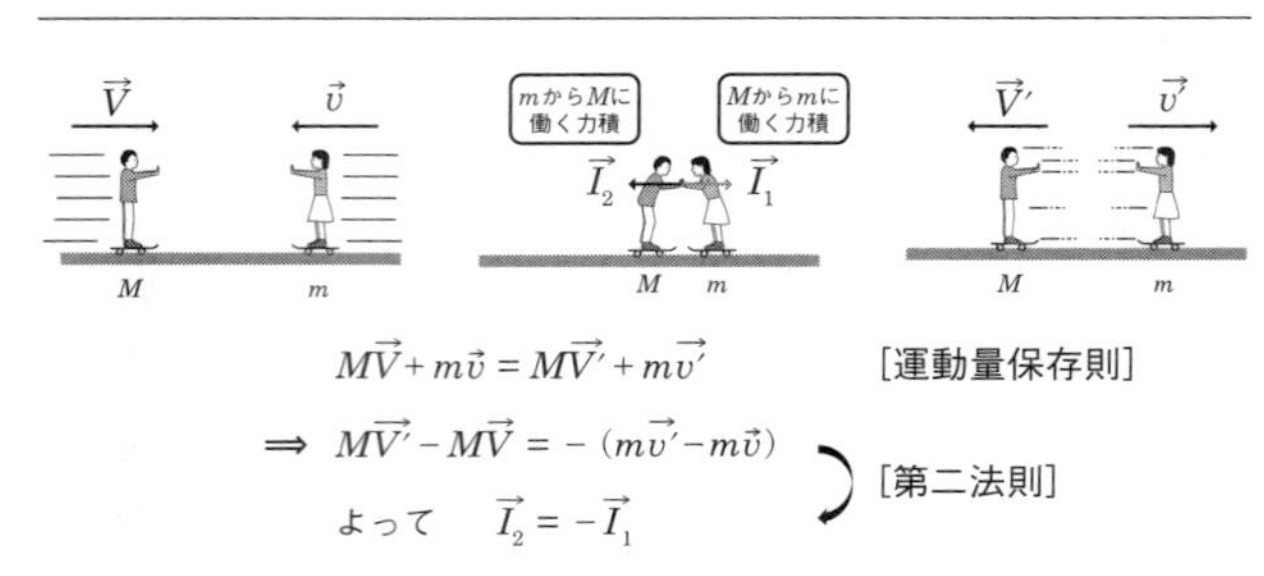

図1-29

なります。前述のとおり、力の単位はこの比例定数がちょうど1になるように定められていますから、結局「質量×加速度＝力」という運動方程式を得ます。

ニュートンの第二法則の表現を逆手に取れば、「外力が働かなければ、運動量は変化しない」という意味になります。運動量が変化しないということは（分裂や合体以外では）すなわち速度が変化しないということですから、「力が加わらなければ物体は自身の運動状態を維持する」という第一法則（慣性の法則）もすぐに導くことができます。

また、質量Mの物体と質量mの物体について運動量保存則が成立するとき、図1－29のように考えることで、Mからmに働く力積とmからMに働く力積は、大きさが同じで互いに逆向きでなければいけないことがわかります。「力積＝力×力の働く時間」であり、相互に力が働く時間は共通ですから、結局これは作用・反作用の法則そのものです。「ある物体Aが別の物体Bに力を加えるとき、BはAに対し同じ大きさの力を正反対の向きに加える」という第三法則（作用・反作用の法則）は、**運動量が保存しない場合でも**2つの物体に働く相互作用力について、同じ関係（大きさが同じで互いに向きが逆向きになる）が成立すると主張するものなのです。

5 万有引力と円運動

すべての物体が有する互いに引き合う力のことを文字通り**万有引力**（universal gravitation）といいます。図1-30のように万有引力は、2つの物体が互いに及ぼし合い、それぞれの質量の積に比例し、距離の2乗に反比例する力です（Gは万有引力定数といわれる比例定数です）。

「人間がなしとげた最も偉大な一般化」と呼ばれることもあるこの法則を発見したのがニュートンであることは広く知られています。しかし、その発見の歴史はニュートンが生まれるずっと前、太古の昔から始まっていたと言っても過言ではありません。

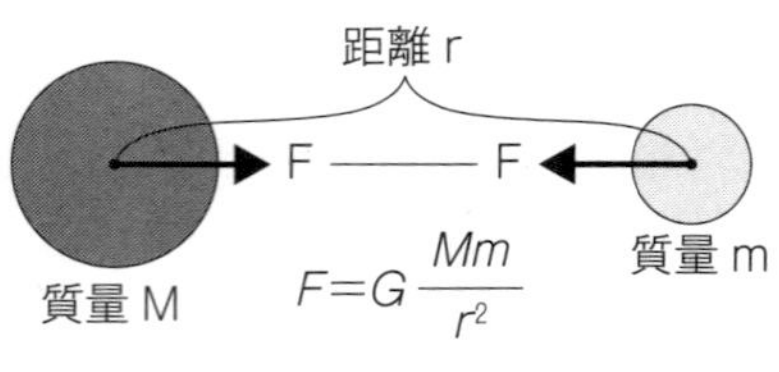

図 1-30

人類を万有引力発見の旅に誘ったのは、天体へのとりわけ太陽と惑星の運動への興味でした。紀元前4世紀のアリストテレスから、**コペルニクス**（1473―1543）が登場する16世紀に至るまで、広く信じられていたのは天動説です。宇宙の中心には地球があって、すべての天体は地球のまわりをまわっているとするこの説がかつては主流だったことをご存じの方は多いでしょう。そんな中、地球の方が太陽のまわりをまわっているのだとする地動説を唱える者もいました。特に紀元前3世紀のアリスタルコスはほぼコペルニクスと同じ水準まで太陽系の運動について理解していたと言われています。

しかし、天動説の優位はその後も続き、コペルニクスが地動説を唱えてからもしばらく天動説は多くの支持を集め続けました。およそ2000年ものもの間「常識」として認知されてきた学説をひっくり返すのは科学的にもそして宗教的にも容易なことではなかったのです。

地動説が広く信じられるきっかけになったのは、コペルニクスと入れ替わるようにこの世に生を受けたティコ・ブラーエ（1546－1601）という天文学者とその弟子であったヨハネス・ケプラー（1571－1630）の功績が大きいと言われています。

お金持ちだったブラーエは自分の島を持っていて、そこに自分専用の観測台を作って来る日も来る日も惑星の運行を観察しこれを記録しました。そしてその膨大なデータはケプラーの手にわたりました。ケプラーはこれらのデータを解析することによって後に「ケプラーの3大法則」といわれる3つの法則を発見しました。

†ケプラーの3大法則

1つ目の法則は、「**惑星は、太陽をひとつの焦点とする楕円軌道を描く**」というものです。

楕円を描くには、2本の画鋲に輪っかを引っ掛け、その輪っかがたるまないように気をつけながら鉛筆をぐるっと回せば書くことができます（図1－31参照）。このときの画鋲の位置が楕円の焦

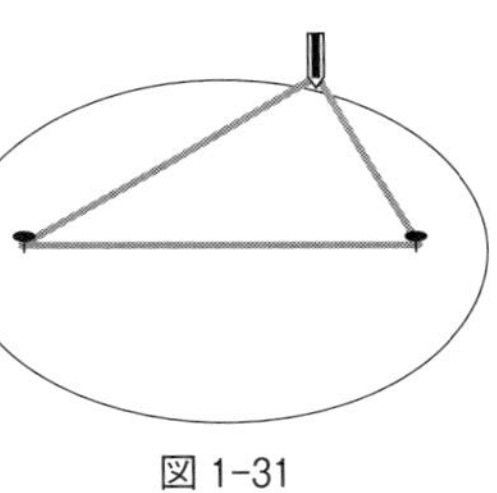

図 1-31

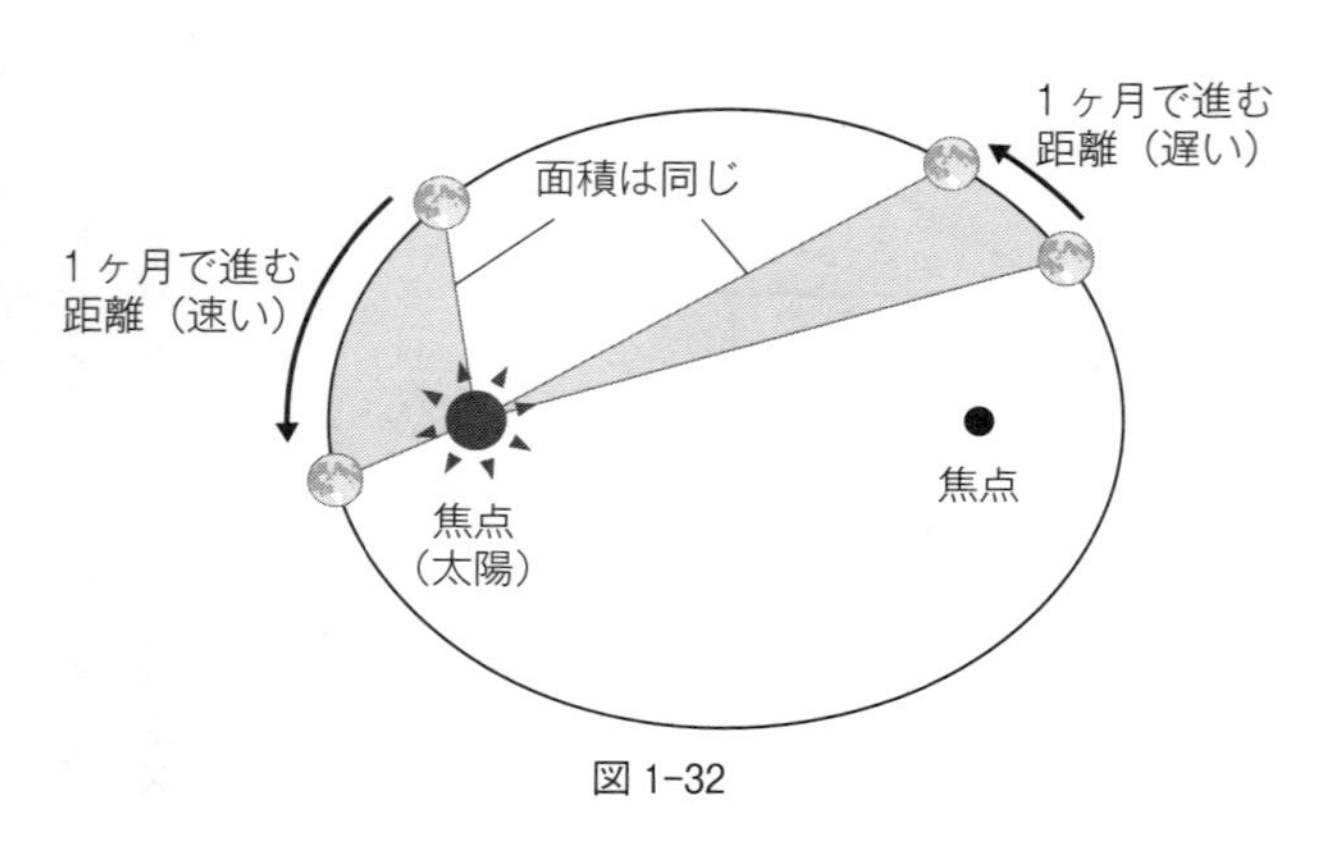

図1‐32

点です。

　2つ目の法則は地球が太陽のまわりをまわる速さは一定ではないことを教えてくれます。地球をはじめ惑星は、太陽の近くを通るときには速く、遠くを通るときには遅くなります。ただし、同じ時間で比べると、惑星と太陽を結んでできる扇形の面積は同じです。これを**面積速度（areal velocity）一定の法則**といいます（図1‐32）。

　2つの法則を発見してから数年後に、ケプラーは軌道の大きさ（楕円の一番長い部分の長さの半分：長半径）と公転周期＝惑星が太陽のまわりを一周するのにかかる時間の関係についても一定の法則があることを見つけます。それは**公転周期の2乗は軌道の長半径の3乗に比例する**という法則です。

【ケプラー3大法則】
第一の法則：惑星の軌道は太陽を一つの焦点とする楕円軌道である
第二の法則：惑星の軌道における面積速度は一定である
第三の法則：惑星の公転周期の2乗は軌道の長半径の3乗に比例する

惑星の軌道についての法則がわかってくると、人々の関心は「惑星たちに太陽のまわりをまわらせるものは何なのか」という点に移ってきました。ケプラーの時代には、天使たちが惑星を進行方向に押して運んでいるのだと言う人もいたそうです。ちなみにケプラー自身は惑星の運動は太陽に由来する「原動力」によって引き起こされるのだと考えていました。

やがて、**クリスティアーン・ホイヘンス**（1629―1695）などの功績により、惑星の軌道を完全な円軌道と仮定すれば、太陽の原動力＝惑星を引きつける引力は、太陽の方向に働き太陽からの距離の2乗に反比例することがわかりました。

ただし、実際の楕円軌道の場合にも同様であることを示せた者はニュートン以前には誰もいません。

ニュートンはその卓越した数学力を活かして、ケプラーの第二法則は、楕円軌道する惑星に働く力は太陽の方向に働く力であるという考えの帰着に過ぎないことを示しました。次いでケプラーの第三法則から楕円軌道の場合も太陽からの引力は太陽からの距離の2乗に反比例することを証明してみせました。

しかし、これらのニュートンの功績は、物理学者というよりむしろ数学者としての功績です。なぜなら、これらはケプラーの法則の言い換えに過ぎないからです。ニュートンの物理学者としての慧眼は、**太陽が惑星に及ぼす引力と地球上の物体にはたらく重力は同じ力であることを見抜**いたところにあります。

†万有引力

ニュートンが庭の木のリンゴが落ちるのを見て万有引力を発見したというエピソードは大変有名ですが、これは実話ではないと言われています。彼が万有引力を発見した本当のきっかけはリンゴではなく月でした。

ニュートンはあるときふとこんな疑問を持ちました。

「地球上の物体はどれも地面に落ちるのに、なぜ月は落ちてこないのだろうか?」

重力は山の上でも無くなりはしません。だとすると地球から遠く離れた月にも重力は働くのではないかと考えたのがそもそもの始まりでした。やがて彼は、月は地球に落ちてこないのではなく、逆に落ち続けているからこそ地球のまわりをまわっているのだと考えつきます。地球が月を引く力は、重力そのものであると考えたわけです。

月の軌道はほぼ円軌道なので、地球が月に及ぼす力が距離の2乗に反比例する力であることはすぐにわかります。また、月の軌道半径が地球半径の60倍であることも当時既にわかっていました。

もし、地球が月に及ぼす力が重力であれば、重力も距離の2乗に反比例する力のはずです。地球の中心と地球上の物体の距離は、月との距離の60分の1なので地球上の物体に働く重力は地球が月に及ぼす力の3600倍（60×60倍）にならなければ辻褄があいません。重力が3600倍になるということは、重力加速度（40頁）が3600倍になることを意味しますから、例えば1分の間に地球上の物体が落下する距離は、同じ1分間で月が「落下」する距離の3600倍になるとことが予想されます（図1－33）。

ニュートンはさっそく計算してみました。すると、月が1分間で「落下」する距離は4・9mであることがわかりました。一方、地球上の物体は1分間で落下する距離はガリレオの編み出した計算式によって、17640mであることがわかります。これは4・9mのちょうど3600倍です！

こうして、リンゴを落とす力も地球が月を引っ張る力も同じ地球の重力であることを知ったニュートンは、太陽が惑星を引く力もやはり重力であると結論しました。そしてこれを万有引力と名付けました。

万有引力はすべての物体に働く力なので、月と地球の海水の間にも働きます。

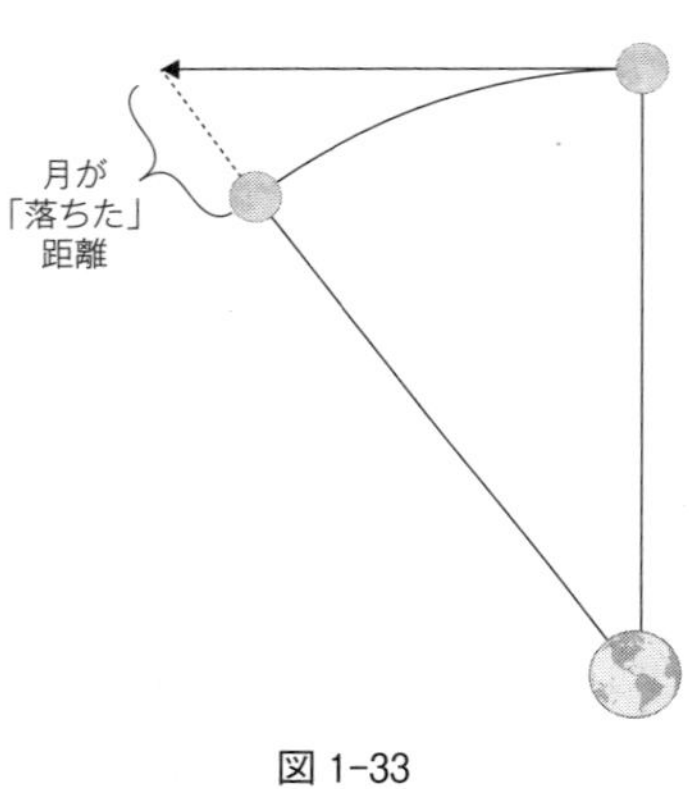

図1-33

万有引力は距離の2乗に反比例するので、月が及ぼす万有引力の大きさは、大きい順に「月に近い方の海水＞地球＞月から遠い方の海水」となります。月に近い方の海水は、万有引力により、月の方に引っ張られて盛り上がります。一方、地球も月の引力によって引っ張られるので、本来の位置よりも少し月の方に引っ張られます（図1-34）。ただし「月に近い海水」よりは遠い分、その移動は「月に近い海水」ほど大きくはありません。結果、月から遠い方の海水は取り残される形になって、反対側に盛り上がります（月の反

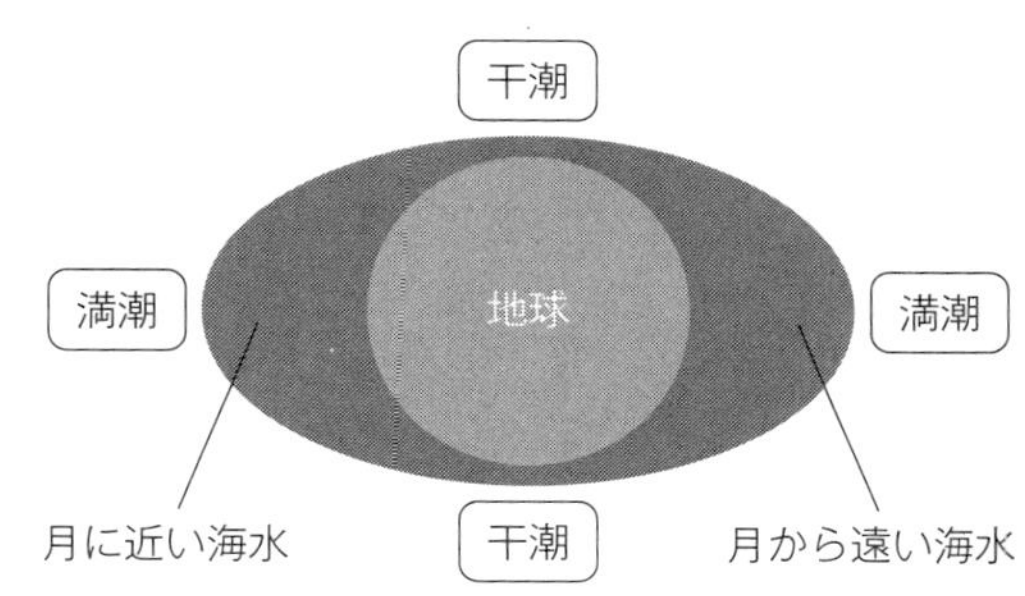

図1-34

対側の海面が盛り上がるのは、月と地球が地球の内部にある重心の周りを回転するために生じる遠心力の効果もあります）。これが、日に2度満潮を迎える理由です。

もちろん、これはほんの一例であり、万有引力によって説明できる物理現象は文字通り森羅万象に及びます。

「私がかなたを見渡せたのだとしたら、それは偏に巨人の肩の上に乗っていたからです」
(If I have seen further it is by standing on the shoulders of Giants.)

という有名なニュートンの言葉には大科学者らしい謙虚さを感じるわけですが、ニュートン力学を支える運動の三法則と万有引力の歴史を紐解いてみると、これは彼の本心だったのだろうという気もしてきます。コペルニクス、ガリレオ、ケプラー、ホイヘンスといった負けず劣らずの「巨人」たちと歴史に埋もれた名もなき天才たちが「宇宙の真理を解き明かそう」と強い信念でバトンを繋いだからこそ、ニュートンは画竜点睛ができたのでしょう。

†コリオリ力（高校の範囲外）

円運動に関連して、遠心力と並ぶ重要な「見かけの力＝あるように見えるけれど本当には存在しない力」である**コリオリ力**（Coriolis force）を紹介したいと思います。

今、一定の速度で反時計回りに回転する円盤上の中心にAさん、端にBさんがいて、円盤の外にはCさんがいるとします（図1-35）。

Aさんが円盤の端に立っているBさんに向かってまっすぐボールを転がします。円盤はツルツルで、摩擦の影響は無視できると考えてください。このとき円盤の外にいるCさんには、ボールは単に回転する円盤の上を直進するだけのように見えます（摩擦を無視できるので、ボールは回転する円盤の影響を受けません）。

でも、このボールはBさんには届きません。なぜなら、ボールが円盤の端に着いた頃には、Bさんはボールが着く場所（Bさんがもといた場所）よりも回転した位置にいるからです(図1-36参照)。

もちろんそれは円盤が回転しているからですが、もしAさんもBさんも円盤が回転していることに気づかないとしたら、どうでしょうか? AさんはボールがBさんに届かないことをとても不思議に思うでしょう。ボールが円盤の端に着く頃、BさんはAさんからみて左の方にいますから、Aさんはボールがひとりでに右に曲がってしまったように感じるはずです(図1-37)。

Aさんが感じる、**まっすぐ投げたはずのボールを右に曲げてしまう見かけの力**、これを**コリオリ力(Coriolis force)**といいます

地球上の大気は自転する地球の上で絶えず動いているので、いつもコリオリ力の影響を受けています。たとえば、北半球において赤道~中緯度付近に強い貿易風(東風)が吹くのは、ハドレー循環という赤道付近の大気の循環がコリオリ力の影響を受けるからです。

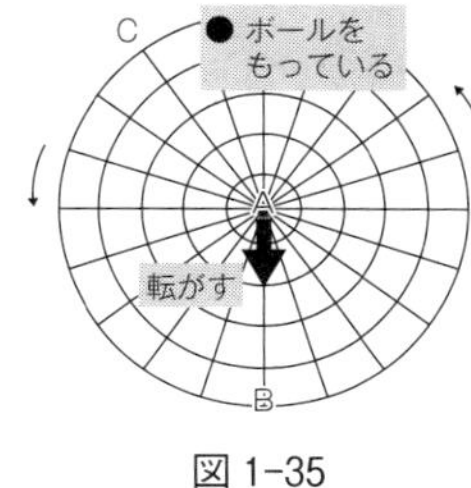

図1-35

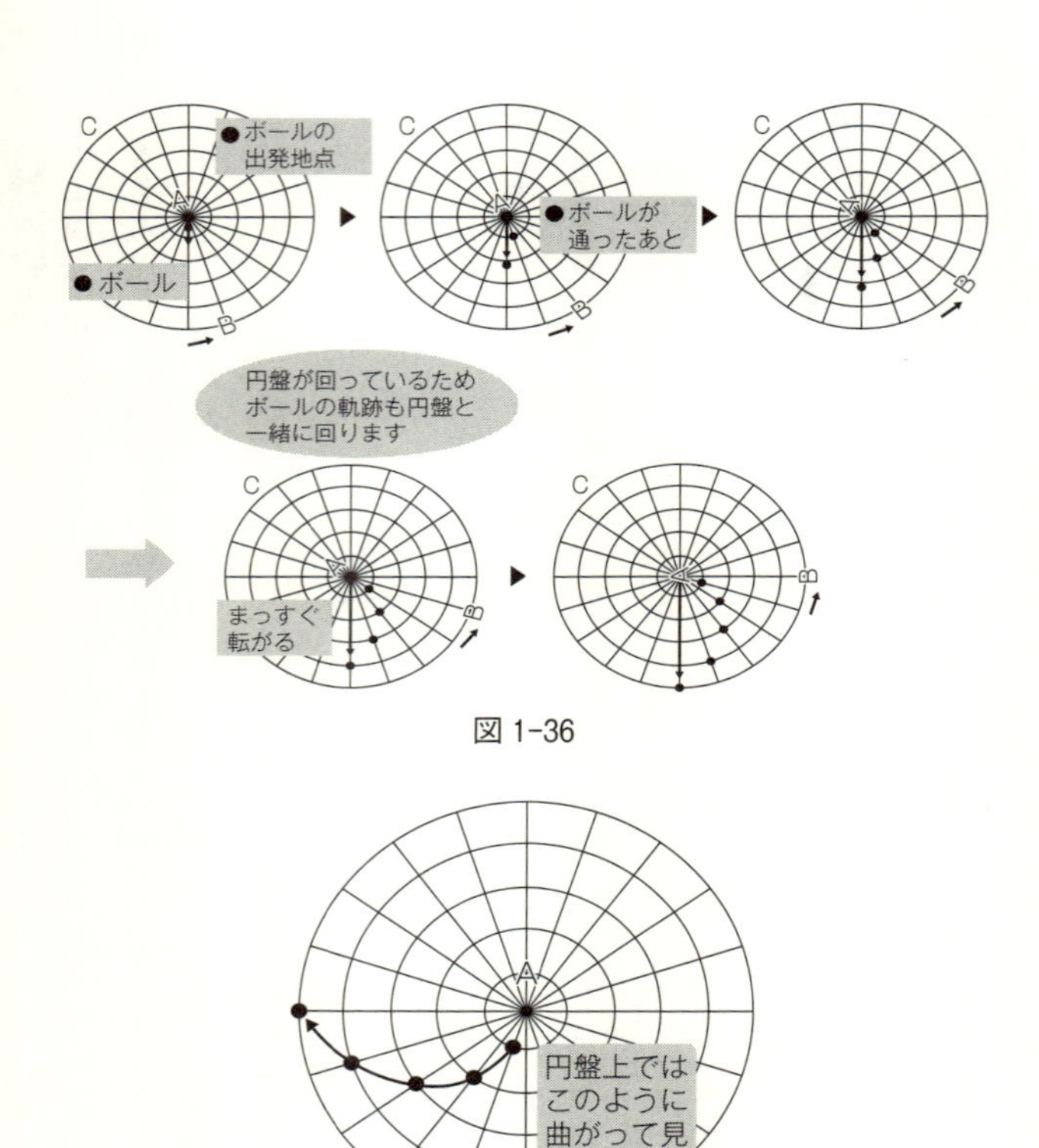

C
ボールの出発地点
ボール
A
B
ボールが通ったあと
円盤が回っているため
ボールの軌跡も円盤と
一緒に回ります
まっすぐ
転がる

図 1-36

A
B
円盤上では
このように
曲がって見
えます

図 1-37

数式の博物館⑤　等速円運動の加速度

等速円運動をする物体の加速度を数式として求めておきましょう。物体は中心方向の力がなければ円運動できません。この中心方向の力が中心方向の加速度を生み出します（31頁）。

例として半径rで地球のまわりを回る月を考えます。月が地球のまわりを回る速さはv（一定）としましょう。もし、地球の引力がなければ、右図のAにいた月はごく短いt秒後にはBまで等速直線運動をするはずですが、実際の月はt秒後にCにいます（厳密には$AB \neq \overset{\frown}{AC}$ですが$t$秒がごく短い時間なので近似しています）。このBC間の距離が中心方向の加速度によって月が「落下」した距離です。加速度aで自由落下する（初速度なしで落ちる）物体の移動距離は$\frac{1}{2}at^2$です（22頁）から、図の△OABについて三平方の定理を用いると

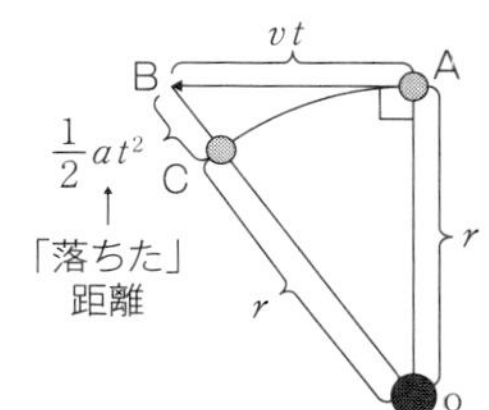

$$r^2+(vt)^2=\left(r+\frac{1}{2}at^2\right)^2 \Rightarrow r^2+v^2t^2=r^2+art^2+\frac{1}{4}a^2t^4$$

$$\Rightarrow v^2t^2=art^2+\frac{1}{4}a^2t^4 \Rightarrow v^2=ar+\frac{1}{4}a^2t^2$$

ここでtはごく小さい値なので$\frac{1}{4}a^2t^2$は無視します。すると、中心方向の加速度aが次のように求められます。

$$v^2=ar \Rightarrow \boldsymbol{a=\frac{v^2}{r}}\ ［r：半径、v：速さ］$$

コラム　万有引力と新発見

いったん汎用性の高い正しい法則が得られると、そこから新しい法則が発見されるということは歴史の中で度々起こってきましたが、万有引力がもたらした新発見は特に広範囲にわたっています。この法則が「人間がなしとげた最も偉大な一般化」と呼ばれるのはそのためです。実際枚挙に暇がありませんが、ここでは2つの事例を紹介したいと思います。

一つは**光速の発見**です。科学技術が進歩し、より正確な観測が行われるようになると、木星の衛星が万有引力の法則に従わないような動きを見せることがわかりました。木星の衛星は木星のまわりを回っていて、地球からは見えないときがあります。そこで衛星が木星の影に隠れてから次に再び姿を見せるまでの時間を万有引力の法則をもとに計算してみると、実際の観測結果とは合致しません。最大でおよそ8分の誤差があります。

この現象についてデンマークの天文学者**オーレ・レーマー**（1644―1710）は、

万有引力の法則を疑うことはしませんでした。代わりに**光が木星の衛星を出て地球に達するまでにはある時間がかかるのではないか**という仮説を立てました。

夜空に瞬く星が現在の星の姿ではない（その星を光が出発したときの姿である）ということは現代では多くの人の知るところですが、当時は、光は瞬間的に伝播するものと考えられていたので、**光にも速度があるというのは驚くべき事実でした**。

実際、木星が地球から遠いときと近いときとで光が地球に届くまでの時間が違うことを考慮すれば、衛星が再び出現するまでの時間は、万有引力の法則から導かれる結果とぴったり一致します。

万有引力の法則が導いたもうひとつの大発見も紹介しましょう。

万有引力はいかなる物質の間にも作用しますから惑星と太陽の間だけではなく、惑星と惑星の間にも働きます。特に木星、土星、天王星は質量が大きいのでお互いの万有引力の影響が無視できません。そこでこれらの惑星がケプラー式の楕円軌道からどれほどずれるかが計算されました。次に計算結果を観測結果と比べてみたところ、天王星の軌道だけは計算とは合いませんでした。この計算を行ったのはイギリスの天文学者**ジョン・クーチ・アダムズ**（１８１９―１８９２）とフランスの天文学者**ユルバ**

ン・ルヴェリエ（1811－1877）です。二人はそれぞれ別個に同じ計算を行いましたが紡ぎ出した仮説は同じでした。ふたりとも、万有引力の法則は正しいはずだから、天王星のおかしな軌道は未発見の惑星に影響されているせいだろうと考えたのです。これが1846年の海王星の発見につながりました。

熱力学

第2章

1　気体の圧力と体積

†温度とはなにか？

科学の進歩は、知的な能力だけでなく、職人技によってもたらされることがあります。**温度**（temperature）が科学的に論ずるに値する物理量になったのも、ドイツの技術者**ガブリエル・ダニエル・ファーレンハイト**（1686―1736）が水銀を用いて正確な温度計を作ることに成功したからです。

ファーレンハイトが完成させた水銀温度計は、温度が高くなると水銀が膨張する性質を利用しています。水銀に限らず、**一般に物体は温めると膨らみます**。たとえば熱気球はバーナーで温めた空気によって気球を膨らませていますし、電車に乗っていると「ガタンゴトン」と音がするのは、夏になるとレールが膨張することを考慮して、レールの継ぎ目にわざと隙間を作っているからです。

温度の上昇に対してどれだけ体積が増えるかを表した割合を**熱膨張率**（coefficient of

気体　液体　固体

図 2-1

thermal expansion）といいます。熱膨張率は物質ごとに違います。ガラス瓶の鉄製の蓋が固くて開かないとき、少し火であぶると開けやすくなることをご存じの方は多いでしょう。これは、鉄の熱膨張率の方がガラスよりも大きいために起きる現象です。

　では、そもそもなぜ物体は温めると膨張するのでしょうか？

　それは、**温めることによって、物体を作っている分子や原子がより激しく運動するようになるからです。**

　物体が個体の状態にあるとき、物体の分子や原子は整然と規則正しく並んでいます。しかし、それぞれの粒子は静止しているわけではなく、小刻みに振動しています。個体状態の分子や原子の様子はラグビーにおけるスクラムに近いイメージです（図2－1）。

　物体が液体の状態にあるときは分子や原子はある制限の中

で自由に動きまわります。言わばお互いに手を繋ぎながらお遊戯をしている子どもたちのような感じです。

そして、物体が気体の状態にあるときは分子や原子は空間の中で一つ一つが自由に飛び交っています。何の制限もなく走り回っている子供たちのような状態です。

大切なのは、いずれの状態であっても物質を構成する分子や原子は常に動いており、止まることがないということです。これを**熱運動**（**thermal motion**）といいます。

熱運動をしている分子や原子は運動エネルギー（59頁）を持ちます。実は、**温度とは熱運動する分子や原子の運動エネルギーの大きさを表したもの**です。気体はもちろん、液体や個体であっても温度があがると熱運動が激しくなり、粒子と粒子の間の距離が大きくなります。これが温度上昇による膨張の原因です。

物質の熱膨張を用いて「暖かさの尺度」を考えようとしたのはファーレンハイトが初めてではありません。ガリレオも含めて何人かの物理学者たちが空気や水やアルコールを用いて温度計を発明しようとしましたが、科学的に評価できるほどの正確な値を測定することはできませんでした。

当たり前ですが温度計には目盛りが必要です。そこで水銀を用いた正確な温度計の開発に成功したファーレンハイトは、自身が測ることのできる「最も低い温度」として寒い冬の日の自宅周辺の気温（マイナス17・8℃）を「0度」とし、熱っぽいときの自分の体温（37・8℃）を「100度」にしたと言われています（諸説あります）。このファーレンハイトの考案した温度（ファーレンハイト度）は考案者本人の頭文字を取って「℉」という記号で表されます。日本語ではファーレンハイトの中国語音訳（華倫海特）の頭文字と人名を表す「氏」を使って「華氏〜度」と言います。

華氏を使って温度を表すことは、日本人には馴染みがありませんが、華氏を使うと、日常生活における気温が概ね0℉から100℉の範囲に収まったり、体温が100℉を超えると治療が必要と判断できたり、生活感覚に則している便利さがあるため、今でもアメリカ合衆国やジャマイカなどの一部の英語圏では使われています。

一方、日本をはじめ多くの国で一般的に使われている温度（セルシウス度）は記号「℃」で表され「摂氏〜度」という言い方をします。1気圧における水の凝固点（氷点）を0℃、水の沸点を100℃と定めるこの温度を考案したのは、スウェーデンの天文学者**アンデルス・セルシウス**（1701—1744）でした。記号や日本語の言い方はやはり考案者の名前（セルシウスの中国語音訳：摂爾修斯）に由来しています。

†シャルルの法則と「絶対零度」

ところで、温度に上限や下限はあるのでしょうか？

まず高い方を見てみると、ロウソクの炎は１４００℃、広島に落とされた原爆（1秒後）の表面温度は５０００℃、太陽の表面は６０００℃、太陽の中心は１４００万℃、核融合炉のプラズマ温度は1億℃……と高い方はいくらでも見つかります。実際、温度に上限はありません。

しかし、低い方は下限があります。

温度に下限があることを最初に提唱したのは、フランスの物理学者**ギヨーム・アモントン**（１６６３―１７０５）です。彼は、気体を冷やすと、気体の体積がどんどん小さくなることに気づきました。そして、気体の体積には下限がある（体積が0以下になることはありません）ことから、温度にも下限があるだろうと考えたのです。しかし、まだファーレンハイトによる正確な温度計が生まれる前だったので、その温度の下限が何度かはわかりませんでした。

アモントンが没してから約80年後の１７８７年に、同じフランスの物理学者**ジャック・**

シャルル（1746—1823）は、**気体の圧力を一定にした状態では、気体の体積変化は温度変化に比例する**という**シャルルの法則**（Charles' law）を発見しました。そして、正確な実験によって、気体の体積は、気体の種類よらず（どんな気体でも）温度が1度下がるごとに、0度での体積の約273分の1だけ減少することをつきとめます。つまり、図2-2からもわかるように、理論上、約マイナス273℃で気体の体積は0になります（実際はその前に液化してしまいますし、分子自身の大きさがあるので体積が実際に0になることはありません）。シャルルはこのマイナス273℃が温度の下限値であると予想し、これを**絶対零度**（absolute zero）と名付けました。その後の研究により、絶対零度は**マイナス273.15℃**であることがわかっています。

ところで、絶対零度の小数点以下2桁の数字を決定したのが、日本の研究者であることは意外と知られていません。一般に、温度の精密測定は種々の測定の中でも最も難しい部類に入りますが、この難題を克服したのは東京工業大学物理学教室の木下正雄と大石二郎でした。ドイツやアメリカのライバルたちが、最新の実験装置を用いて絶対零度の決定に躍起となる中、木下と大石の2人は日本の職人の技術を集めたガラス細工を駆使し、実に20年以上の歳月をかけて根気強くそして注意深く実験結果を積み上げていきました。その

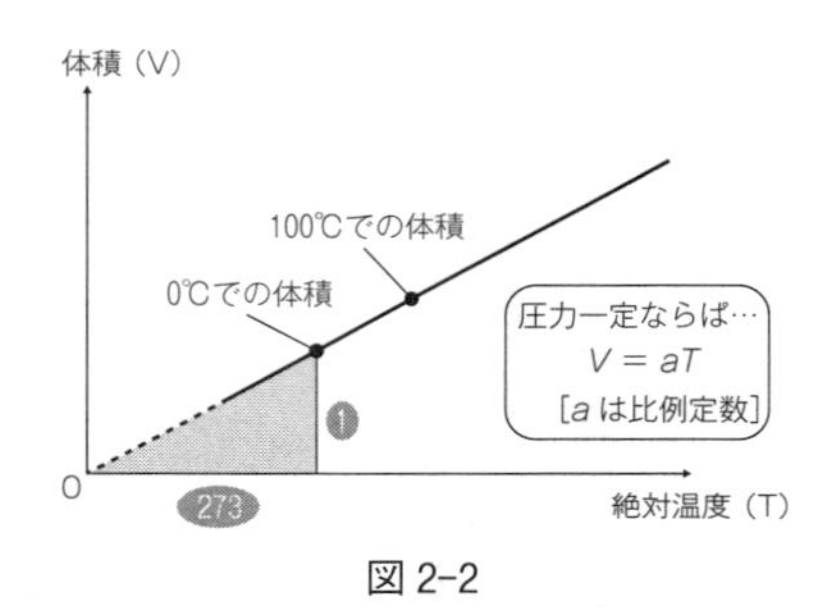

図 2-2

結果、1954年の第4回国際度量衡委員会測温諮問委員会において、日本の実験方法の精度が認められ、2人が弾きだしたマイナス273・15℃が絶対零度として採択されたのです。

絶対零度を基準にした温度のことを絶対温度といい、単位はK（ケルビン）を使います。「ケルビン」というのは、最初に**絶対温度**（thermodynamic temperature）を導入したイギリスの物理学者ケルビン卿ウィリアム・トムソン（1824―1907）の名前にちなんでいます。

また1Kの間隔は1℃と同じです。よって摂氏で表された温度に273・15を足せば絶対温度に変換できます。例えば27℃は300・15Kです。

絶対温度を使うと、**体積（V）は絶対温度（T）に比例する**＝グラフが原点を通るので、シャルルの法則は比例定数 a を使って、$V=aT$ と非常にシンプルに表すことができます

（図２－２）。

†圧力とはなにか？

ところで、**気体の圧力**（pressure）とは一体なんでしょうか？

私たちがふだん接している空気の中には１㎤あたり10^{19}個（１の後に０が19個！）以上の数の気体分子があり、これらの多くが秒速数百メートルの速さで飛びまわっています。

１㎤というのは１ccのことですが、小さじ一杯が５ccであることを考えると、文字通り雀の涙ほどの体積です。そんな僅かな体積の中に10^{19}個もの分子がつまっているなんて、さぞギュウギュウに詰め込まれていると思われるかもしれません。でも、実際はスカスカです。どれくらいスカスカかと言いますと、標準状態（０℃、１気圧）の場合、気体分子にはそれぞれ自身の体積の約１０００倍の空間が与えられています。これは、成人男子１人に対して、25ｍプールの１レーンを貸し切りで与えるのと同じくらいです。かなり空いている状態だと言っていいでしょう。

しかし、分子の速度は秒速数百ｍというものすごいスピードです。それぞれがてんでバラバラの方向に拡散しながら、他の分子や容器の壁との衝突を繰り返しています。このと

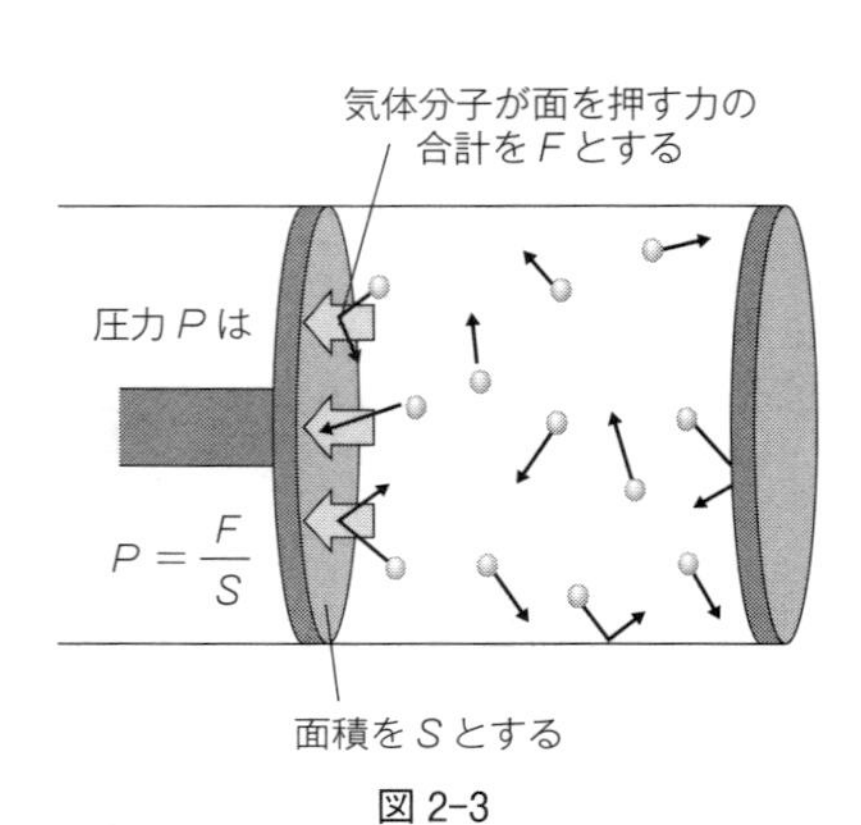

図 2-3

き壁が分子から受ける力積（71頁）が圧力の原因です（図2－3）。

　ここで圧力の定義をおさらいしておきましょう。**圧力とは単位面積（多くは1㎡）あたりの力のこと**ですから、

圧力＝力÷力が働く面の面積

です（単位はPa＝N／㎡（パスカル＝ニュートン÷面積））。

　ふだんの生活では大気圧を意識することはほとんどないので、それがどれくらいの大きさなのかピンと来づらいと思います。実は標準大気圧である1気圧（1013ヘクトパスカル）というのは、1㎡あたり10トンもの重さに相当します。陸上の最大の動物であるアフリカゾウはオスが6～7トン、メスが3

トンほどなので、私たちが普段気体分子から受けている力は、１ｍ×１ｍの畳半畳ほどのスペースにアフリカゾウのカップルが乗っているくらいの大きさです。びっくりした方は多いのではないでしょうか？

洗面所の吸盤などが壁にくっつくのはこの気体分子が及ぼす圧力のおかげです。吸盤と壁の間から空気を追い出せば、気体分子が吸盤に及ぼす力はもっぱら吸盤を壁に押し付ける方向にだけ働くことになり、強く壁に押し付けられることによって吸盤は落ちずに済むのです。もちろん、吸盤がへたってきて、壁と吸盤の間に気体分子が入り込んでしまうと、壁から離れる向きにも力が働くことになって、吸盤は落ちてしまいます。

✝ボイルの法則

アイルランドの**ロバート・ボイル**（１６２７―１６９１）はしばしば「化学の父」と呼ばれますが、彼の名を冠した有名な気体の法則は気体の圧力と体積の関係を説明するものであり純粋な物理の法則です。

ボイルは、真空ポンプを改良することで、真空内の羽根は石と同じ速さで落下することを示しました。このことは目には見えないものの、空気はなにがしかの物質を含んでいる

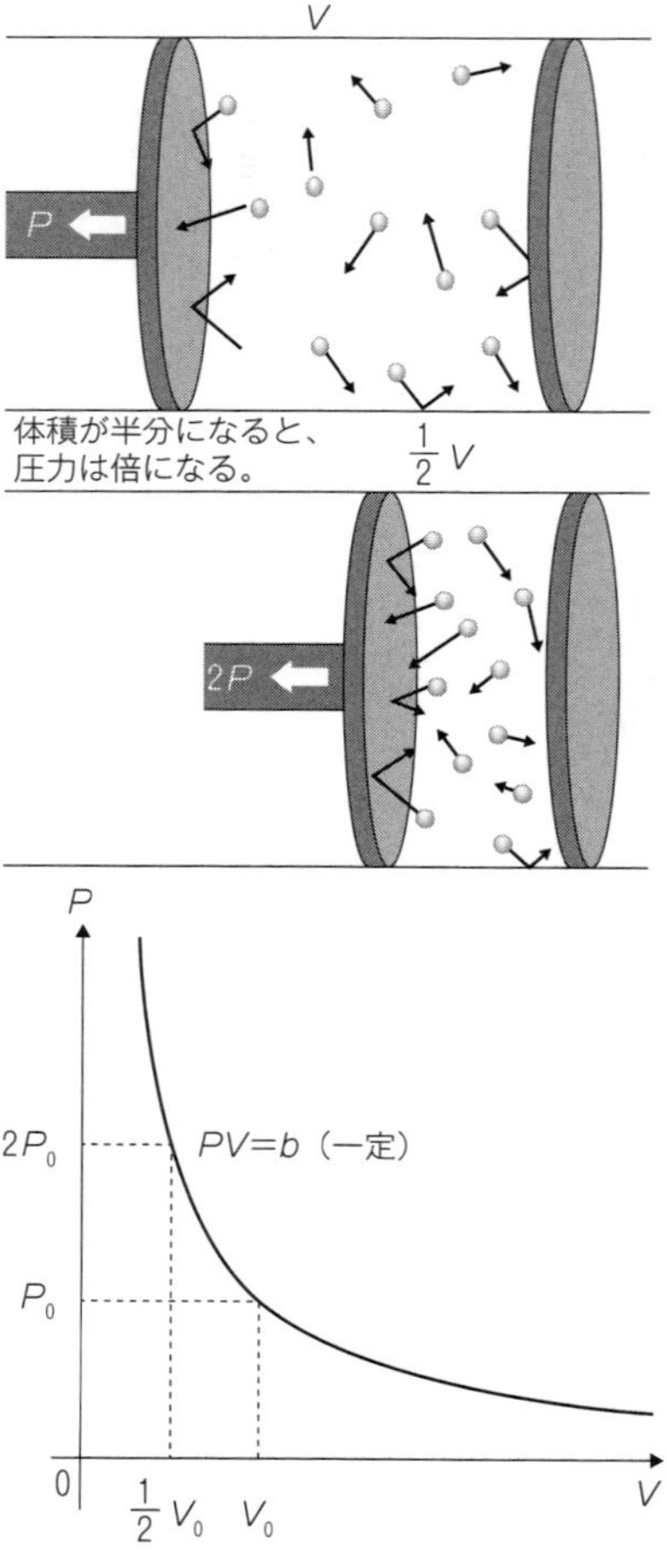

ことを示唆しています。また、**温度が一定ならば、気体の圧力は体積に反比例する**という**ボイルの法則（Boyle's law）**を発見しました。ボイルの法則は比例定数bを使って、$PV=b$と表すことができます（図2－4）。

これらの発見を通じて、ボイルは、空気はわずかな質量を持つ微粒子から成り、それらが様々な方向に運動し、互いを跳ね返しながら容器の壁に衝突し、圧力を生じさせるのだ

図 2-4

と推論しました。

ボイルが「化学の父」と呼ばれるのは、彼のこの推論が「すべての物質は分解していくと最後にこれ以上分解できない粒子になる」という原子論の最初の手がかりになったからです。しかし当時は、自然は「空気」「土」「火」「水」から成るという古典的な四元素論が当たり前の時代だったのでボイルの進歩的な考えは受け入れられませんでした。後に**ジョン・ドルトン**（1766—1844）によって原子論が確立されるのは100年以上後のことです。

†理想気体と実在気体

シャルルの法則（105頁）によると、温度が絶対0度（マイナス273・15℃）のとき、理論上、気体の体積は0になるが、現実にはそうならないというお話をしました。実際には、温度を下げていくと気体→液体→個体という**状態変化**が起きますし、どんなに体積が減っても分子自身の体積以下になることはないからです。気体→液体→個体の状態変化は、温度が下がることによって熱運動が鈍くなり、分子間に働く力の影響を受けることによって起こります。

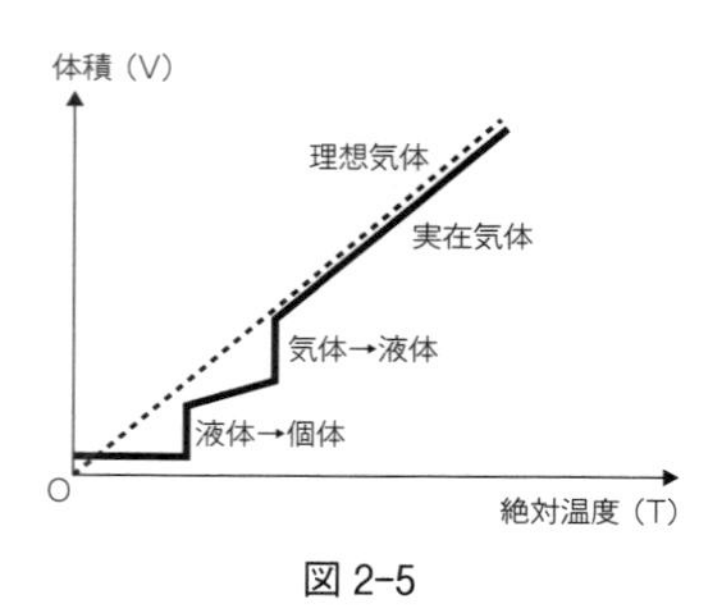

図 2-5

日常の温度や圧力では、分子間に働く力や分子自身の体積は無視できるので、シャルルの法則が成り立たないことを心配する必要はありません。しかし極端な低温や高圧状態のときは、これらの影響は無視できないので、シャルルの法則は成立しなくなります。

そこで、いかなる場合もシャルルの法則が厳密に成立する気体を実在の気体（分子間に働く力や分子自身の体積はゼロであると考える気体）とは区別して理想気体（ideal gas）といいます（図2-5）。これは、第一章の力学において質点や、剛体や弾性体といった仮想的な物体を考えたのと同じです（36頁）。対象から余計な事柄を削ぎ落とし、本質を捉えようとすることをモデル化といいますが、物理の歴史はいかに対象をモデル化してきたかの歴史であると言っても過言ではないでしょう。

数式の博物館⑥　ボイル・シャルルの法則を導く

本節で紹介した「シャルルの法則」と「ボイルの法則」はひとつにまとめることができます。

圧力を P、体積を V、絶対温度を T として、それぞれを数式で表すと、

シャルルの法則：$V = aT$、**ボイルの法則**：$PV = b$

です（a、b は比例定数)。

P_1、V_1、T_1 → P_2、V'、T_1 → P_2、V_2、T_2

今、温度を T_1 に保ったまま圧力を P_1 から P_2 に変化させます。このとき体積は $V_1 \rightarrow V'$ になったものとしましょう。すると、温度が一定なのでボイルの法則が成立します。

$$P_1 V_1 = b、P_2 V' = b \Rightarrow P_1 V_1 = P_2 V' \cdots ①$$

次にこの状態（圧力 P_2、体積 V'、温度 T_1）から、圧力を P_2 に保ったまま温度を T_1 から T_2 に変化させます。このとき体積が $V' \rightarrow V_2$ になったとしましょう。今度は圧力が一定なのでシャルルの法則が成立します。すなわち、

$$V' = aT_1、V_2 = aT_2 \Rightarrow \frac{V'}{T_1} = \frac{V_2}{T_2} \cdots ②$$

②より $V' = \frac{T_1 V_2}{T_2}$。これを①に代入すると、

$$P_1 V_1 = P_2 \frac{T_1 V_2}{T_2} \Rightarrow \frac{P_1 V_1}{T_1} = \frac{P_2 V_2}{T_2} \Rightarrow \frac{PV}{T} = 一定$$

最後の $\frac{PV}{T}$ ＝一定を**ボイル・シャルル法則**といいます。

コラム　天気の3要素

気象現象の多くを決定する3大要素。それは気温、気圧、湿度（水蒸気）の3つです。この3要素の組み合わせで風が吹き、雨が降ります。

ではこの3要素の中で天気に最も大きく影響するのはなんでしょうか？　それは気温です。気圧も湿度も気温の影響を大きく受けます。そして気温を決定づけるのが、太陽からの熱エネルギーです。

太陽からの熱エネルギーの「内訳」を紹介しておきましょう。太陽からの熱エネルギーを100％とすると、49％は地表を暖めるのに使われ、20％は雲や大気中の水蒸気を暖めるのに使われます。残る31％は雲や地表の雪などに反射されて宇宙に戻っていきます。つまり、地球は太陽からの熱エネルギーの69％を受け取り続けているわけです。しかし、地球が際限なく暖まることはありません。なぜなら地球は、太陽から受け取ったエネルギーとまったく同量のエネルギーを赤外線として宇宙に放出しているからです。

赤外線により外に出される熱エネルギーを吸収し、地表面にむかって再放射する気体を温室効果ガスと呼びます。地球表面の平均気温が14℃程度に保たれているのは温室効果ガスのおかげです。もし温室効果ガスがなければ、平均気温はマイナス19℃程となり、生物にとって非常に厳しい状況になります。ただし、近年は二酸化炭素やメタンなどの温室効果ガスの大気中の濃度が急激に高まり、いわゆる温暖化が進んでしまっているのは、ご承知の通りです。

太陽から届く49％のエネルギーが地表を暖めると言ってもその暖まり方は均一ではありません。緯度によって大きく違いますし、陸と海でも違います。強く暖められた場所では空気が軽くなり、上昇することによって、地表の気圧が低くなります。これが**低気圧**です。上空にのぼった空気は次第に冷やされて重くなり、上昇気流の吹いているところとは別の場所で下降気流となって地表に戻ります。こうして**高気圧**の場所が生まれます。地表に戻された「重い」空気は行き場を失い、低気圧の場所に向かって流れこみます。これが**風**の正体です。

低気圧の場所における上昇気流は、空気中の水蒸気を運びます。上空に行くほど気圧が低くなるので、空気は膨張し、膨張によって空気のエネルギーが失われるため、気温が下がります（126頁参照）。その結果、空気中の水蒸気は水滴に変わり、雲になります。雲の水滴は絶えず落下していて、一定以上に大きくなると、途中で蒸発することなく地面に届きます。これが雨です。

2　気体の変化

†気体の内部エネルギー

気体分子は熱運動をしているので、それぞれの分子は運動エネルギー（59頁）を持っています。また、実在気体の分子どうしの間には力が働くので、ある位置にある分子は他の分子に引っ張られて速度が変化します。つまりある位置にある分子は、やがて運動エネルギーの増減に関わる位置エネルギー（59頁）も持っていることになります。気体分子が持つこれらのエネルギーの総和を**内部エネルギー（internal energy）**といいます。ただし、前述の通り、理想気体では分子間に働く力は無視するので、理想気体については、**気体の内部エネルギーはそれぞれの分子が持つ運動エネルギーの総和である**と考えてください

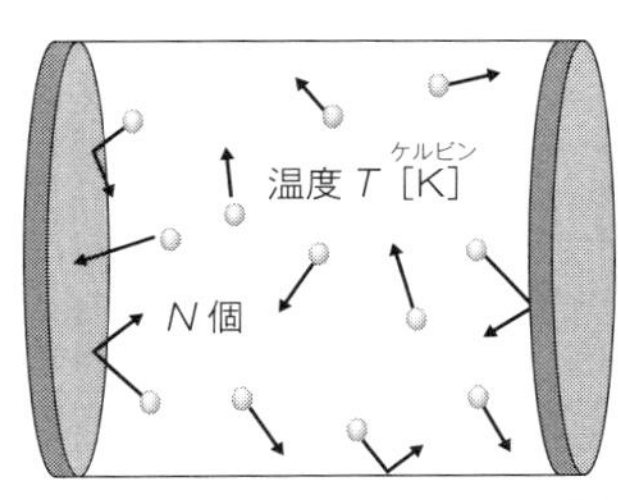

図 2-6

（図2－6）。前節で「温度とは熱運動する分子や原子の運動エネルギーの大きさを表したもの」であると書きました。つまり、**理想気体の内部エネルギーは、温度と分子の総数だけで決まります。**

†気体の仕事

ピストンが自由に動く容器（シリンダー）の中の気体に熱を加えると、気体はより激しく熱運動をするようになり、ピストンが動きます。57頁でみたように「仕事＝移動方向の力×移動距離」でしたから、**気体はピストンを動かすという仕事をした**ことになります。もし、気体の圧力が一定ならば、

気体のする仕事＝圧力×体積増加分

です（図2－7参照）。

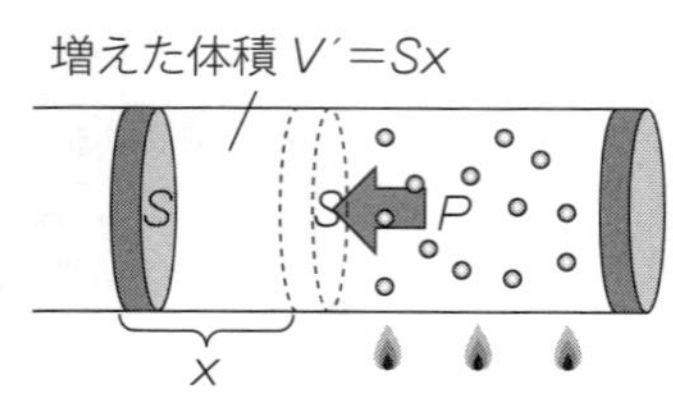

図 2-7

熱とはなにか？

ここで、**温度と熱の違い**をはっきりさせておきましょう。日常語では、体温を測って、「風邪っぽいけれど、熱は36・5℃だった」のように言うこともありますから、熱と温度は混同されがちですが、物理ではこの2つは明確に違います。

では**熱**（heat）とはいったいなんでしょうか？　それはひとことで言えば、**「原子や分子の衝突で受け渡されるエネルギー」**のことです。

皆さんご存知のように、温度の高い物体と温度の低い物体を接触させると、やがて、両方ともがそれぞれの中間くらいの温度になりますね。温度は運動エネルギーの大きさを表す指標でしたから、温度が高い物体の分子は激しく運動しています。一方、温度の低い物体の粒子の運動は比較的穏やかです。この両者が接触すると、激しく動く分子と穏やかな分子が互いに衝突を繰り返すこ

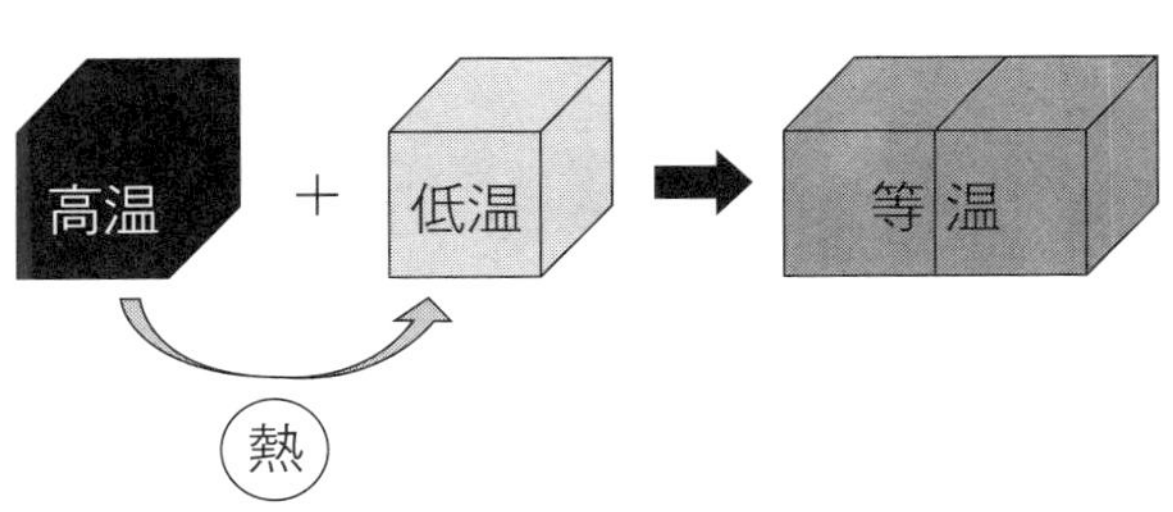

図 2-8

とでやがて運動の激しさが均（なら）され、ひとつひとつ運動エネルギーが等しくなります。つまり、温度が等しくなります。

温度が等しくなったとき、高温だった物体の分子の温度は下がりますから、いくらかの運動エネルギーを失っています。もちろん、反対に、低温だった分子は運動エネルギーが増えています。これは、高温の物体から低温の物体にエネルギーが移ったことを意味します。**この「移ったエネルギー」を「熱」と呼ぶのです**（図2－8）。

一般に、高温の物体Aと低温の物体Bが出会って等温になった状態＝熱が移動しなくなった状態を**熱平衡（thermal equilibrium）**といいます。また**熱平衡に達した時の温度は、Aの最初の温度よりは低く、Bの最初の温度よりは高くなります。**

ここで温度と熱の違いが実感できる例をひとつ紹介しましょう。

たとえば、50℃のお風呂には熱くてとても入れませんが、50

℃のサウナはサウナとしては物足りないくらいです。同じ50℃なのに熱く感じるときとそうでもないときがあるのは不思議だと思いませんか？

お風呂の水は液体で高密度のため、50℃に相当する運動エネルギーを持った水分子が皮膚に頻繁に衝突します。これによって皮膚は多くのエネルギー＝熱を受け取り、私たちは入っていられないほど熱く感じます。

これに対し、気体の分子の密度は、液体のそれよりも格段に低いので、皮膚に衝突する分子の数はそう多くありません。つまり、サウナの中で皮膚が（50℃に相当する運動エネルギーを持つ）気体から受け取るエネルギー＝熱は、お風呂の中よりもはるかに少ないわけです。だから私たちは50℃のサウナには涼しい顔（？）で耐えることができます。

必ずしも「温度が高い＝熱い（多くの熱を受け取る）」が成り立つとは限らないことがわかっていただけたでしょうか？　まとめると、

温度：粒子（分子や原子）の運動エネルギーの大きさを表したもの

熱：高温物質から低温物質に移動するエネルギー

です。熱はあくまでエネルギーが伝達される過程においてのみ定義されるものであることに注意してください。

実は、人類は最初から熱を正しく理解できたわけではありません。詳しくは、後述のコラムの中でお話ししたいと思いますが、科学者たちは、大別して、熱を化学的に捉えようとする一派と、物理的に捉えようとする一派に分かれました。しかも最初優勢だったのは前者の一派です。しかし、紆余曲折を経て、熱は物理のとりわけ力学の言葉で語った方がより鮮やかに説明できることがわかりました。そこで、熱を力学的に語るこの分野の物理を熱力学（thermodynamics）というのです。

†熱力学第一法則

前述のとおり、熱はエネルギーが伝達される過程においてのみ定義されるものなので、移ってしまったあとの熱は熱以外のものに形を変えます。では熱が気体に移った場合、熱は何に変わるのでしょうか？

気体に熱が加わると気体の温度が上がるだろう、というのは想像に難くないと思います。気体の温度が上がるということは気体の運動エネルギーが上がるということであり、その

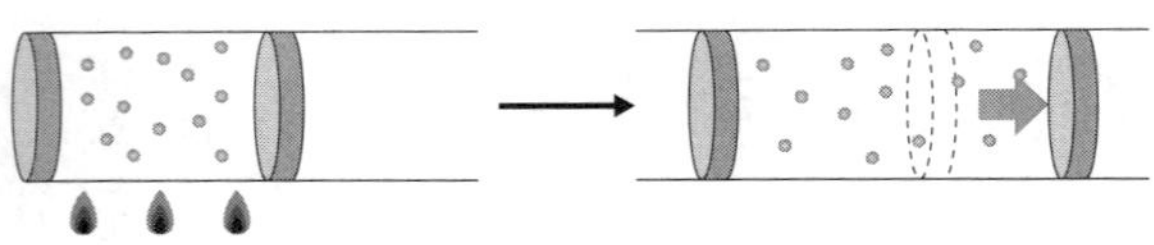

U ☆☆☆☆ ＋ Q_{in} ★★★ ＝ $U+\varDelta U$ ☆☆☆☆★★ ＋ W_{out} ★

内部エネルギー　入ってくる熱　内部エネルギーの増加分　外にする仕事

$$\Longrightarrow\ Q_{in} = \varDelta U + W_{out}$$

図 2–9

総和が内部エネルギーですから、結局、熱が加わることによって気体の内部エネルギーが増えます。しかし、加わった熱のすべてが内部エネルギー（の増加分）になるわけではありません。熱を加えられて運動エネルギーが大きくなった気体分子は、より激しく容器の壁に衝突するようになり、もし気体が、ピストンが自由に動く容器（シリンダー）の中にあるとすると、気体分子はピストンを動かし、仕事をします。加えられた熱の一部はこの仕事に使われます。つまり、気体に加えられた熱は、内部エネルギーの増加分と仕事という2つのものに形を変えるのです（図2-9）。すなわち、

物体に与えた熱量は、物体の内部エネルギーの変化と物体がする仕事の和に等しい

わけです。これを、**熱力学第一法則**（The first law of thermodynamics）と呼びます。熱力学第一法則は、熱力学におけるエネルギー保存則に他なりません。

熱力学第一法則を使えば、気体の状態変化について、色々なことがわかります。代表的なものをいくつかみていきましょう（図２－10）。

（1）定圧変化

右の例のように、ピストンが自由に動ける状況では、容器の中の気体の圧力は常に外の圧力と同じになります。このとき外気圧が一定であれば、容器の中の気体の圧力も一定であり、体積と温度だけが変化します。この状態変化を**定圧変化**（isobaric process）といいます。

（2）定積変化

体積が変化しない容器に気体が閉じ込められている場合の状態変化を**定積変化**（isochoric process）といいます。このとき外から熱を加えるとどうなるでしょうか？　さきほど、気体に加えた熱の一部は仕事に使われると書きましたが、ピストンが固定されているのであれば、気体は仕事をすることができません。すなわち、気体がする仕事はゼロであり、**加えられた熱はすべて内部エネルギー（の増加分）になります。**

(3) 等温変化

熱をよく伝える容器（シリンダー）に気体を入れておけば容器の中と外の温度が常に等しくなります。どちらかの温度の方が少しでも高くなれば、両者の温度が同じになるまで温度の高い方から低い方にすみやかに熱が移動するからです。このとき、ピストンをゆっくり動かすと、外気温が一定であれば、容器の中の気体は温度を一定に保ちつつ圧力と体積だけが変化します。これを**等温変化**（isothermal process）といいます。前述のとおり、気体の内部エネルギーは温度と気体分子の総数で決まるので、気体分子の出入りのない状況では、等温変化のとき気体の内部エネルギーは一定です。

熱力学第一法則によると、気体が得た熱は内部エネルギーの増加分と気体がする仕事に変化するわけですが、特に等温変化においては、内部エネルギーに変わりはないので、**熱はすべて気体がする仕事に変換されます。**

(4) 断熱変化

容器の中の気体が外部と熱のやりとりをしないようにして、圧力、体積、温度を変えることを**断熱変化**（adiabatic process）といいます。

熱力学第一法則によると、熱の出入りがない場合、**気体がする仕事と内部エネルギーの**

【定圧変化】

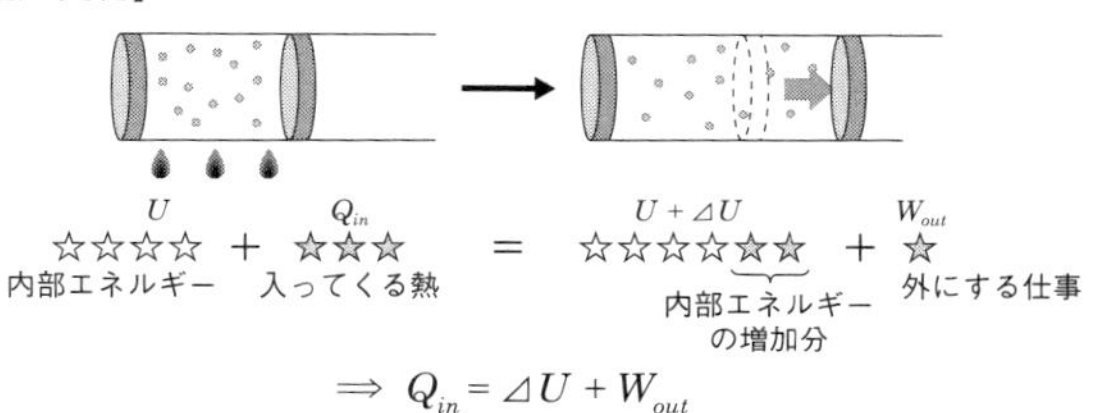

【定積変化】

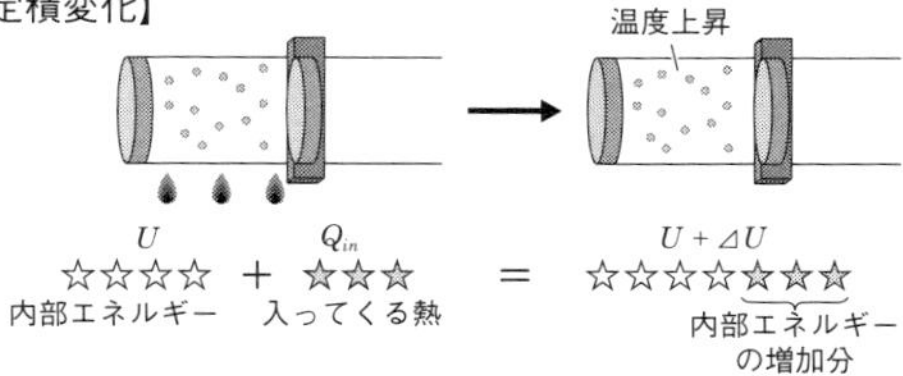

【等温変化】

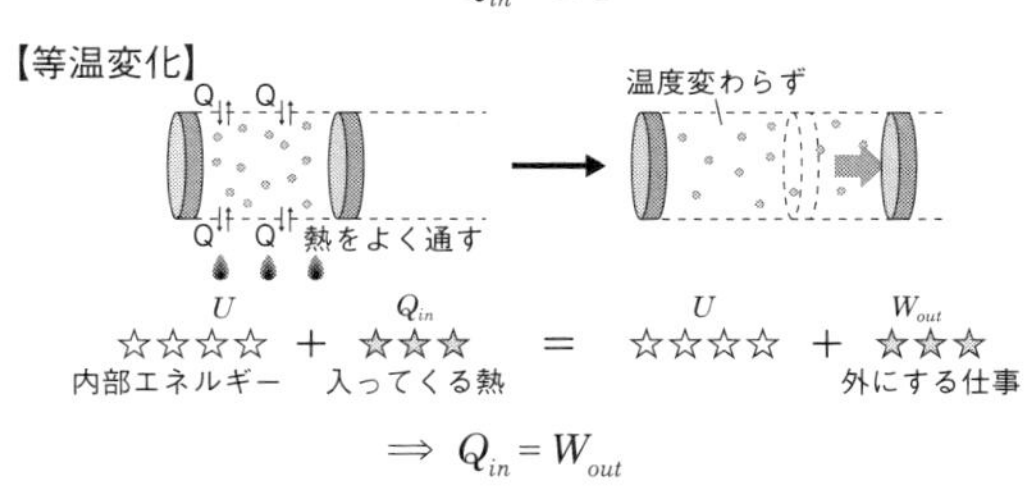

【断熱変化】

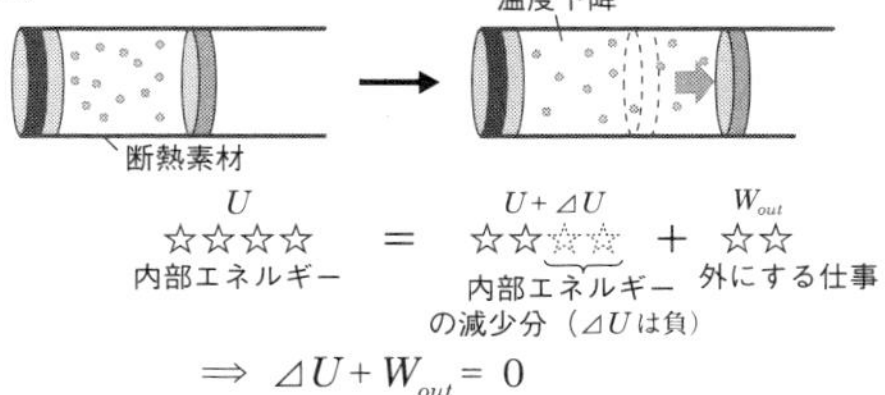

図 2-10

増加分の和はゼロになります。つまり、断熱変化においては、気体分子がピストンを動かしてプラスの仕事をすると、内部エネルギーの増加分はその分マイナスになるということです。気体分子がプラスの仕事をすると体積は増えます。また（気体分子の数に変化がなければ）内部エネルギーは温度だけで決まるので、内部エネルギーの増加分がマイナス、ということは温度変化もマイナスということです。以上より、**断熱膨張においては気体の温度は必ず下降する**ことを意味します。

実は、雲ができる仕組みは断熱膨張です。太陽の光によって地面が温められると、地面に接していた湿った空気は温度が上昇して膨張します。ただしこの段階では地表から熱を得ているのでまだ「断熱」ではありません。膨張して体積が大きくなった空気の塊は密度が低くなるため軽くなって上空に上がっていきます。上空は地表よりも気圧が低いので、さらに膨張します。この上空における膨張が、（他から熱を得ているわけではないので）断熱膨張です。断熱膨張によって温度が下がり、水蒸気（気体の水）が水滴（液体の水）になります。この水滴の集まりが雲です。

†熱機関

【熱機関】

（1）熱を与える（2）ピストンが動いて「仕事」をする（3）熱を奪う　（4）収縮して元に戻る

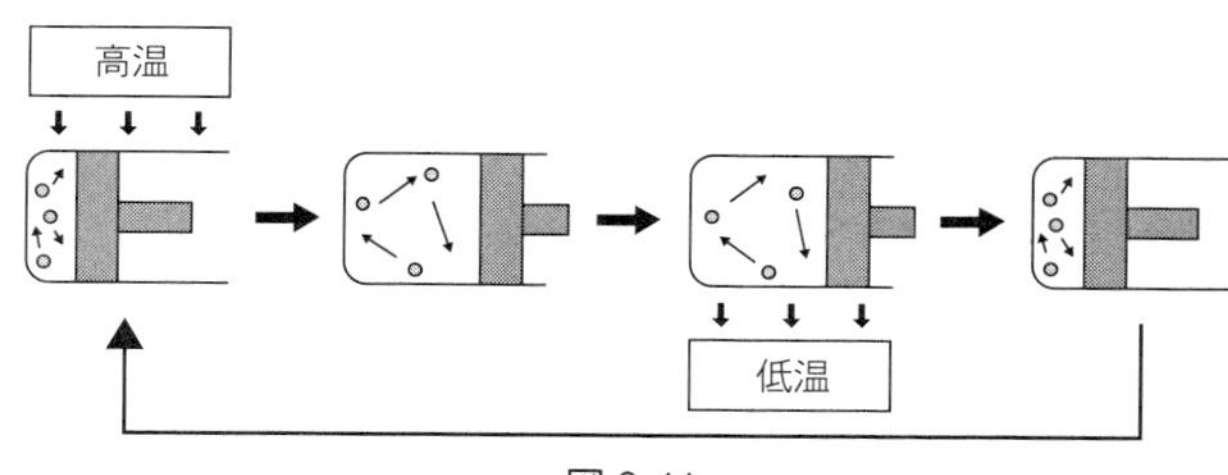

図 2-11

これまで見てきた4つの状態変化の中に、シリンダー内の気体が収縮する（気体の体積が小さくなる）変化はありませんでした。では、どうしたら気体は収縮するでしょうか？　答えは簡単です。一つには、ピストンに外力を加えて押し込む方法があります。また、特に外力は加えなくても、**熱を奪えば気体は収縮します。**温度が下がって運動エネルギーが小さくなり、（気体分子がピストンに当たる頻度や勢いが小さくなることにより）シリンダー内の圧力も小さくなるからです。

収縮した気体に再び熱を与えれば、また気体は膨張し、外に対して「仕事」をします。これは、シリンダー内の気体に対して熱を与えたり、熱を奪ったりすることを繰り返せば、**継続的に仕事をする装置**が作れることを意味します。このような装置のことを**熱機関**（heat engine）といいます（図2-11）。またシリンダー内の気体のように、外部と熱や仕事のやり取りを行う物質を**作業物質**（working substance）と呼びます。

ただし、119頁で見たように、熱が移動する方向は高温物質→低温物質という方向に限られるので、**熱機関において作業物質に熱を与えるときには作業物質より高温の物体が必要であり、逆に作業物質から熱を奪うには作業物質より低温の物体が必要です。**このことは、「熱効率が100％の熱機関（第二種永久機関）は実現不可能である」ことを理解するためにも、大変重要ですからよく憶えておいてください（後ほど詳しくお話しします）。

ちなみに18世紀に産業革命が起きたのは、燃料を燃やすなどして液体を温めて沸騰させ、その蒸気でピストンを動かす「蒸気機関」が発達したからです。蒸気機関は熱機関の一種です。

†熱力学第二法則

エネルギー問題が、人類の抱える大きな課題のひとつであることに異論のある方はあまりいらっしゃらないでしょう。中でも石油や天然ガスといったいわゆる化石燃料は、地球温暖化に繋がる二酸化炭素を排出するだけでなく、あと50年ほど枯渇してしまうという試算もあり、代替エネルギーの開発は急務と言われています。

言うまでもありませんが、食事を作るのにも、電車やバスで移動するのにも、スマートフォンやパソコンを使うのにも、部屋の電球を点けるのにも、エアコンや冷蔵庫を動かすにも、エネルギーは欠かせません。でも、改めて考えてみてください。これだけ科学技術が発展した時代なのですから、エネルギーがなくても勝手に動く機械というものはないのでしょうか？

実はエネルギーの需要が急速に高まった産業革命以降、多くの科学者や技術者が何も無いところからエネルギーを生み出して機械を動かせないかと夢見てきました。そういう仕組みのことを**第一種永久機関**といいます。

しかし、本書をここまで読まれた読者の方にはおわかりの通り、**第一種永久機関は実現不可能**です。機械を動かすということは、機械に（物理的な意味において）仕事をさせるということですが、そのためには外部から熱や仕事によってエネルギーを与える必要があるからです。そうでないとエネルギー保存則が崩れてしまいます。

実は、熱力学第一法則は、第一種永久機関をなんとか実現させようとする研究の過程で定式化されました。そして、やや皮肉めいているのですが、これにより第一種永久機関は

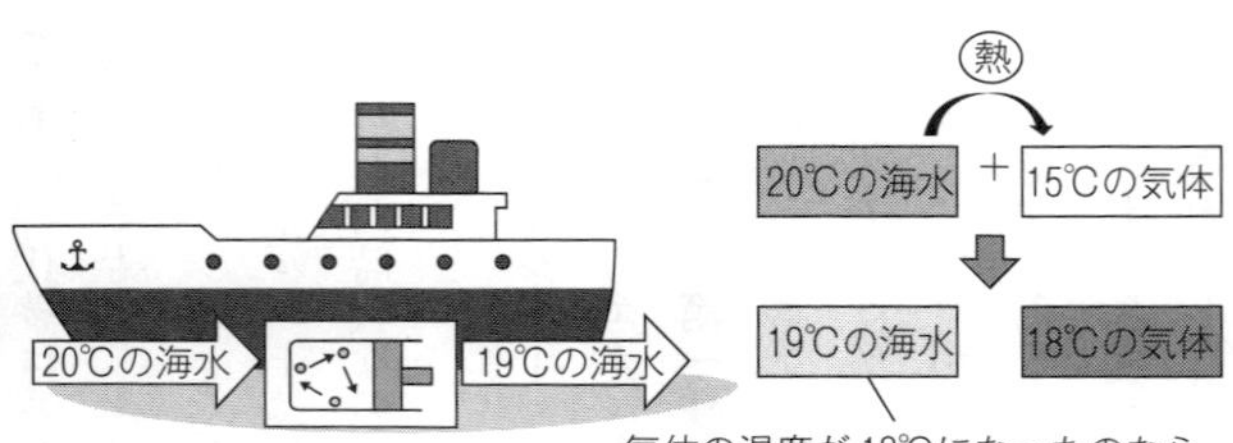

図 2-12

実現不可能であることが証明されてしまいました。

そこで人類は次に、海水や大気のようにほぼ無尽蔵にあるものを熱源にして、そこからエネルギーを取り出すことで機械を動かすことはできないか、と考えました。たとえば海水を熱源にして（それだけで）船を走らせることを考えたわけです。これは船に与えるエネルギーを海水から補充する仕組みなので第一種永久機関ではなく、熱力学第一法則（エネルギー保存則）に反することもありません。

今、船の中に図2-12のような熱機関があり、シリンダーの中には15℃の気体が入っているとします。これを20℃の海水によって暖めることで気体が18℃になったとしましょう。温度上昇によって気体は膨張し、ピストンを動かして「仕事」をします。問題は、どうやってこのピストンを元の位置に戻すかです。

継続的に仕事をする熱機関のためには、気体よりも高温の物体だけでなく、気体よりも低温の物体も必要なのでしたね。そんな低温の「何か」を（他にエネルギーを消費することなく）用意することができるでしょうか？

ここで鋭い読者の方は「熱源に使った海水は？　海水は気体を暖めることで熱を奪われているのだから、気体より低温になるケースもあるのでは？」と思われるかもしれません。でも、残念ながらそのアイディアは実現不可能です。海水から気体に熱が移る過程で、海水の方が気体より低温になることはあり得ません。熱は高温の物体から低温の物体の方にしか移動しないので、海水によって気体が18℃になったのなら、海水は18℃以上の温度（たとえば19℃）になっているはずなのです（海水も18℃になることはあり得ます）。

ドイツの物理学者**ルドルフ・クラウジウス**（１８２２―１８８８）は、

熱は高温の物から低温の物へはひとりでに移動するが、その逆がひとりでに起きることはない

という自然界の摂理を定式化し、これを**熱力学第二法則**（The second law of thermodynamics）と呼びました。海水だけを熱源にして船を走らせることができないのはこの熱力学第

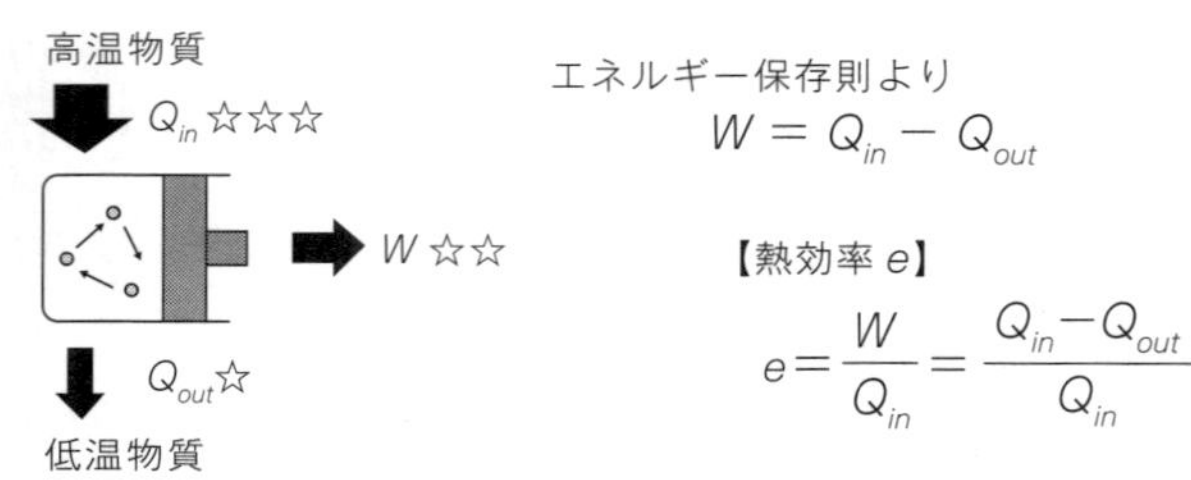

図 2-13

二法則に反してしまうからです。一般に、熱力学第一法則は守っているものの、熱力学第二法則には反してしまう永久機関を**第二種永久機関**と呼びます。

熱機関において仕事をする物質（＝**作業物質**：船の例では気体）は自分より高温の熱源から熱を受け取って仕事をし、その後自分より低温の熱源に熱を捨てるというサイクルを繰り返すことによって**継続的**に仕事を行います。サイクルを一周して、元の状態に戻ったとき（温度が元に戻るので）内部エネルギーの変化はありません。すなわち（エネルギー保存則の観点から）作業物質は高熱源からもらった熱量と低熱源へと捨てた熱量の差に等しい分だけ外部に対して仕事をしたことになります（図2-13参照）。このとき、熱機関が高熱源からもらった熱量に対する仕事の割合を**熱効率**（thermal efficiency）といいます。

もし熱効率が100%になることがあり得るとすれば、それは熱機関において低熱源へ捨てる熱量がゼロであることを意味します。そうなると低熱源は必要なくなり第二種永久機関が実現可能になってしまいます。しかし、すでに確認したようにそれはあり得ません。

絶対温度を導入した人物としても紹介したケルビン卿ウィリアム・トムソン（106頁）は、クラウジウスとは別個に、熱効率は決して100％にはならないことを発見しました。トムソンは

循環過程において、熱をすべて仕事に変えることはできない

ことを定式化し、これを熱力学第二法則と呼びました。熱力学第二法則には様々な表現がありますが、先のクラウジウスのものと、このトムソンのものが特に有名です。

なお、右のトムソンの言明で「循環過程において」という限定は欠かすことができません。サイクル（循環過程）を完成させる必要がないのであれば、熱をすべて仕事に変えることはできるからです。実際、124頁の（3）等温変化では、熱はすべて気体がする仕事に変換されています。

†エントロピー（高校の範囲外）

ところで、なぜ熱力学第二法則は成立するのでしょうか？　特に「熱は高温の物から低温の物へはひとりでに移動するが、その逆がひとりでに起きることはない」というクラウジウスの表現は、日頃私たちが経験していることであり、当たり前の現象に感じるかもしれませんが、いかなる現象にも理由があるはずだと考えるのが物理です。

クラウジウスは、熱の移動が一方通行（高温物質→低温物質のみ）であることを説明するために、**エントロピー（entropy）**という物理量を考えました。「エントロピー」は「変換」を意味するギリシア語の「トロペー」に由来しています。そして、

不可逆変化では、必ずエントロピーは増大し、またエントロピーが増大する変化はすべて不可逆変化である

と結論しました。これを**エントロピー増大の原理**といいます。

クラウジウスの考えたエントロピーの定義式は、閉路積分（大学数学レベル）が出てき

てしまうのでここでは割愛しますが、「エントロピー」は別のある言葉で言い換えることができます。それは**「乱雑さ」**です。

「ある状態から他の状態へ移ったあと、（何らかの方法で）外界に何の変化も残さずに元の状態に戻すことができる変化」を**可逆変化**（過程）といい、可逆ではない変化を**不可逆変化**といいます。振り子の運動のように、ビデオカメラで撮影した運動を逆向きに再生しても、自然に見える変化が可逆変化であり、熱の移動のように、**ひとりでに起きる変化の方向が片方向に限られる変化**が不可逆変化であると言ってもいいでしょう。

たとえば、地面に転がされたボールは運動エネルギーを摩擦熱に変換しながらしだいに遅くなりやがて止まってしまいます。摩擦熱として生じた熱は拡散してしまうので、ボールが失ったエネルギーを元に戻すためには、外からボールに対して仕事をする必要があるわけですが、外から仕事をすると外界のエネルギーは減ってしまうので「外界に何の変化も残さずに元の状態に戻す」ことはできません。よって、この運動は不可逆変化です。実際、止まっているボールがひとりでに熱を吸収しながら、次第に速度をあげる（熱を運動エネルギーに変換する）という変化は不自然ですね。

厳密に言うと、**自然現象はすべて不可逆変化**です。先の振り子の運動にしても、長い時

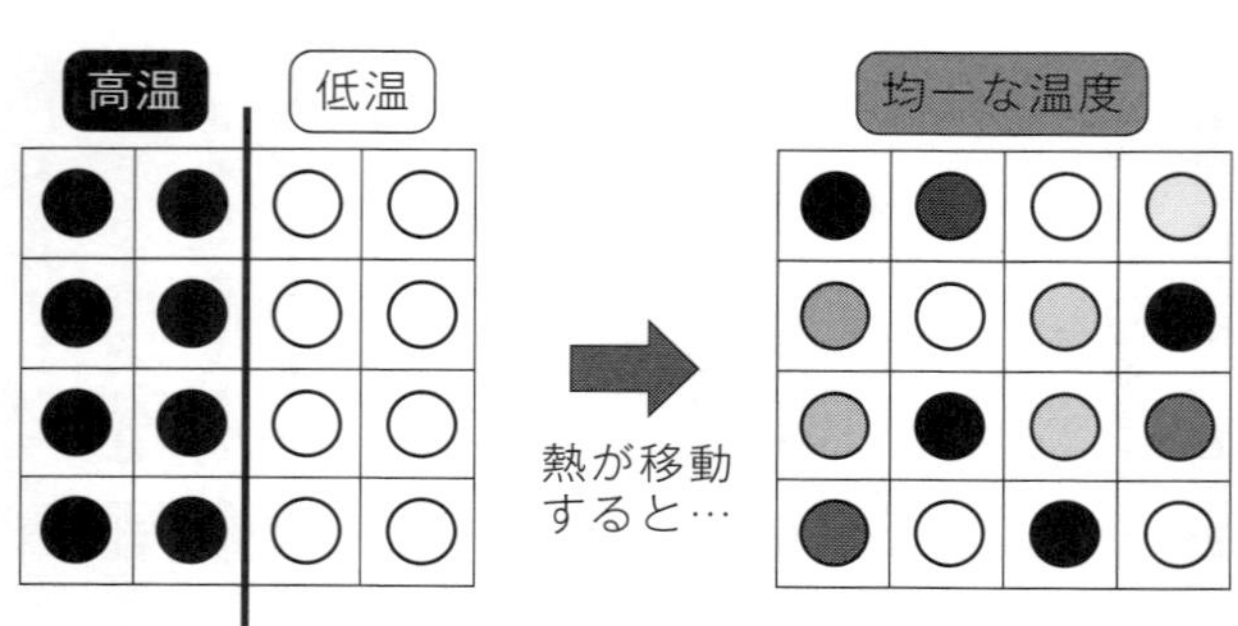

※　色の濃さは分子の運動のはげしさを表しています。

図2-14

間観察すれば、空気抵抗等によって、徐々に振り幅が小さくなり、やがて止まってしまいます。もちろん、この振り子が勝手にまた動き出すことはありません。可逆変化は実際には存在しないのです。

結局、エントロピー増大の原理は、**「自然現象は、乱雑さの増える方向にしか変化しない」**ことを示唆しています。

ただし、ここでいう「乱雑さ」とは、片付けられていない部屋の汚れ度合いをいうときなどのイメージとは少し違うかもしれません。エントロピーを言い換えたときの**「乱雑さ」**とは無秩序の度合いであり、それは「偏りのなさ」を意味します。

図2－14のように、高温の物質と低温の物質が接している状態は、ある境界によって、はげしく運動している分子（原子）とおとなしく運動している分子（原

子）とが明確に分けられている状態です。その後、熱が移動して全体の温度が均一になった状態は、分子（原子）レベルでは、様々な運動エネルギーを持ったものが混じりあい、万遍なく分布している状態であると考えられます。つまり、温度差がある状態は「秩序がある状態」であり、熱の移動によってもたらされる、温度が均一になった状態というのは「無秩序な状態」＝「乱雑な状態」です。

温度が均一になった状態から、ひとりでにまた温度差のある状態になることがないのは、「自然現象は、乱雑さの増える方向にしか変化しない」からなのです。

以上のように、熱の移動が一方通行であることに由来する熱力学第二法則は、自然界におけるエントロピー増大の原理によって説明できます

宇宙はつねに秩序の無い、混沌とした世界に向かって変化しているというわけです。

コラム　**熱の正体がわかるまでの迷走――エネルギー保存則か「熱量保存則」か**

前述のとおり、熱の正体がわかるまでには紆余曲折がありました。言い換えるとそれは、エネルギー保存則か「熱量保存則※」かを巡る大論争だった言うこともできます。

17世紀に活躍したロバート・ボイル（109頁）、ロバート・フック（41頁）、アイザック・ニュートン（25頁）といった物理学者たちは、摩擦による発熱などを例にとり、**物質を構成する粒子の運動が熱を生む**のだと考えていました。これを**熱運動論**といいます。熱運動論は、（本節で紹介したように）エネルギー保存則＝熱力学第一法則（121頁）に通じる考え方であり、まったく正しいわけですが、18世紀になると物が燃えるという現象を研究していた化学者たちの中から、**熱は物質**であり、燃焼による発熱は**燃素**（フロギストン）という物質が解放されるからだと考える者たちが台頭してきました。こちらの主張は**熱物質論**と呼ばれます。熱を物質として捉えるなんて、現代的な感覚からすれば荒唐無稽に感じるかもしれません。でも古代ギリシャの時代から、「万物は火・空気・水・土の4つの元素から構成されている」とするいわゆる**四大元素説**がひろく支持されていたヨーロッパにおいては、フロギストン説は受け入れやすい理論だったようです。その証拠に、フロギストン説が登場するや否や熱運動論は約1世紀もの間日陰へと追いやられることになります。

多くの科学者が支持した「フロギストン説」を「近代化学の父」と称されることもある**アントワーヌ・ラボアジェ**（1743―1794）は否定しました。ラボアジェは、鉄やマグネシウムなどの金属を燃やすと質量が増える（酸素と化合して酸化物になるからですね）現象に着目し、「もし燃素が解放されて熱が生じるのならば、いかなるときでも質量は（熱素の分だけ）減るはずである」として、フロギストン説は誤りであると断じたのです。

しかしラボアジェは、熱運動論に与したわけでありません。ラボアジェは、燃焼とは酸素との化合であることを発見した上で、燃焼の際に熱が発生するのは、酸素が「酸素のもと」とは別に**熱素**（**カロリック**）を持つからだ、という説を発表しました。そして熱素を、質量をもたない特別な元素として定義しました。あくまで熱の正体は物質であると考えたわけです。その後、ラボアジェは**ピエール・シモン・ラプラス**（1749―1827）との共同研究の中で、「化学変化の前後で熱量＝カロリックの量は保存する」という「熱量保存則」を提唱しました。この法則は、後に熱力学第一法則が確立されるまでの間、熱学における基本法則として広く認知され、カロリック説はやがて絶頂期を迎えます。

長らく熱物質論者の後塵を拝していた熱運動論者が逆襲（？）に転ずるきっかけを作ったのは、イギリス植民地時代のアメリカで生まれた**ランフォード伯ベンジャミ**

ン・トンプソン（1753―1814）でした。ランフォードは、大砲の砲身を削る際に大量の熱が発生しているのを見て、金属を削るという工程の中ではほとんど無尽蔵に熱が生じることに疑問を持ち、やはり熱は（いつかは尽きる）物質などではなく、運動に起因すると考えるほかないと発表しました。しかし、形勢がすぐに逆転したわけではありません。熱を物理的に捉えようとする一派は依然として少数派でした。実際、ランフォードは晩年の手紙の中で「私はカロリック説とフロギストン説とが同じ墓場に埋葬されるのを見る満足をえるまで生きられると信ずる」と（やや悔しそうに？）書き残しています。

ドイツの**ユリウス・ロベルト・フォン・マイヤー**（1814―1878）とイギリスの**ジェームズ・プレスコット・ジュール**（1818―1889）の2人が熱物質論者の息の根を止めたのは、ランフォードの死から約30年後のことでした。

マイヤーは、物体の運動や熱・音・電気・光といった現象の原因を「力」と呼び、「力」は様々な形に変換されるものの、その総量は常に一定であり、「力」は不滅であると結論しました。「力」をエネルギーと読み替えれば、これは**エネルギー保存則**そのものです。実際、マイヤーはエネルギー保存則に言及した最初の人物だと言われています。ただし、マイヤーは自身の説を「原因は結果に等しい」、「無から有は生じない」などの諺を引用しつつ、理論的に展開するだけで、実験によって裏付ける技術を持っていなかったため、極端に実証性を重んじた当時の学会からは相手にされませんでした。不幸なことに晩年のマイヤーは失意の中で自殺を図り、精神病院に収容されてしまいます。

マイヤーより4つ歳下のジュールは、当時世界最高の精度を誇った温度計と次頁の図2－15ような実験装置を用いて、重りの落下とともに水の中の羽根車が回転すると、水が攪拌され水温が上昇することを示しました。これは、重りが最初に持っていた**位置エネルギー**が、羽根車の回転という**運動エネルギー**に変換され、さらに熱に変わることを示唆しています。つまり、なにかしらの**エネルギーがもたらす仕事は熱と等価交換される**ことを確かめたのです。

マイヤーの論説は天才的ではあったものの形而上学的であったのに対し、ジュールの実験データと単純明快なその解釈は、熱量保存則に固執する当時の科学者たちを改心させるのに十分な説得力を持っていました。

熱と仕事の等価性について論じた2人の業績により、熱力学第一法則（エネルギー

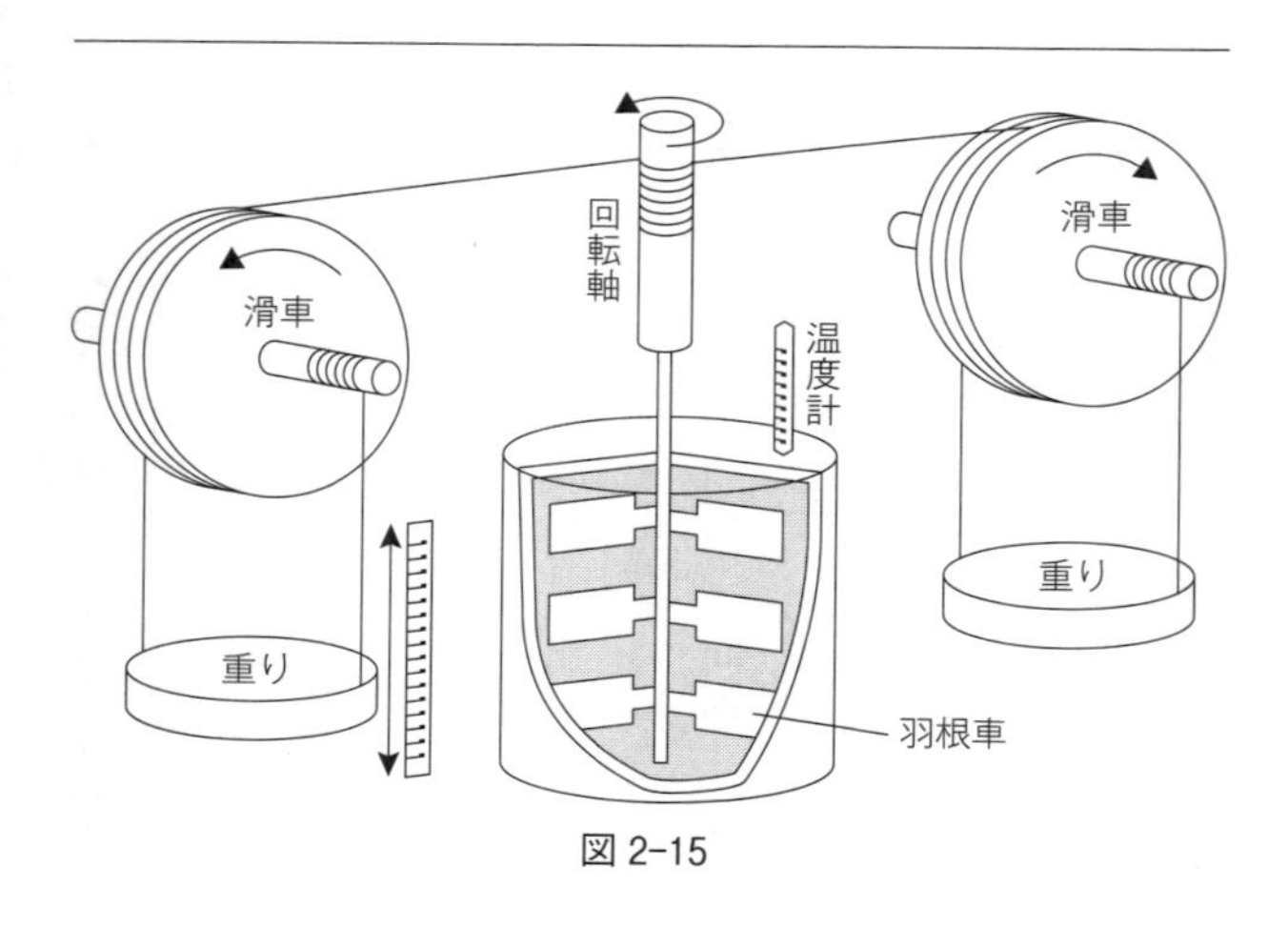

図 2-15

保存の法則）が確立されると、この法則が熱量保存則では説明できない事象も含めて極めて広い範囲に適用できることがわかり、遂に「熱量保存則」は完全に葬り去られことになります。

結局、熱物質論者たちのカロリック説（熱素説）は、間違いでした。しかし、科学史の中では前提や結論が誤っていたとしてもそのプロセスの中で真実が見つかることは珍しくありません。これについて、山本義隆氏は大著『熱学思想の史的展開熱とエントロピー』（ちくま学芸文庫）の中で次のように書かれています。

「18世紀後半の熱素説は、熱運動論にたいする単なるオルタナティブではなく、熱を世界の活動性の窮極的源泉と見る汎熱的世界像を含意していた。（中略）それは17世紀の機械論的世界像にかわるもの、すくなくとも補完するものであった。熱素説を単なる誤謬と片付けるには、その遺産はあまりにも大きい」

※高校物理では、高温の物体と低温の物体が接して熱平衡（119頁）に達したとき、外部との熱の出入りがなければ「高温物体の失った熱量＝低温物体の得た熱量」が成立することを「熱量保存の法則」ということがありますが、本コラムに登場する「熱量保存則」はこれとは別物です。

第3章 波動

1 波の基本

私たちの身の回りには、驚くほどたくさんの「波」があります。

今、あなたがこの文字をご覧になれるのは、紙に反射する光（電子書籍の場合は端末が発する光）をあなたの目が捉えるからですが、光は波です。また、美しい音楽に感動したり、人の声色でその人の機嫌がわかったりするのは耳が空気の振動という波を繊細に感じ取るからに他なりません。今や生活必需品になりつつあるスマホを通じてインターネットにアクセスできるのは、電波が情報を運んでくれるからですし、電波と言えばテレビやラジオは言うに及ばず、電子レンジやＥＴＣ（有料道路の自動料金徴収システム）もこれを利用しています。

それどころか、現代の科学技術の基礎になっている量子力学によって、電子などの素粒子（それ以上、分割できない物質の最小単位）にも波の性質があることがわかっています。素粒子はあらゆる物質の根源ですから、自然界のすべての現象の裏には波が潜んでいると言っても過言ではないのです。

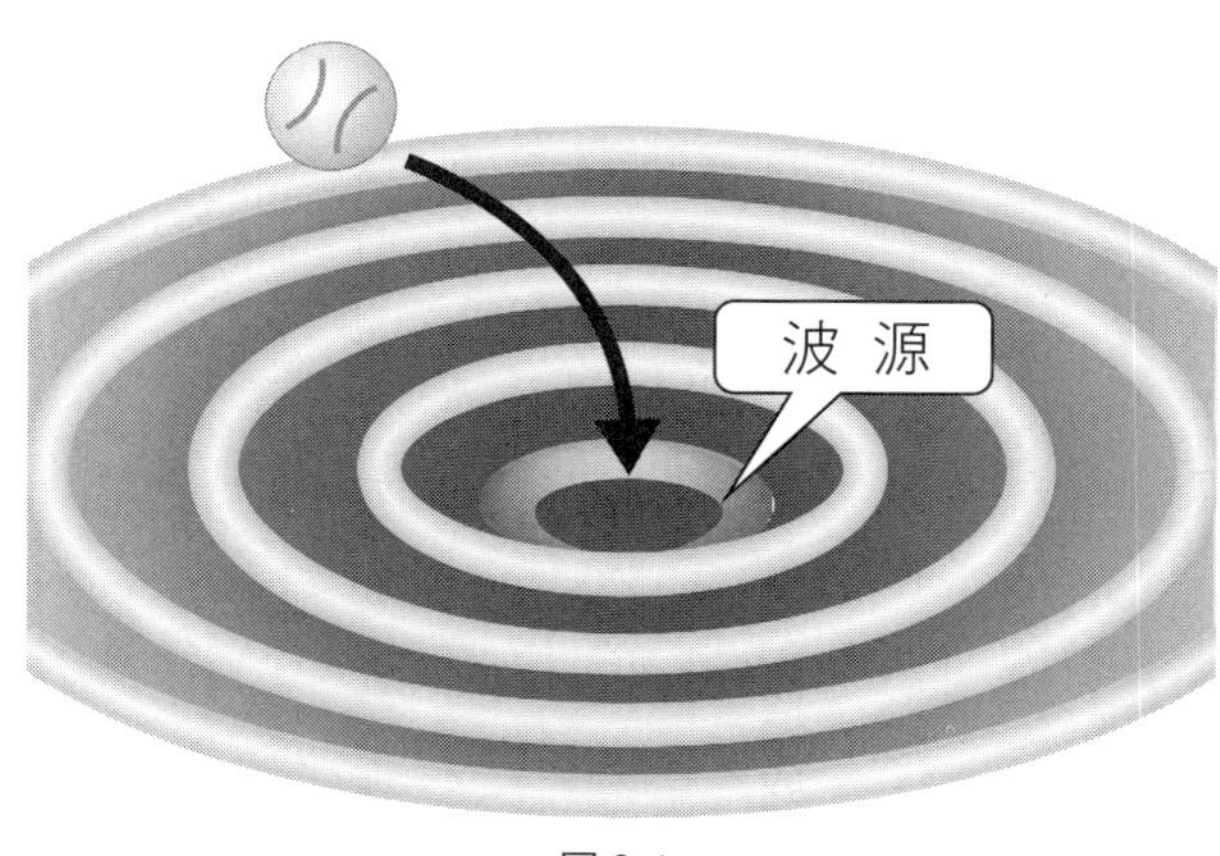

図 3-1

高校物理ではこうした様々な波の中から、特に音と光に焦点をあてて詳しく学びます。本書でも次節以降、この2つを掘り下げていきますが、その前にまずは波を表す基本量とその関係をおさらいしておきましょう。

†波を表す量

静かなプールの水面にボールを落とすと、ボールの落下点を中心にして波紋が同心円状に広がっていきます（図3-1）。このようにある点で生じた振動が次々と周囲に伝わる現象を**波動**（wave）といい、プールの水のように振動を伝える物質のことを**媒質**（medium）といいます。また、ボールの落下点のように振動を始めた点を**波源**（wave source）といいます。

ところで、波が伝わっていく様子を見ていると、水などの媒質が移動しているように見えることがありますがそれは錯覚です。

サッカーの試合などが行われるスタジアムの観客席で起きるいわゆる「ウェーブ」を思い出してください。ウェーブは観客席を「移動」していきますが、観客の一人ひとりは、その場で立ち上がったり座ったりしているだけです。観客という「媒質」は波の進行方向には動いていません。でも動くタイミングが隣の人と少しずつずれているために、立ったり座ったりという「振動」が伝わっていくように見えます。プールにボールを落として波紋が広がっていくとき、波源近くの水が波紋とともに運ばれて波源だけ水が少なくなってしまうなんてことはありません。

波動というのは、あくまで**波源の振動が隣へ隣へと伝わる現象**であることに注意してください。

図3－2は、水平に張った紐の一端を壁に固定し、もう一方の端を人が上下に揺らして波を起こす様子を模式的に書いたものです。媒質の振動が波の進行方向に伝わっていく様子が分かってもらえるように、紐の各点を強調して●で書いています。

紐の一端を持った人が①～⑤の運動を繰り返せば、連続的な波が生じます。これを**連続**

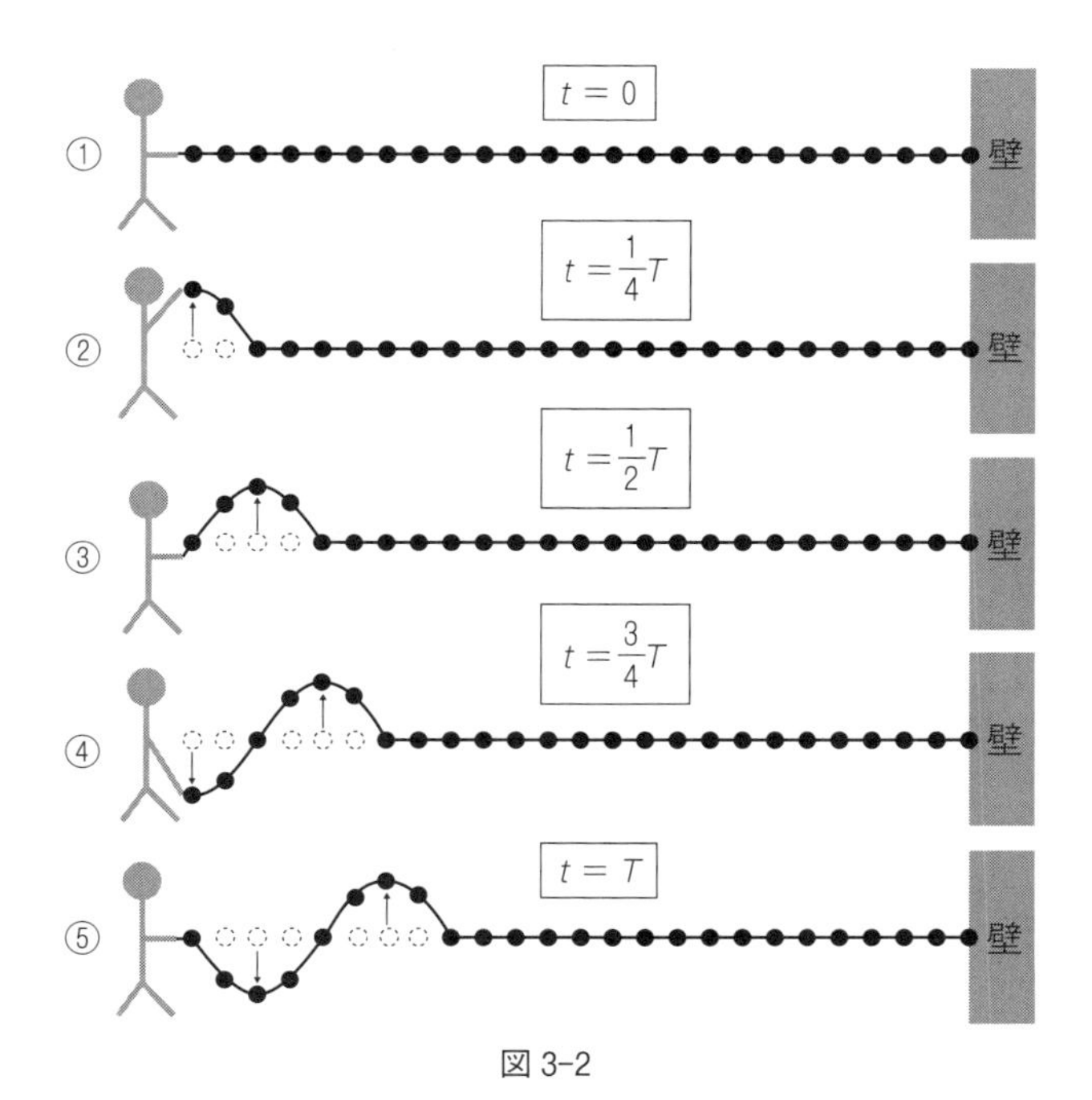

図 3-2

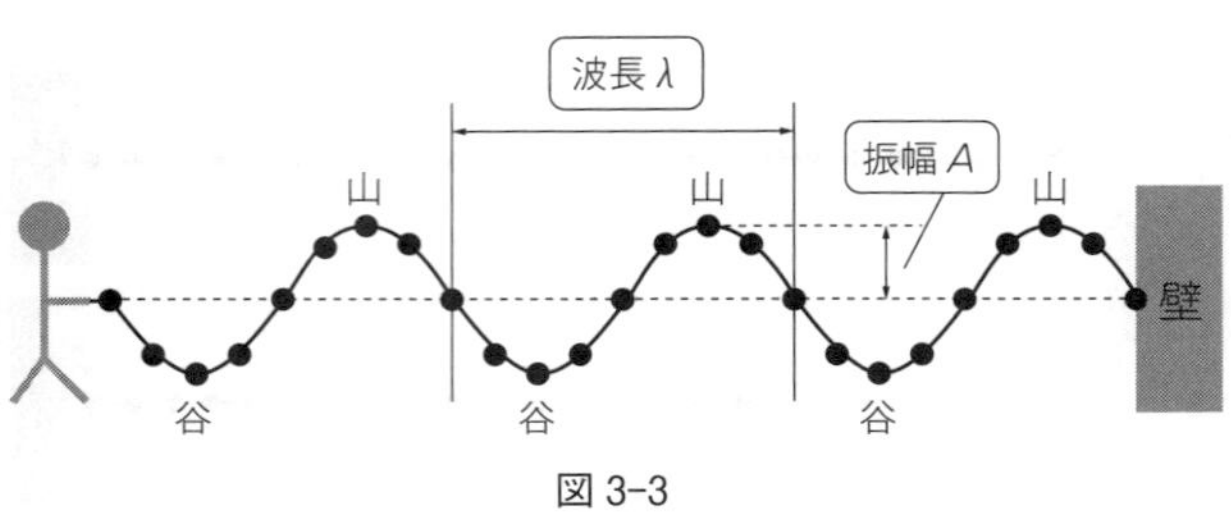

図 3-3

波（continuous wave）といいます。今、①の状態から⑤の状態になるまでにかかる時間をT（秒）としましょう。このTを**周期**（period）といいます。T秒の間に人の手は上下に一往復（振動）し、この振動が紐を伝わって伝搬していきます。その際、紐の各点が1回振動するのにかかる時間は人の手元が1回振動するのにかかる時間と同じです。つまり言い換えれば、周期とは**媒質のどこか1点が1回振動するのにかかる時間**のことです。

1周期（T秒）の間に波が進む距離を**波長**（wavelength）といいます。波長は隣り合う山と山との距離や谷と谷との距離でもあります。山の高さや谷の深さは**振幅**（amplitude）といいます。波長はλ（ラムダ）（アルファベットのl（エル）に相当するギリシャ文字）、振幅はAで表すことが多いです（図3-3）。

たとえば周期が0・5秒のとき、1秒の間に波源や媒質は2回振動します。この**「1秒の間に振動する回数」**が**振動数**（frequency）です。振動数の単位にはHz（ヘルツ）を使います。1波長分の波を「1個の波」と数えることにすると、波源が1回振動すれば1個の波が生まれます。すなわち振動数とは**1秒の間に生まれる波の数**でもあります。このことから、振動数は**周波数**とも言われます。厳密には波源の振動が遅すぎると、波が発生しないケースもあるので振動数と周波数は一致しないこともありますが、通常は振動数と周波数は同じであると考えて構いません。実際、英語ではどちらも frequency です。

ところで、周期が意味する「1回振動するのにかかる時間」と振動数が意味する「1秒の間に振動する回数」という2つの言い回しは似ているので混同しがちです。違いをはっきり認識するためにもそれぞれの定義から、周期と振動数の関係を導いておきましょう。

10ヘルツの波は、1秒間に10回振動するので、「1回振動するのにかかる時間」は「1秒÷10回＝0・1秒」という計算で求められます。10ヘルツの波の周期は0・1秒です。

一般にfヘルツの波は、1秒の間にf回振動するので、この波の周期T（1回振動するのにかかる時間）は

1秒÷f回＝T秒

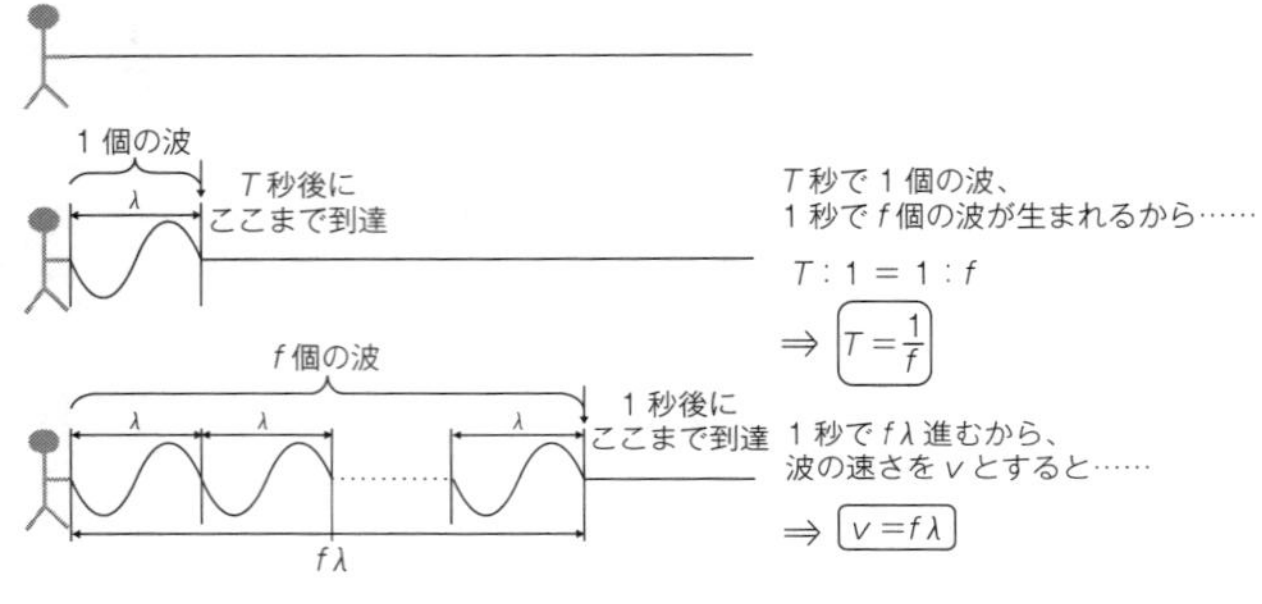

図3-4

という計算で求められます（図3－4のようにT秒で1個の波、1秒でf個の波と考えてもいいですね）。

また、1秒でf個の波が生まれるのなら、波長λの波が1秒で進む距離は、f×λであり、これを波の速さといいます。すなわち

波の速さ＝振動数×波長

というわけです。波の速さは、波の山や谷が進む速さに相当します。

これで波に関する基本量のおさらいは終わりです。

横波と縦波

波には大きく分けて、**横波**（transverse wave）と呼ばれるものと、**縦波**（longitudinal wave）と呼ばれるもの

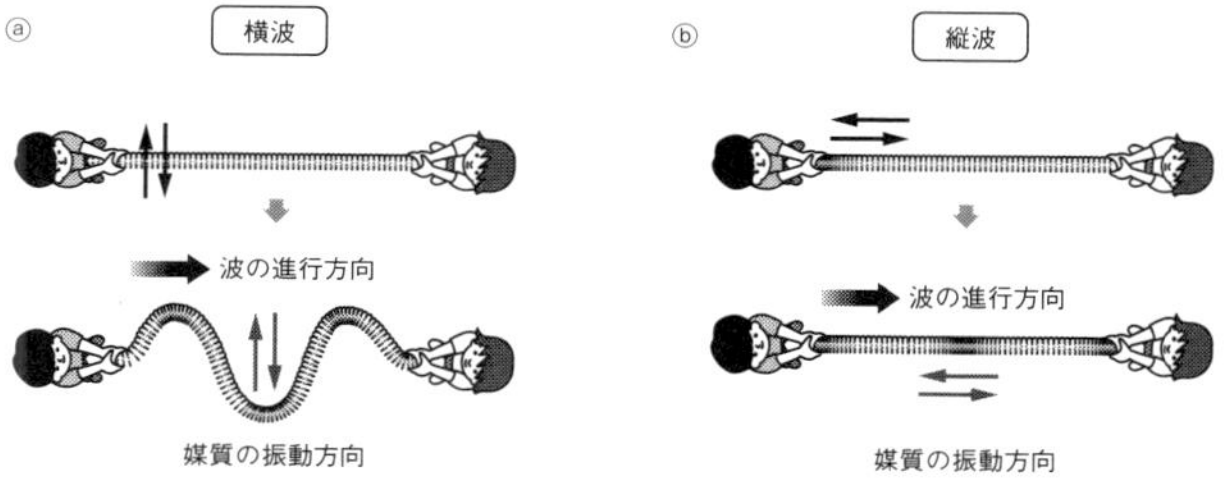

図 3-5

とがあります。

軽くて長いつる巻きばねを、摩擦のないなめらかな床の上にまっすぐに伸ばして置いて、図3-5ⓐのように、ばねの端をばねと垂直な方向へ振ると、生じた**波の振動の方向**は、**波の進行方向と垂直**になります。このような波が**横波**です。

一方、図3-5ⓑのように、ばねの端をばねの方向に振ると、生じた**波の振動の方向**は、**波の進行方向と平行**になります。このような波が**縦波**です。

ただし、横波と縦波の違いは、言葉だけではなかなかイメージしづらいと思います。よろしければ、是非YouTubeなど動画サイトで「横波と縦波」と検索してみてください。動画を確認していただければ、その違いがはっきりします。

縦波についてはもう少し詳しくお話ししましょう。

縦波が生じたとき、媒質の各点は、進行方向に対して前後に振動しています。するとある瞬間、ある部分では各点がギ

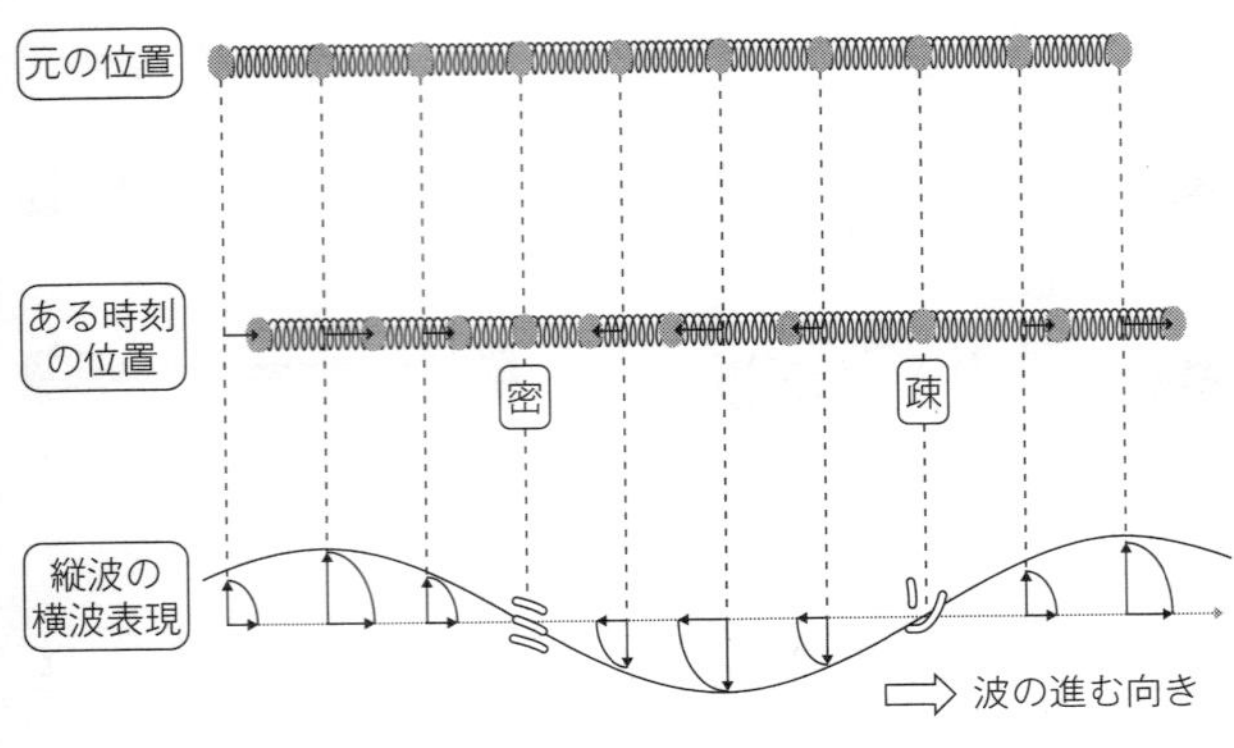

図3-6

ユッと集まって密度が高くなります。そういう部分を「密（みつ）」といいます。また密の前後には「疎（そ）」と呼ばれる、各点がまばらに離れた密度の低いところもあります。この密と疎の繰り返しが進行していくことから、縦波は**疎密波**（compression wave）とも呼ばれます。

しかし、縦波は媒質の振動方向が波の進行方向と同じため、横波のような波形が見られません。そこで、媒質の各点の変位（元の位置からのずれ）を、変位の方向が波の進行方向と同じなら時計の3時の位置から12時の位置に90度回転、変位の方向が進行方向と逆向きなら時計の9時の位置から6時の位置に90度回転することで、縦波を横波のように表すことがあります（図3－6）。

このようにすると、「密」の点や「疎」の点自身は変位していないことや、変位が最大になるのは、密と疎のちょうど中間の点であることと等もわかりやすくなります。

なお、縦波の横波表現において、「ミ」となぞって書けるところが「密」、「ソ」となぞって書けるところが「疎」であるというのは、問題を解くテクニックとして有名です。

縦波の例として最も身近なものは音です。

日常生活の中で音が縦波であることを実感できることは少ないかもしれませんが、私は学生のとき、まさに音は空気の粒子を媒質とする縦波なんだなあと思い知る体験をしました。あれは知り合いに誘われて、いわゆる「クラブ」に行ったときのことです。会場に入ると耳をつんざくほどの大音量で音楽が流れていました。後にも先にも「クラブ」に行ったのはこのときだけなので、他のお店も同じかどうかはわかりません。とにかく、隣にいる人の声がまったく聞こえないということに衝撃を受けました。完全に場違いなところに来てしまったと困惑する私。しかし現地で落ち合うことになっていた知り合いを見つけるまでは帰ることはできません。覚悟を決めて耳を指で塞ぎながらうつむきがちに場内をウロウロしていると、やがて私は自分の着ているシャツが小刻みに震えていることに気づきました。会場のいたるところに設（しつら）えられた巨大スピーカーが空気を振動させ、その空気の振動が伝わってきて、鼓膜だけでなく、衣服をも振動させていたわけです。

余談ついでに**「宇宙の音」**についても少しご紹介しましょう。

音が「空気を媒質とする縦波」であることから、空気のない宇宙空間はまったくの無音（静寂）なのではないかと思われるのは当然です。実際、先の「クラブ」で使われていた巨大スピーカーを月面に設置し、最大音量で鳴らしてみても、その音を聴くことはできないでしょう。しかし、宇宙空間といえども完全に真空というわけではありません。宇宙にはプラズマと呼ばれるイオン化した気体が存在しています。その「気体」が宇宙で起こる物理現象（星どうしの衝突や爆発等）によって衝撃を受ければ、気体（プラズマ）の中に圧力差が生まれ、それが疎密波、すなわち「音波」となって伝播します。

ただし、残念ながらそれらの「宇宙の音」は私たちの耳が捉えられる最も低い音（ピアノの最低音の少し下くらい）よりもはるかに低い音です。NASA（アメリカ航空宇宙局）の発表によると、ある物質がブラックホールに飲みこまれたときの「音」は、ピアノの最低音のさらに約54オクターブ下の「シのフラット」だったそうです。

なお、音は液体や固体の中も伝わります。詳しくは次節でお話しします。

†重ね合わせの原理

波の様々な性質は、2つの原理によって説明できます。ひとつは本稿で学ぶ「重ねあわせの原理」であり、もうひとつは後述する「ホイヘンスの原理」です（204頁参照）。どちらも「原理」と付いていることからわかるように、証明ができない法則です。人類が生まれるずっと前から宇宙はそういう仕組みの上に成り立っていて、あるとき人類がその事実を「発見」したというだけです。原理は証明できないので、第1章で紹介したアリストテレスのように、原理を発見したと思ったら単なる勘違いだったということもあります。物理で「原理」とされているものはいつでもそれでは説明がつかない反例によって覆されてしまう可能性があるのです。ただ、「重ね合わせの原理」と「ホイヘンスの原理」には、経験的あるいは実験的事実をよく説明することがわかっていますから、おそらく勘違いではないのでしょう。

今、2つの波が別々の方向からやってきて「衝突」するときのことを考えます。物と物ならぶつかってはじけ飛んだり、壊れたりするところです。しかし波どうしの場合は「衝突」の前後で方向が変わることも、お互いが変形することもありません。

2つの波が出会うと、重なり合って波の形が変わりますが、その後はもとの形を崩さずに何事もなかったかのように進みます。しかも、**2つの波が重なりあってできる波の変位は、それぞれの波が単独で伝わるときの変位の和**になります。これを**重ねあわせの原理（principle of superposition）**といいます（図3-7参照）。

このように、波は重なり合っても、媒質にそれぞれの変位が伝わるだけであって、互いに他の波の進行を妨げたり、なにかしらの影響を与えたりすることはありません。これを**波の独立性（independency of waves）**といいます。

✝干渉

波の重ね合わせの例として、波の干渉という現象を紹介しましょう。

水面の1箇所を振動させると、その場所が波源となって円形の波がひろがっていきます。では、**水面の2箇所（S_1とS_2にしましょう）を同じ周期・同じ振幅で振動させる**とどうなるでしょうか？

図3-8のように、S_1とS_2をそれぞれ波源とする波がひろがるわけですが、このとき、

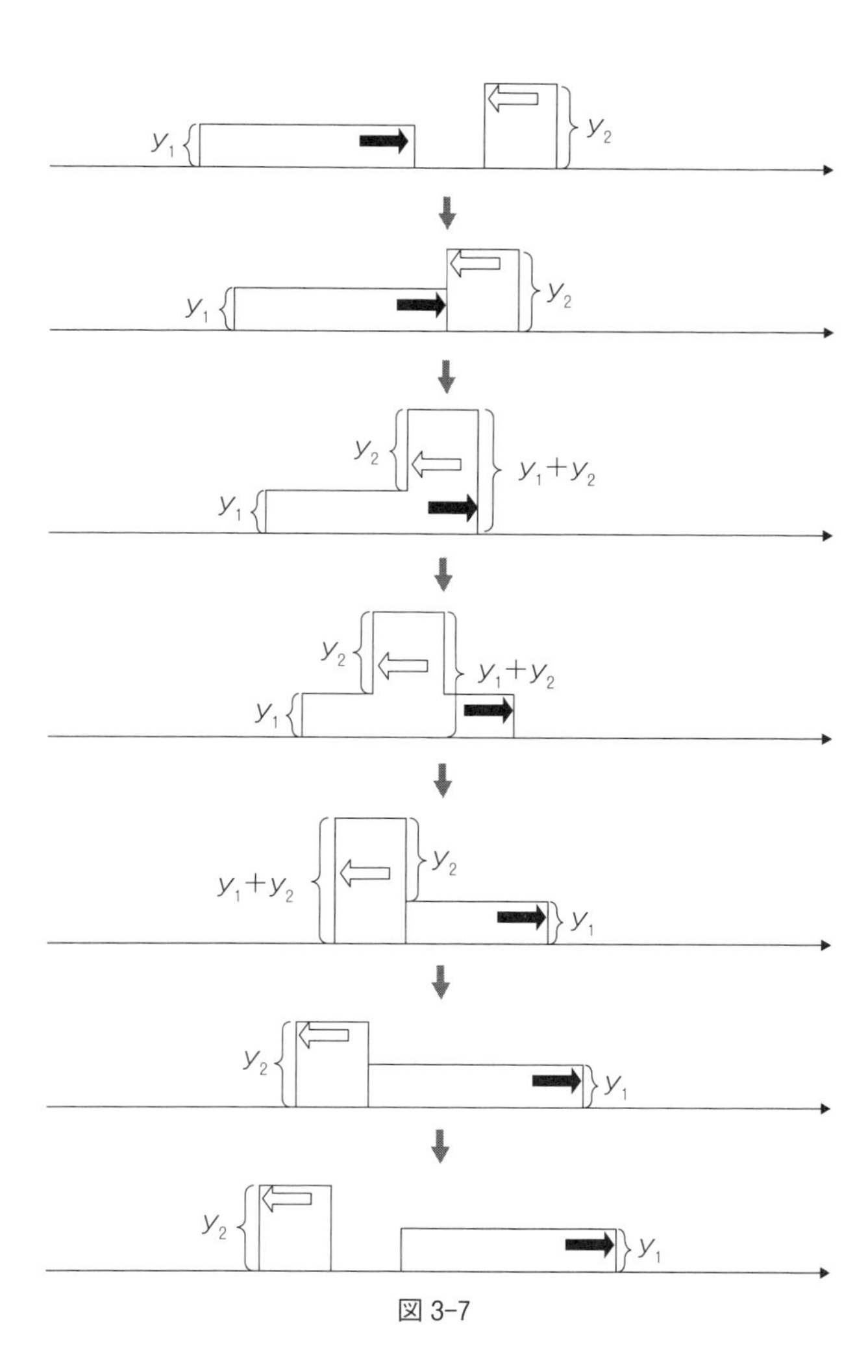

図 3-7

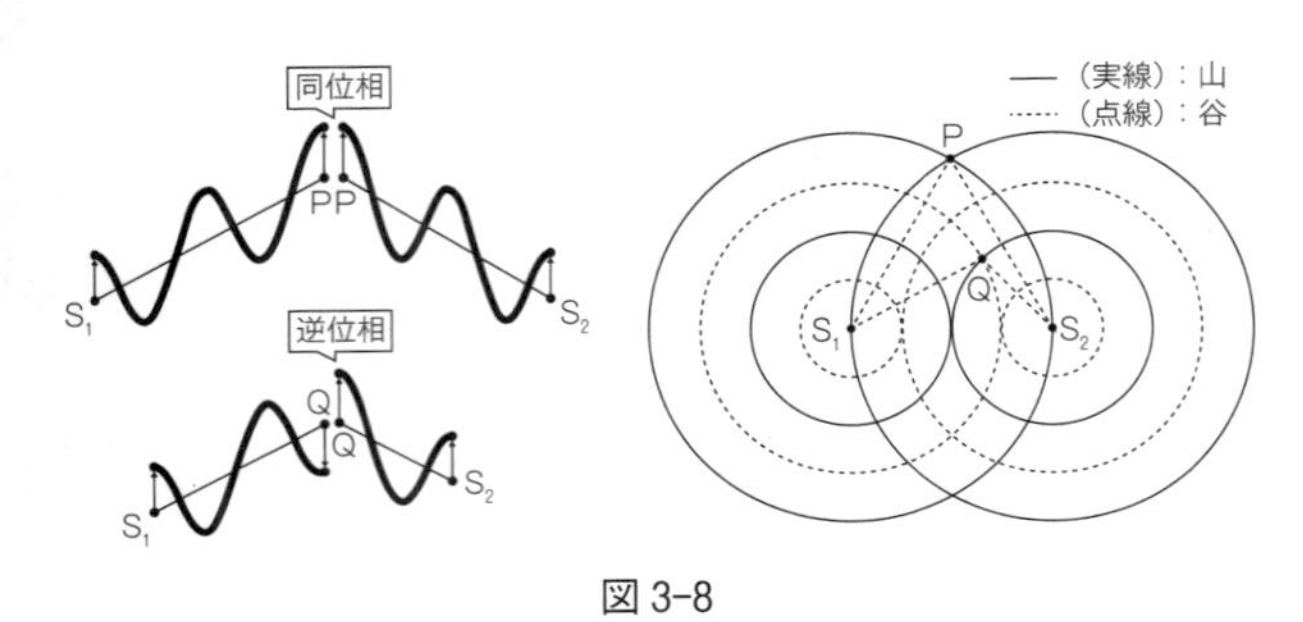

図 3-8

ある場所Pで波源S_1から伝わってきた波は山、波源S_2から伝わってきた波も山であるとすると、2つの波は重ね合わせの原理により強めあい、Pは大きな山になります。（2つの波の波源は同じ周期で振動しているので）次に同じ場所Pに波源S_1から谷が伝わってくるときには、波源S_2からPに伝わってくる波も谷になりますから、Pは大きな谷になります。このように、一方が山のときは他方も山、一方が谷のときには他方も谷である媒質の振動を**同位相**（synphase）の振動であるといい、Pのように2つの波源からの振動が同位相になる場所は大きく振動します。

これに対し、波源S_1から伝わってきた波は谷で、波源S_2から伝わってきた波は山である場所Qでは、2つの波は重ね合わせの原理により弱めあい（打ち消しあい）、水面は振動しません。この後Qに波源S_1から山が伝わってくるときは、波源S_2には谷が伝わってくるので、Qはやはり振動しませ

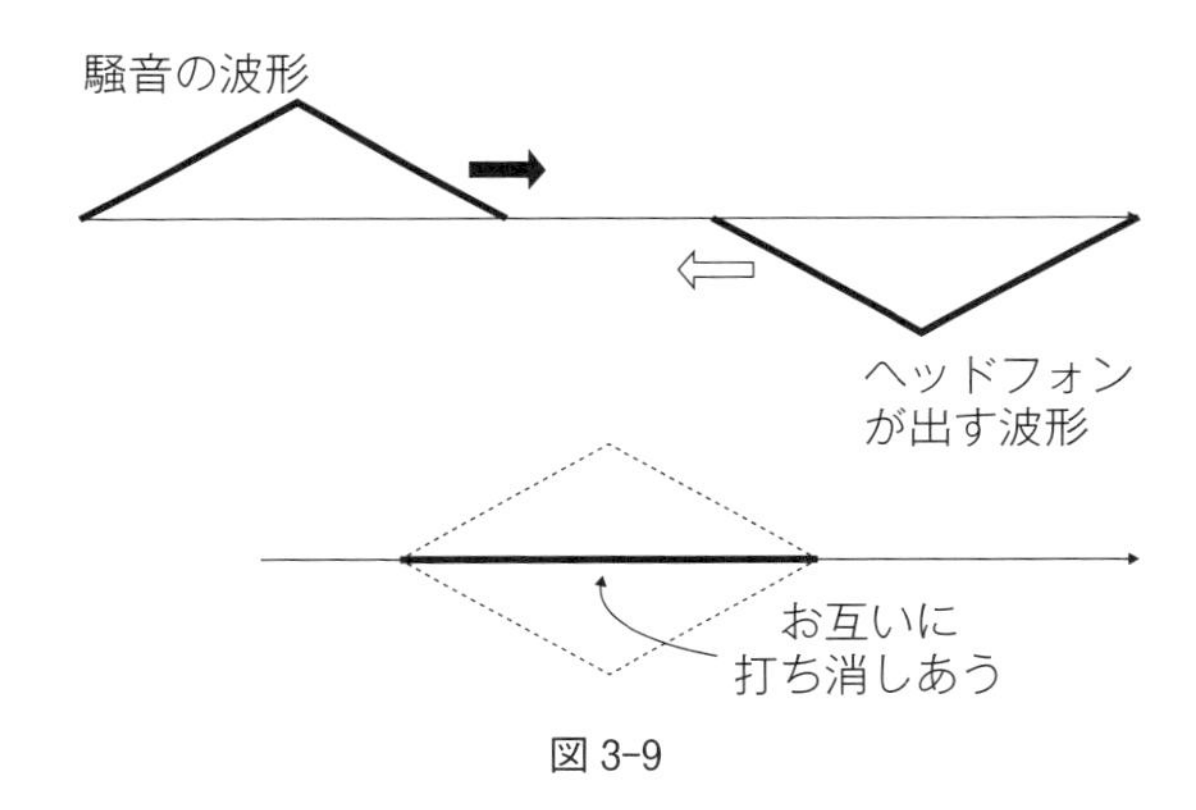

図 3-9

ん。このように一方が山のときは他方は谷、一方が山のときには他方は谷である媒質の振動を**逆位相**(antiphase)の振動であるといい、Qのように2つの波源からの振動が逆位相になる場所は振動しません。

一般に、似通った周期を持つ複数の波が重なりあい、波が強めあったり弱めあったりする現象を波の**干渉**(interference)といいます。

最近流行りのノイズキャンセリングのヘッドフォンやイヤフォンは「波の重ね合わせの原理」を応用した技術です。外の音を取り込むマイクが騒音を検出し、それとちょうどの逆位相の音を出すことによって、騒音を打ち消してしまうわけです(図3-9)。

特別コラム　地震のメカニズムと地震波

私は今この稿を平成30年の暮も押し詰まった年の瀬に書いています。あと数カ月で平成が終わります。平成の世は、日本では戦争こそなかったものの多くの災害に見舞われてしまった時代でした。中でも平成7年の阪神淡路大震災、平成23年の東日本大震災のことはすべての日本人の心に決して忘れることのできない悲しみと共に記憶されています。

世界有数の地震国に生きる日本人にとって、地震のメカニズムと地震波についての基本を知っておくことは、自らを守るためにも欠くことのできない素養であると思いますが、高校物理では地震を詳しく学ぶ機会がありません。そこでこの特別コラムでは――コラムとしては長くなってしまいますが――地震を取り上げたいと思います。

†地球の内部構造

そもそもなぜ地震は起きるのでしょうか？　その答えを知るには地球の内部構造に

ついての理解が必要です。私たちの地球はたとえるなら半熟のゆで卵のようになっています。一番外側には卵の殻にあたる**プレート**、その下には白身にあたる**マントル**、そして中央には黄身にあたる**核**があります（図3－10）。

地球表面を覆うプレートは硬い岩盤の板のようなもので、マントルは溶けた溶岩です。地球の中心にある核は高温のために溶けた鉄分などで出来ています。

先ほどゆで卵を「半熟」と書いたのはプレートの下のマントルは完全に固まった固体ではなくてドロドロに溶けた溶岩だからです。プレートはこのマントルの上に、水に浮く氷のように浮かんでいます。また地球上のプレートは全体で一枚の板になっているわけではなく、十数枚に分かれています。

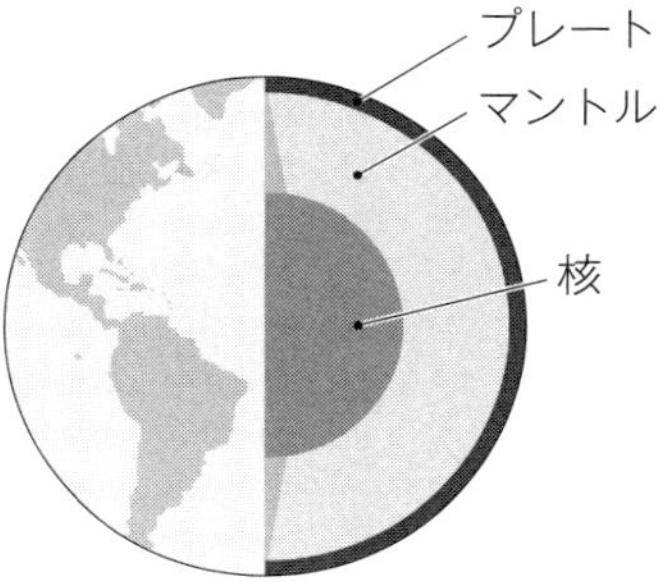

先ほどの例で言うなら、ゆで卵の殻に**ひびが入ったような状態**です。このうち大陸を乗せているプレートを**大陸プレート**、海底のプレートを**海洋プレート**といいます。そして――にわかには信じられない

図 3-10

ことですが――私たちの足もとにある大地（プレート）は溶岩に浮かんでいるだけではなく動いています。

20世紀のはじめに、ドイツの**アルフレート・ヴェゲナー**（1880―1930）という学者がアフリカと南アメリカの海岸線の形がよく似ていることや、アフリカと南アメリカに同じ種類のミミズが生息していることなどから

「大陸は動いているのではないか？」

「現在の7つの大陸は、昔は1つの大陸（超大陸）だったのではないか？」

と考えて「大陸移動説」を唱えました。当時の学者たちからは「非科学的だ！」とまったく認められませんでしたが、その後の研究によって、大陸だけではなく、海底も含めて地球の表面を覆うすべてのプレートは1年間に数cmという非常にゆっくりとした速度で確かに動いているということが分かりました。

こうしたプレートの運動のことを**プレートテクトニクス**といいます。

地球上の十数枚のプレートはプレートテクトニクスによってそれぞれが動いているので、プレートどうしの境界では2つのプレートが押し合ったりすれ違ったりする力が働いています。この力が**地震の原因**です。

地震のタイプは大きく分けて二つあります。
一つは**プレート境界型地震**で、もう一つは**内陸直下型地震**です。

†プレート境界型地震

プレートはただ動いているだけではなく、海底火山の集まりである中央海嶺と呼ばれる場所で常に新しく生みだされています。地球内部のマントルから高温の物質（マグマ）がわきあがり、それが海水によって冷え固まることで次々とプレートが作られているのです。海嶺で生まれた新しいプレートは、やがて陸のプレートに押し寄せます。その際、海洋プレートは大陸プレートの下に入り込んで、大陸プレートを引きずり込みます。これによりひずみがたまり、弓のようにしなった大陸プレートはやがて我慢できなくなって、跳ね上がります。これがプレート境界型地震です（図3-11）。

プレート境界型地震はプレート自身の跳ね上がりなのでエネルギーが大変大きく、地震の規模を表すマグニチュードも大きくなります。また海溝で起きる地震のため津波も引き起こします。東日本大震災はまさにこのプレート境界型地震でした。

【プレート境界型地震】

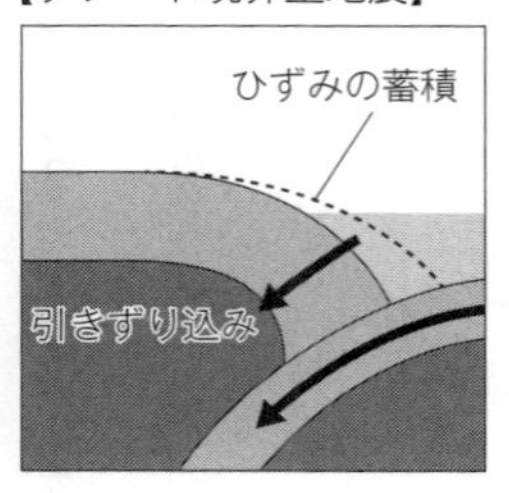

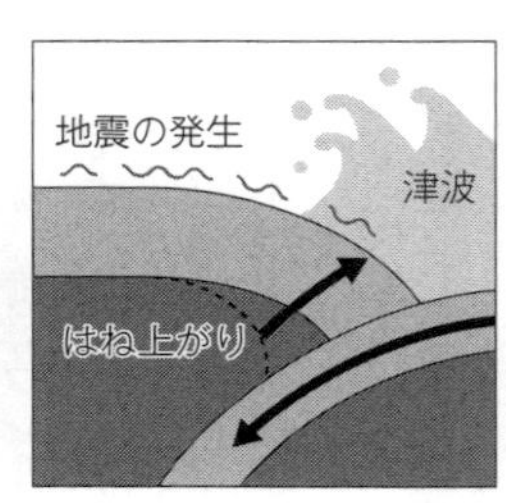

図3-11

内陸直下型地震

プレートどうしの押し合いへし合いによってプレートに力が加わるとプレートの内部に亀裂が入ります。この亀裂に対して力がさらに加わると、図3-12のようにプレートが上下にずれて地震が起きます。このプレートのずれのことを**断層**といいます。

内陸直下型地震とはプレートに力が加わり断層ができることによって生じる地震のことです。プレート境界型地震はプレートのそのものの跳ね上がりによって起こる地震なので地震の規模を示すマグニチュードが大きくなるのに対して、内陸直下型地震はプレートの亀裂にずれが生じることによって生じる地震であり、プレート境界型地震ほどマグニチュードは大きくならないのが普通です。

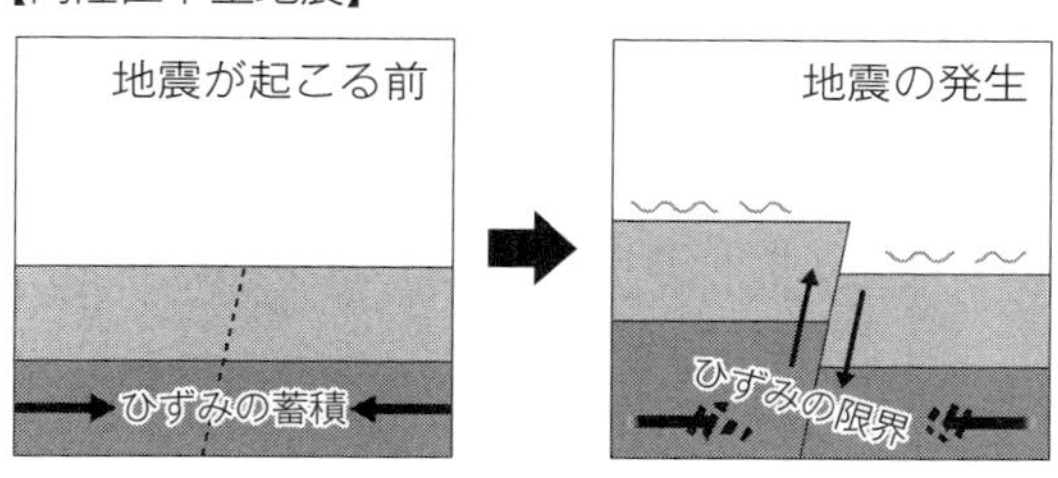

図 3-12

しかし内陸のごく浅いところで起きる内陸直下型地震は震源が近いために、マグニチュードが小さくても狭い範囲で大きな揺れになることがあり、甚大な被害になってしまうことがあります。阪神淡路大震災は、この内陸直下型地震でした。

阪神淡路大震災のマグニチュードが7・3であったのに対して、東日本大震災のマグニチュードは9・0。これを定義にしたがって計算すると、東日本大震災は阪神淡路大震災に比べて実に約350倍のエネルギーだったことがわかります。

ところが**最大震度はどちらも7**でした。それは震源地が、東日本大震災の場合はプレート境界型で遠かった（宮城県・牡鹿半島沖約130キロ、深さ約24㎞）のに対して、阪神淡路大震災の場合は内陸直下型で近かった（淡路島　明石海峡大橋の真下、深さ約16㎞）からだと考えられます。

地震波

最後に、地震のゆれを引き起こす波についても少しお話ししておきます。

プレート境界型にしろ、内陸直下型にしろ、地球の内部に急激な変動が起こり、それが伝わって生じる波を**地震波**といいます。

地震波には速い**P波**（Primary wave・Pressure wave）と遅い**S波**（Secondary wave・Shear wave）があります（図3－13）。

P波は文字通り、最初に地上に届いていわゆる**初期微動**を起こします。P波の地殻における速度は**秒速約6・5km**です。P波は進行方向と振動の方向が一致する**縦波**です。「あ！　地震！」と思うとき、最初はたいていガタガタ……とかビリビリ……といった感じの、**振幅が小さく周期の短い揺れ**を感じますね。あれがP波です。ただ、震源が観測地の真下近くで大きな地震のときは、P波でも下から突き上げるような「ドン！」とか「ドドド！」といった強い揺れになることもあります。こういうときは、かなり大きな規模の地震ですから数秒後にやってくるS波は非常に強い揺れにな

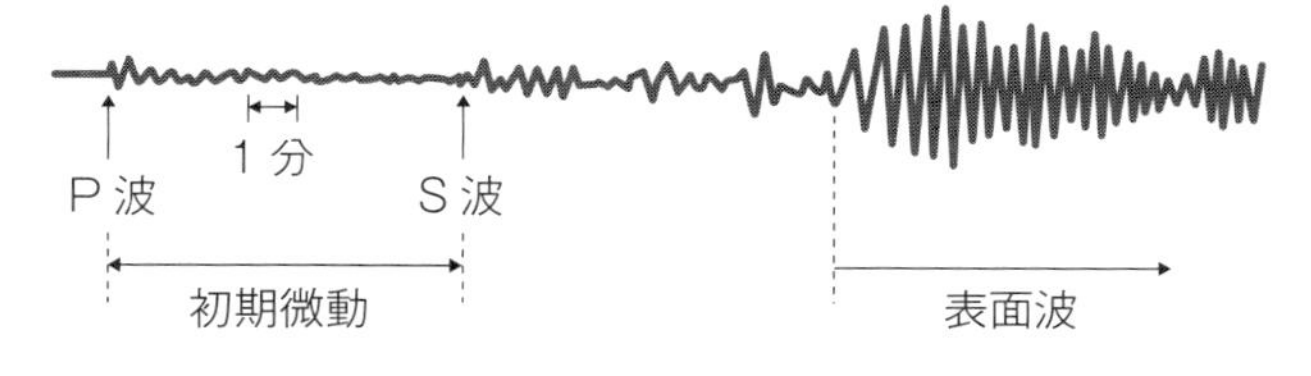

図 3-13

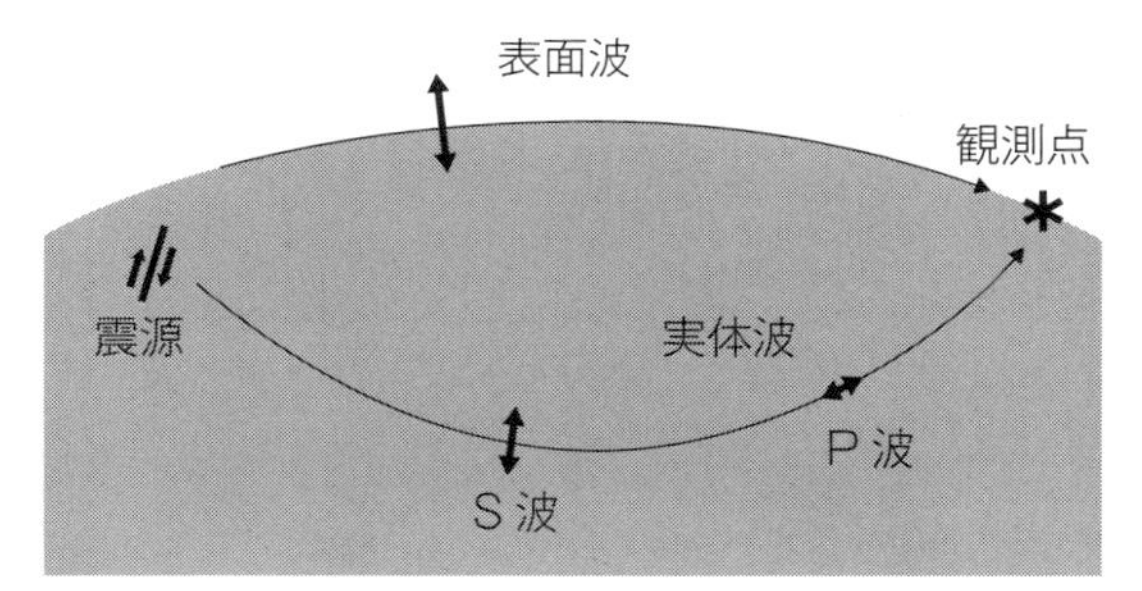

図 3-14

る可能性が高いです。すぐに身を守る行動に移ってください。

P波に続いてやってくるS波の、地殻における速度は**秒速約3・5km**です。S波は進行方向に対して振動の方向が垂直の**横波**です。S波はユラユラ、ユサユサと**振幅が大きく**、**周期が長い**という特徴があります。大きな地震で甚大な被害をもたらすのはたいていS波です。

スマホなどに「○○秒後に地震が来ます」と速報が出ることがあります。あれは、揺れの小さなP波が先に地上に届くことを利用しています。震源近くの地震計でP波を検知すると、その情報をもとに各地へのS波の到達時間や震度を予測して知らせてくれているのです。

地震波にはもうひとつ、**表面波**と呼ばれるものもあります。表面波は地震波が地上に到達してから、地表に沿って進む波です。表面波はS波よりも後にやってきます。特に関東平野などの大きな平野では、周期の長い表面波の揺れはS波よりも大きな揺れになることが多いです(図3-14)。

2　音

「音」についての研究は科学の一番最初からあったと言っても過言ではありません。

それは、紀元前6世紀の**ピタゴラス**（紀元前582―紀元前496）の散歩から始まりました。ある日のこと。散歩中に鍛冶屋の近くを通りかかったピタゴラスは、職人がハンマーで金属を叩くカーン、カーンという音の中に綺麗に響き合う音とそうでないものがあることに気づきました。これを不思議に思ったピタゴラスは鍛冶屋職人のもとを訪れ、色々な種類のハンマーを手に取って調べ始めます。すると、綺麗に響き合うハンマーどうしはそれぞれの重さの間に単純な整数の比が成立することがわかりました。

人間が自然に美しいと感じる響きの中に単純な整数の比が潜んでいるという不思議に惹かれたピタゴラスと弟子たちはその後、「音と調和」について熱心に研究するようになります。きっと、神様に仕掛けられたイタズラを発見したかのような心持ちになっていたのでしょう。

ピタゴラスとその弟子たちの熱心な啓蒙活動によって、古代ギリシャの人々は、宇宙は音の調和と同じく、数の調和で作られていると考えるようになっていきました。そして、宇宙の根本原理を「ムジカ」、その調和を「ハルモニア」と呼ぶようになります。「ムジカ」と「ハルモニア」はそれぞれ英語で言うと「ミュージック」と「ハーモニー」です。

数学（mathematics）の語源は、ギリシャ語のマテーマタ（mathemata）だと言われています。マテーマタは「学ぶべき事」という意味を持つ言葉の複数形です。古代ギリシャにおけるマテーマタ（数学＝学科）は以下の4つでした。

①算術（静なる数）　②音楽（動なる数）
③幾何学（静なる図形）　④天文学（動なる図形）

古代ギリシャ人にとって音とその調和がいかに「学ぶべきこと」であったかが窺えます。

時代は下り、17世紀になると、ガリレオ・ガリレイが「**音の高さは振動数で決まる**」ことを発見します。ただし、音についてより深く洞察したのはガリレオとも親交の深かったフランスの神学者**マラン・メルセンヌ**（1588－1648）でした。メルセンヌは神学者でありながら、数学や物理について高い見識を持っていて、特に音楽についての理論書を多数書いたことから「音響学の父」とも呼ばれています。メルセンヌはその研究の中で

「楽器が出す音は、多くの音の合成である。一番低い音がその楽器の基本音（後述：185頁）であり、これが主に聞こえるが、倍音（基本音の整数倍の振動数を持つ音）もかすかに聞こえる。**楽器によって音色が異なるのは、この同時に鳴っているいくつもの倍音の組み合わせの相違に違いない**」

と説明しました。実際、メルセンヌはとても耳がよかったようで、1本の弦が同時に5種類以上の音を発するのを聞き分けたという記録もあります。

†音の発生と伝わる速さ

メルセンヌが言うように、一般に楽器は色々な振動数を持つ音が同時に鳴ります。しかしこれはたとえば楽器の調律（音の高さを適切に整えること）をする際等には不都合です。そこで、一つの振動数の音（純音といいます）しか発しない道具が発明されました。それ

が音叉（おんさ）です（図3－15）。詳しいメカニズムは、大学レベル以上の難しい物理になってしまうので割愛しますが、まっすぐの金属棒に比べて、音叉のようなU字形の金属の方が、安定する倍音の周波数が高くなり、周波数の高い音はすぐに減衰するため、結果として音叉は純音だけが鳴ります。

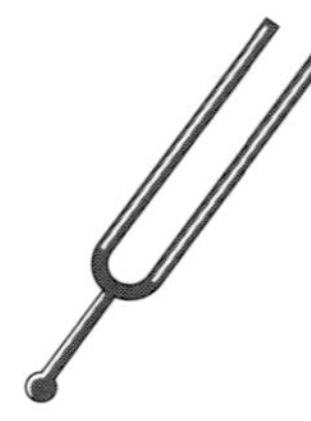

図3-15

ここで音叉が音を出す仕組みを確認しておきましょう。

音叉はたたくと、次頁の図3－16のように振動します。これによって、まわりの空気は圧縮と膨張を繰り返し、空気の密度が**密な部分**（圧力が高い部分）と**疎な部分**（圧力が低い部分）とが交互に伝播していく**疎密波**（154頁）ができます。この波の伝わる方向は空気の振動方向と平行なので疎密波は**縦波**です。一般に、媒質を伝わるこのような縦波を**音波**(Sound Waves) といいます。

空気中を伝わる音波の速さは、**温度だけで決まります**。15℃程度では、**秒速約340m**です（温度が高ければ高いほど、速くなります）。

地面に耳をつけると、遠くを歩く人の足音がびっくりするほど大きく聞こえることがあります。このことからもわかるように、音は空気以外の物質中でも縦波として伝わっていきますが、その速度は媒質によって異なります。一般に、**密度が高く、硬い物質ほど音速は速くなります。**たとえば水中では秒速約1500m、鉄の中は秒速約5000mです。媒質の中を縦波として伝わっていくものはすべて音波であると言えるので、168頁で紹介した地震のP波も音波の一種です。P波の速さは秒速約6500mでしたね。

小さい頃、糸電話で遊んだ経験がある人は多いと思います。糸電話を最初に考えたのは、あのロバート・フック（41頁）です。以後、19世紀にベルによって電話が発明されるまで、金属缶を糸や針金で結んで、数百m～数km離れた人と会話をする図3－17のような装置はヨーロッパを中心に広く実用されていました。

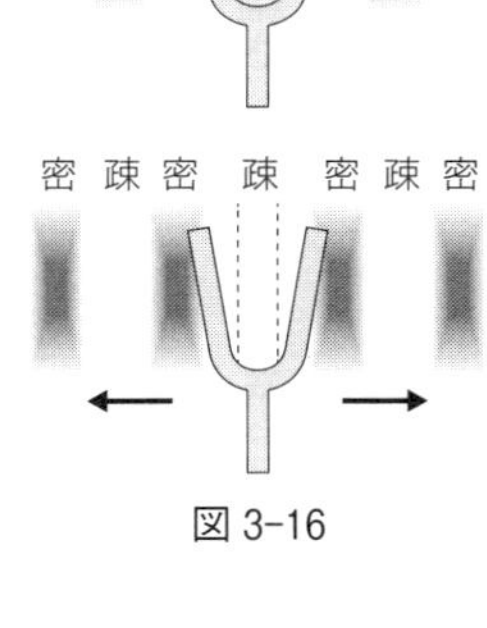

図3-16

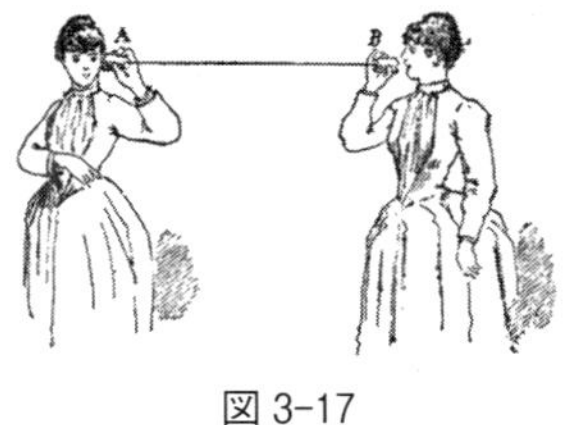

図3-17
出典：Wikipedia

当時はこれを「缶電話」や「ラバーズフォン」と呼んでいたようです。

†音の三要素

音の高さ（pitch）、**音の強さ**（sound intensity）、**音色**（timbre）の3つを合わせて**音の三要素**といいます。

音の高さ

ガリレオが明らかにしたように、音の高さは**振動数**（周波数）によって決まります。高い音とはすなわち振動数が大きい音です。ところで「波の速さ＝振動数×波長」でした（152頁）。音波の速さは温度によって決まってしまうので、**振動数が大きければ波長は短くなります。音が高ければ波長は短く、音が低ければ波長は長くなる**というわけです（図3-18）。

よく赤ちゃんが生まれてくるときの産声は性別や国に関係なく、**440Hz**（ヘルツ）であると言われますが、この440Hzの音（ラの音です）は楽器やオーケストラのチューニングに使われます（演奏の趣旨によって多少上下します）。NHKの時報などで使われる「ピッ・ピ

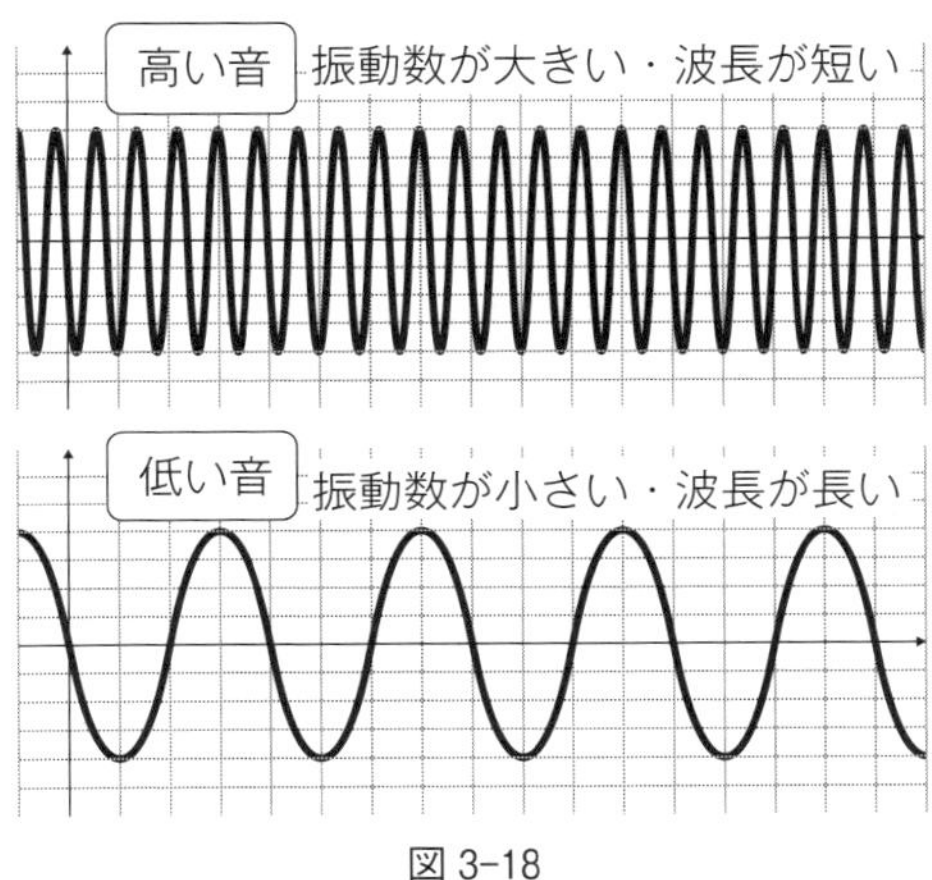

図3-18

ッ・ピッ・ポー」の「ピッ」の音が440Hzで、「ポー」の音が880Hzです。振動数が倍になると、音の高さは1オクターブ高くなりますので「ポー」は「ピッ」よりも1オクターブ上の「ラ」です。

人間が聴くことのできる音はおよそ**20Hz〜2万Hz**です。この範囲の振動数の音を**可聴音**といいます。**超音波**（ultrasonic）というのは可聴域より大きな振動数の音のことです（図3-19）。

ただし、可聴音の範囲は個人差があり、特に高齢になると高い振動数の音が聞こえづらくなります。耳年齢、という言葉をご存じでしょうか？　一般に1万2000Hzが聞こえれば耳年齢は50歳以下、1万9000Hzが聞

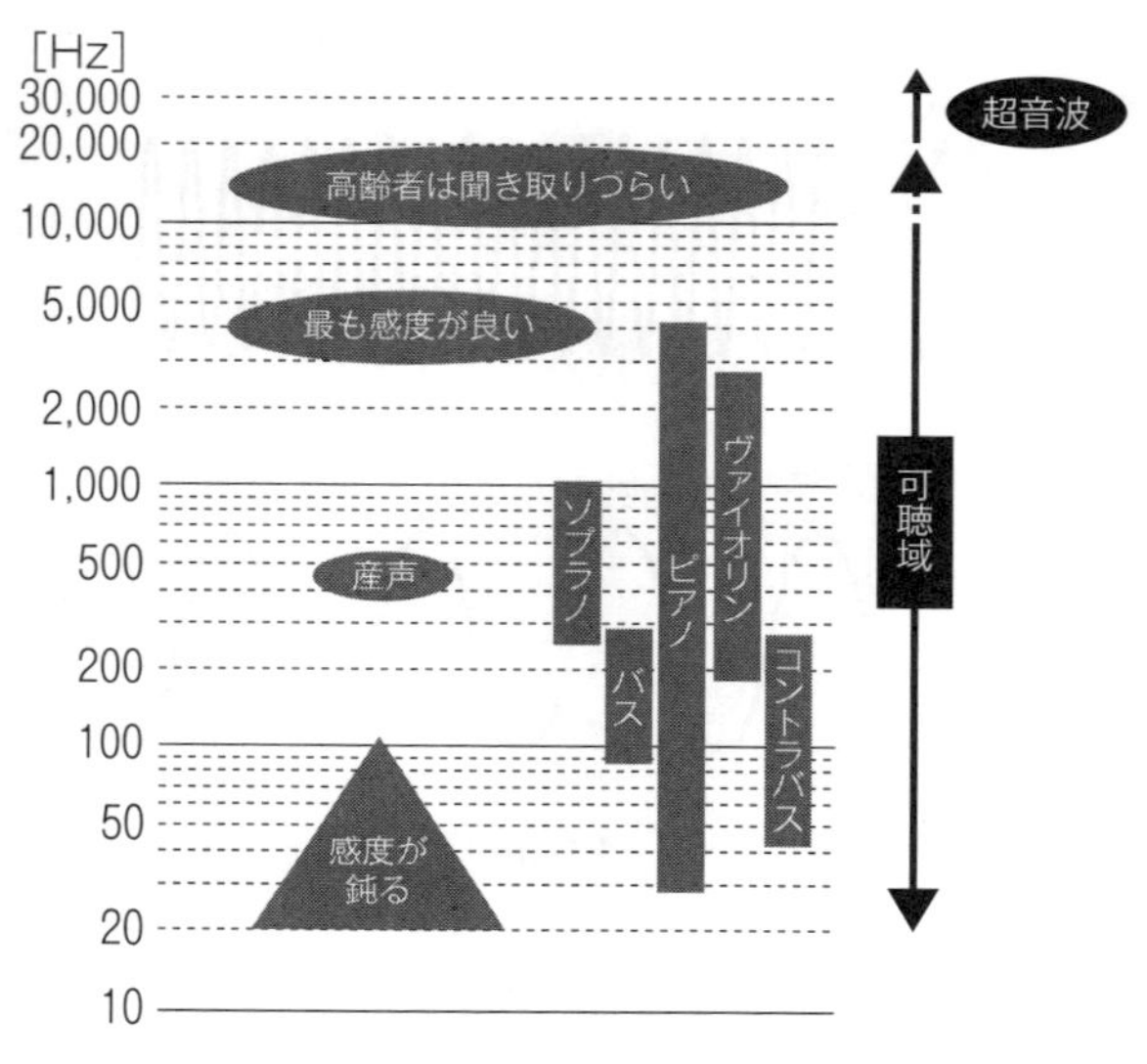

図 3-19

こえれば耳年齢は20歳以下と判断されます。インターネットで「耳年齢」と検索してもらえば、測定サイトが見つかりますので、ご興味のある方はチャレンジしてみてください。

また、人間の耳の感度が最もいいのは4000Hz前後の音であることもわかっています。女性の「キャー」という悲鳴や蝉の声、家電製品のアラーム音等がこの高さです。

一方、振動数が100Hz以下になると、人間の耳の感度は極端に鈍くなります。

音の強さ

２０１１年に鹿児島県の新燃岳（しんもえだけ）が噴火したときは、３～４km も離れた建物の窓ガラスが割れました。こう聞くと、「すごい爆風だったんだな」と思われがちですが、これは風の仕業ではありません。「空振（くうしん）」と呼ばれる激しい空気の振動が伝播することで起きた現象です。火山の噴火によって火口近くの空気の圧力は急激に変化します。すると疎と密の差が非常に大きな疎密波＝音波が生まれます。これが空振の正体です。空振によって建物が破壊されたり、「クラブ」で流れる大音量の音楽が着ている服を揺らしたりするのは、音波がエネルギーを伝えることを示しています。実際、音波に限らず、波は媒質の振動が伝播する現象なので、波は媒質を構成する分子の力学的エネルギーを運ぶのです。

一般に、**音波の進行方向に垂直に立てた１㎡の面を、１秒間に通過するエネルギーを音の強さ**といいます。音の強さは、**振幅の２乗と振動数の２乗の積に比例する**ことがわかっています（図３‐20）。

ソプラノ歌手がホール全体に声を響かせることができる（ホール全体の空気を振動させるほどの大きなエネルギーを生み出せる）のは、振幅が大きいだけでなく、高い振動数だから

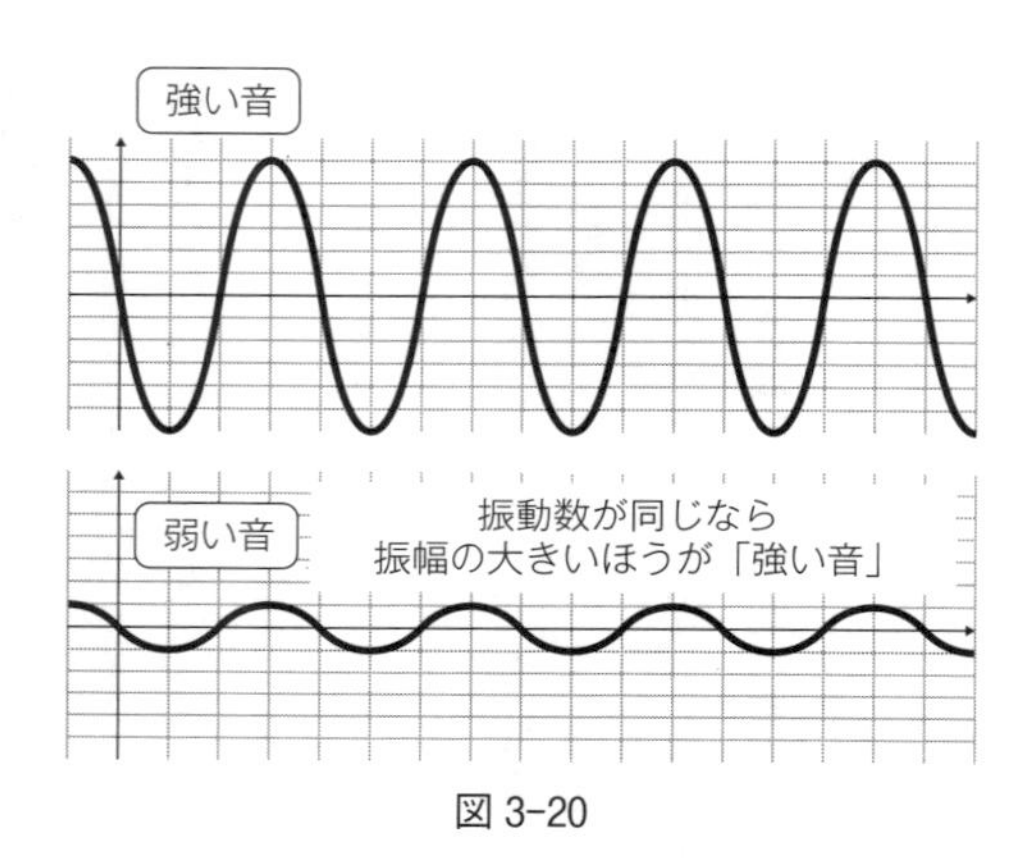

図 3-20

です。

ただし、**強い音が必ず大きな音に聞こえるというわけではありません。**振動数が大きければ「強い音」にはなりますが、先ほどお話ししたように、2万Hzを超える音は人間には聞こえません。逆に耳の感度が最も高まる4000Hz前後の音は、「音の強さ」が同じでも他の振動数の音より大きく聞こえます。

音の強さは客観的に測定することのできる物理量であるのに対し、**音の大きさ（loudness）**は個人が主観的に感じる感覚量（心理量ともいいます）です。

音色

カラオケで同じ曲を別の人が歌うと、まるっき

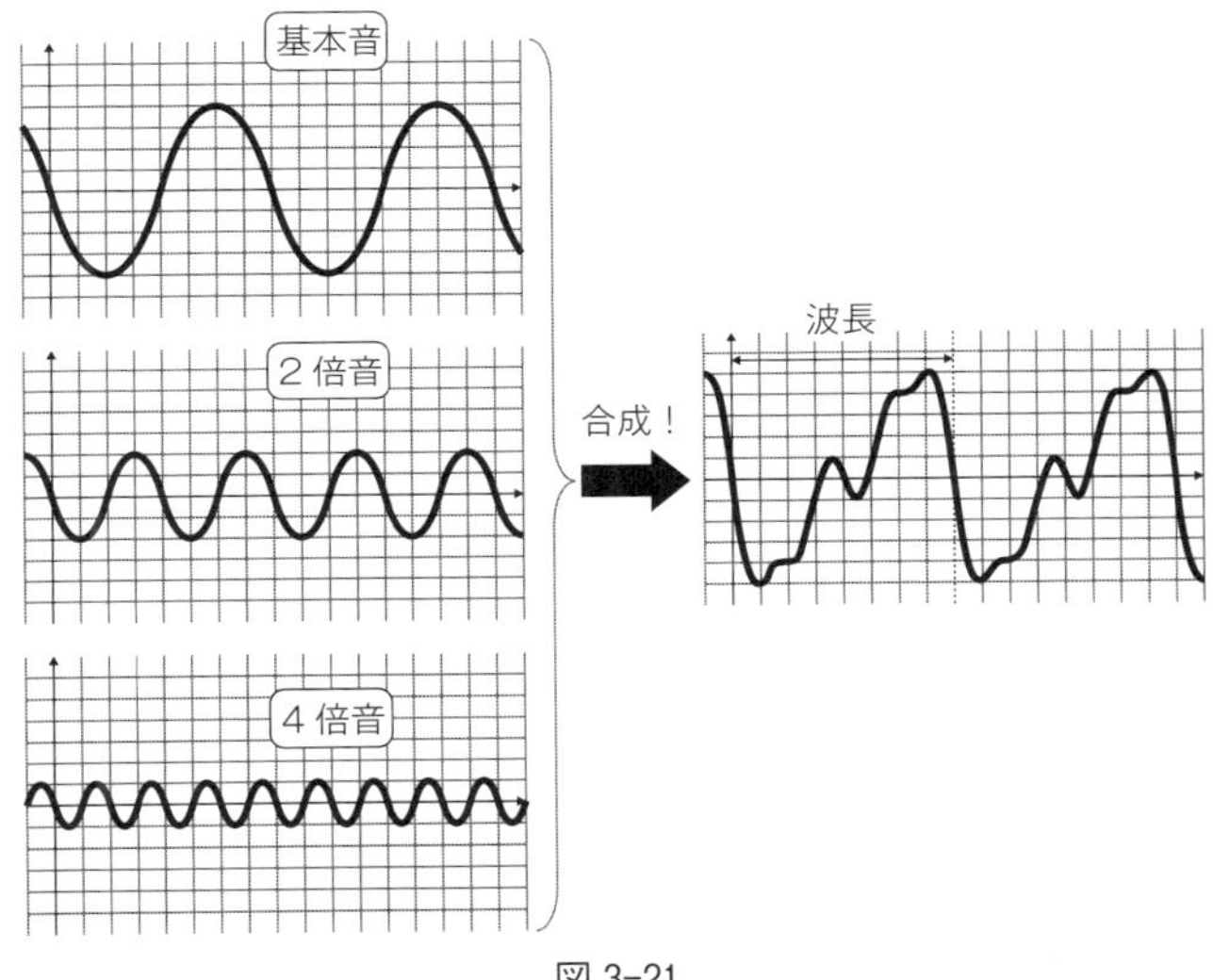

図 3-21

り違った印象になりますね。また、同じ音の高さで、同じ音の強さであっても「あ」と「い」は混同のしようがないほどはっきり区別できます。これは、音色が違うからです。

メルセンヌが指摘したとおり、**音色の違いは、そこに含まれる倍音の違い**です。

音叉や時報や聴力測定装置が出す音は基本音しか含まない純音ですが、純音は自然界には存在しません。図3-21は、ある基本音（一番低い音）にその2倍の振動数を持つ音と4倍の振動数を持つ音を合成するとどのような波形になるかを示したものです。実際にはもっとたくさんの倍音が含まれることが多く、合成したときの波形（耳に入る音の波形）はさらに複雑になります。そしてこの波形が千差万別だからこそ人によって、アイウエオによって、楽器によって音色がすべて異なって聞こえるのです。

これについて、マサチューセッツ工科大学のウォルター・ルーウィン教授はベストセラーになった著書『これが物理学だ！』（文藝春秋）の中で

「目に見えない宇宙のバーテンダーが、客の求めに応じて、次々に無数の音のカクテルを作り上げているようなものだ」

と評しましたが、まさに言い得て妙だと思います。

なお、どんなに波形が複雑になったとしても、同じパターンの繰り返しになる最小単位の長さが波長であることは純音の場合と同じです。

†弦の振動

ヴァイオリンやチェロやギターなどの弦楽器は、弦を振動させて音を出します。ここで

はその仕組みをみていきましょう。

両端を固定された弦を弾くと様々な波長の波が発生します。しかしそのほとんどはすぐに消えてしまいます。なぜなら弦の端で反射して返ってきた波との重ね合わせによってお互いの変位を打ち消しあってしまうからです。

しかし、波長の半分の長さがちょうど弦の端から端までの長さに等しいような特別な波は、反射波との重ね合わせによってお互いを強め合うことができます。結果として弦には大きな振幅を持った波が生まれることになります（図3-22参照）。

大切なのは、どの瞬間も固定された**弦の端では合成波の変位が0**であることです。このルールをおびやかさない波長を持った波だけが生き残り、安定に振動します。弦において安定に持続する波の振動数をその弦の**固有振動数**（natural frequency）といいます。

では弦の固有振動数はどのようにして決まるのでしょうか？

一般に「波の速さ＝振動数×波長」でしたから、波の速さと波長が決まれば、振動数も決まります。

弦を伝わる波の速さは弦を弾く力が大きいほど大きくなります。これは、弦を強く引っ張れば弦がもとの状態に戻ろうとする力も大きくなるからです。また、弦の質量（正確に

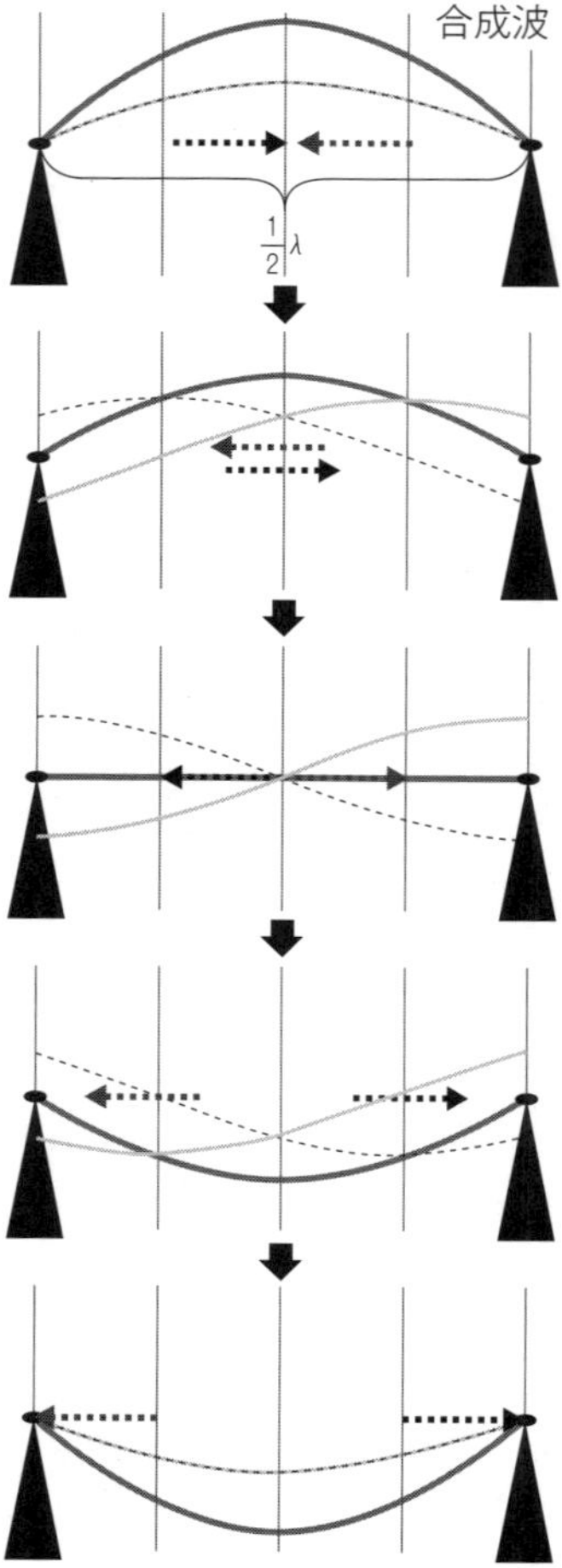

は１ｍあたりの質量）が小さいほど、弦は動きやすくなるのでやはり弦を伝わる波の速さは大きくなります。逆に言えば、弦を張る強さを変えたり、弦そのものを取り替えたりしない限り、弦を伝わる波の速さは一定です。

次に、ある長さの弦において安定に持続する波の波長を考えてみましょう。反射波との合成波において弦の端の変位が常に０になるのは、弦の長さが半波長の半分に等しいときだけではありません。次の図３－23からもわかる通り、**弦の長さが半波長の整数倍になる**

合成波

$\frac{1}{2}\lambda$

図 3-22

とき、**波は安定します。**

図3－23は、安定して持続する波の波長を長い方から順にλ_1、λ_2、λ_3、λ_4……、それぞれの振動数をf_1、f_2、f_3、f_4……とし、「波の速さ＝振動数×波長」を使ってそれぞれの固有振動数の関係を計算したものです。

f_2、f_3、f_4……は波長が最も長いときの振動数f_1と比べて、2倍、3倍、4倍……になっていますね。

基本音というのは、波長が最も長いときの振動数（一番低い振動数＝基本振動数）を持つ音のことです。また基本音の整数倍の振動数を持つ音を**倍音**といいます。

既にお話ししたように、弦を弾いたとき基本音だけが鳴るということはありません。かならず基本音と同時に倍音が鳴ります。ただし、耳に感じる音の高さは基本音です。

ピタゴラスと弟子たちの研究によって、綺麗に響き合う音程の振動数は簡単な整数の比になることがわかりました。たとえば振動数の比が2：3である2つの音は「完全5度」と呼ばれる音程（ドとソの音程）になって美しく響き合います。これは、それぞれの倍音の中に共通の振動数が含まれるからです（たとえば200Hzの音と300Hzの音なら、200Hzの3倍音と300Hzの2倍音は共に600Hzになり一致します）。

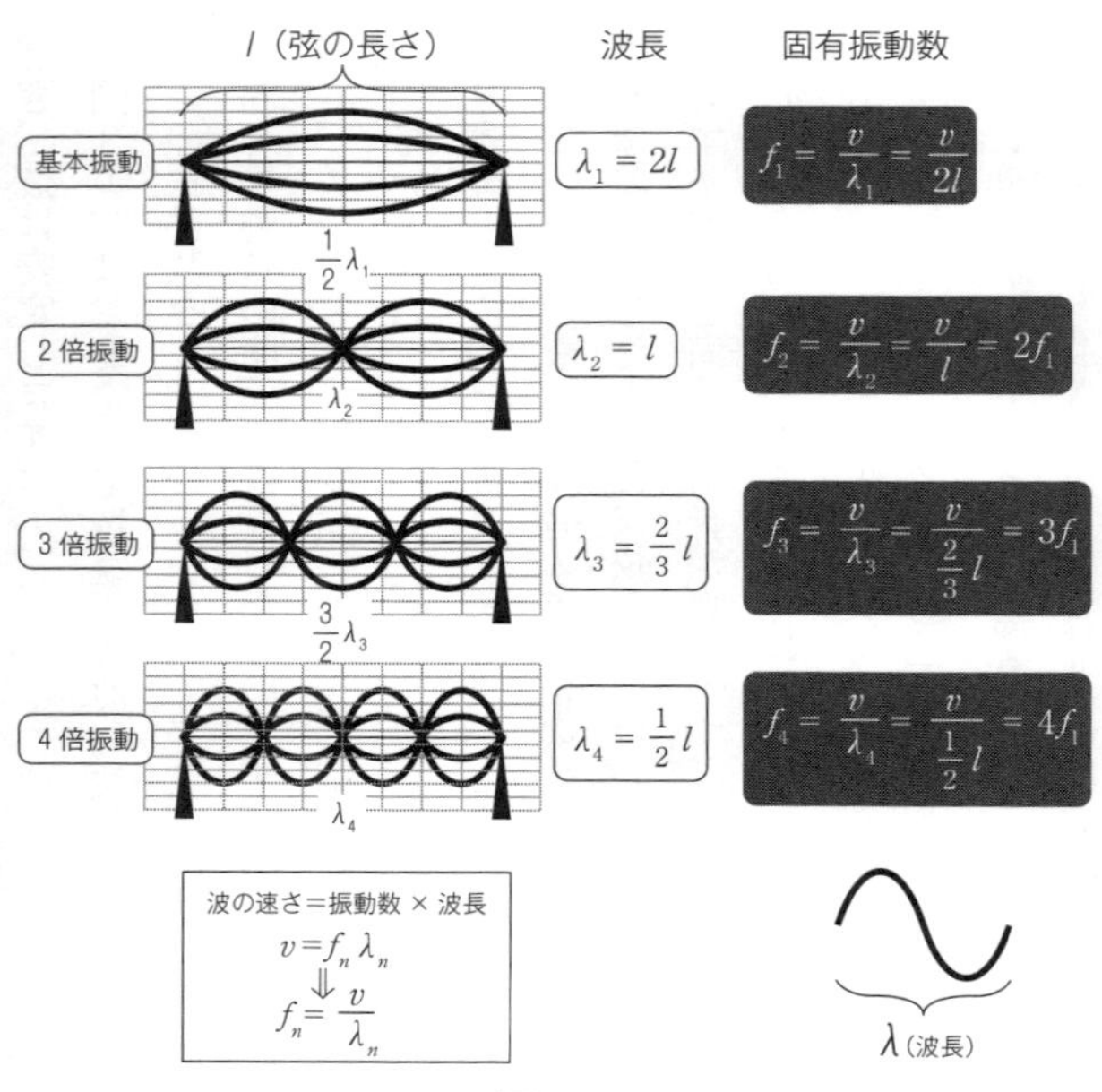

l（弦の長さ）
波長
固有振動数
基本振動
$\frac{1}{2}\lambda_1$
$\lambda_1 = 2l$
$f_1 = \frac{v}{\lambda_1} = \frac{v}{2l}$
2 倍振動
λ_2
$\lambda_2 = l$
$f_2 = \frac{v}{\lambda_2} = \frac{v}{l} = 2f_1$
3 倍振動
$\frac{3}{2}\lambda_3$
$\lambda_3 = \frac{2}{3}l$
$f_3 = \frac{v}{\lambda_3} = \frac{v}{\frac{2}{3}l} = 3f_1$
4 倍振動
λ_4
$\lambda_4 = \frac{1}{2}l$
$f_4 = \frac{v}{\lambda_4} = \frac{v}{\frac{1}{2}l} = 4f_1$
波の速さ＝振動数 × 波長
$v = f_n \lambda_n$
⇓
$f_n = \frac{v}{\lambda_n}$
λ（波長）

図 3-23

弦楽器の弦を弾くと、弦は固有振動で振動し、まわりの空気を同じ振動数で振動させるため、弦の固有振動数と同じ高さの音を生み出します。しかし、細い弦だけでは十分に空気を振動させることはできません。ヴァイオリンやギターといった楽器の音が大きなホールの一番後ろの人にも届くのは、弦の振動が楽器のボディに伝わり、ボディ全体が振動することで空気を揺らすからです。楽器全体が共鳴板の役割をして、弦の振動を何倍にも増幅して空気に伝えているわけです。

弦に限らず振動する物体はすべて大きさや形などによって固有振動数が決まっており、それと同じ振動数で外力が働くと振動が始まります。これを**共振**（resonance）といいます。また、共振によって大きな音が出る現象を**共鳴**（resonance）といいます。[※]

※英語では共振も共鳴も resonance

†ドップラー効果

お風呂で遊ぶゼンマイ仕掛けのアヒルのおもちゃを想像してください。ゼンマイを巻いてお風呂に浮かべると、アヒルは湯船の中を進み、水面にはばたつかせる足元を波源とする円形の波ができます。図3－24はこのときの様子を模式的に表したものです（もちろん

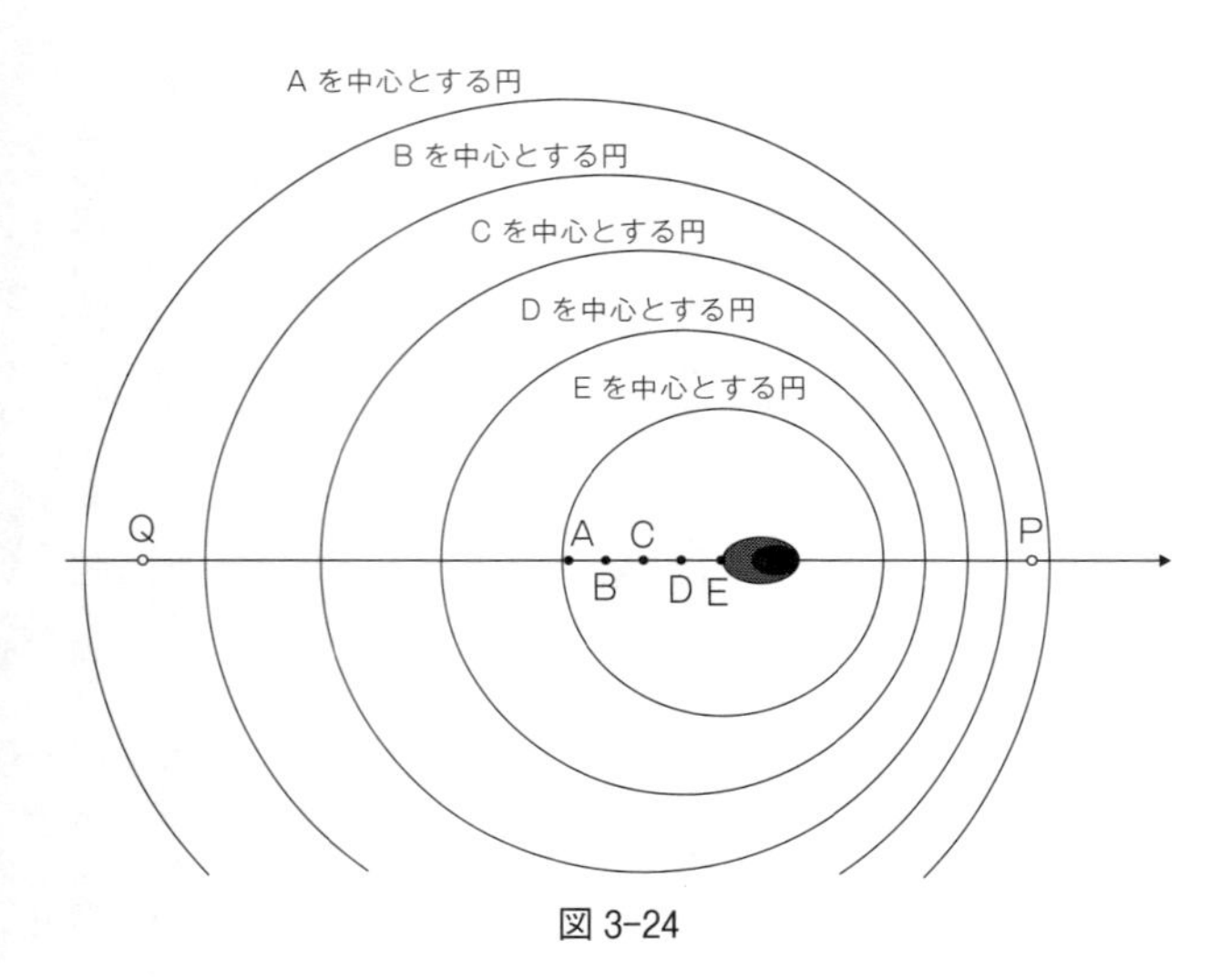

図 3-24

実際にはこんなに整った模様にはなりませんが……)。

ここで注目して頂きたいのは、アヒルの前方のP地点で観測する波長（山から山の距離）とアヒルの後方Q地点で観測する波長の違いです。明らかに**Pで観測する波長は短く、Qで観測する波長は長い**ですね。

一方、波が水面を伝わる速さの方はどうでしょうか？　アヒルが動く分だけ、波の速さも影響を受けるでしょうか？

そんなことはありません。ベルトコンベアに物を運ばせるとき、ベルトコンベアの横を歩きながら物を置いたとしても、ベルトコンベアが運ぶスピードには影響しないのと同じです。

さて、もう何度も使っていますが、波の速さと振動数と波長の間には「波の速さ＝振動数×波長」という式が成り立つのでしたね。これは、波の速さが変わらないのなら、波長の短いPでの振動数は大きくなり、波長の長いQでの振動数は小さくなることを意味します（波の速さが一定のとき、振動数と波長は反比例の関係にあるからです）。

このように、**波源や観測者が移動するとき、その波の振動数が変化して観測される現象**を**ドップラー効果（Doppler effect）**といいます。

音波の場合、振動数が大きければ高い音、振動数が小さければ低い音になるので、ドップラー効果は音の高低に表れます。救急車が近づいてくるとサイレンが高く聞こえ、遠ざかるときには低く聞こえるのも、電車に乗っているときに、踏切の「カーン・カーン」という音が踏切を通過する前には高く聞こえ、踏切を通過したあとには低く聞こえるのもドップラー効果です。

観測者から見た波源の速度（相対速度）が大きいほど、ドップラー効果における振動数の変化も大きくなります（ドップラー効果の数式はこのあと「数式の博物館⑦」で紹介します）。野球のスピードガンや車の速度違反を取り締まる測定装置はドップラー効果を利用した技術です。

私たちが生活の中でドップラー効果を感じるのは、音に関する現象が多いと思います。しかし、オーストリア人の物理学者**クリスチャン・ドップラー**（1803―1853）が1841年に発表したのは光に関するドップラー効果でした。ドップラーは夜空に輝く星（恒星）の色が違うことをこれによって説明しようとしていたのです。次節で詳しくお話ししますが、当時、ニュートンによって光は波であり、光の色の違いは光の波長の違いであることは分かっていました（波長が短いほど青く、波長が長いほど赤い）。それならば、星が地球に対して近づく時は波長が短くなって青い光になり（青方偏移といいます）、星が地球に対して遠ざかるときは、波長が長くなって赤くなる（赤方偏移といいます）のではないかと考えたのです。

後になって、残念ながら恒星の色の違いはドップラー効果によるものではなく、表面温度の違いによるものであることがわかりましたが、現代における銀河の速度の測定にはまさにドップラー効果が使われています。また、アメリカの天文学者**エドウィン・ハッブル**（1889―1953年）が、宇宙が膨張し続けていることに気づいたのも、遠くの銀河ほど波長が長い（赤方偏移している）ことに気づいたからです。

ちなみにドップラーは自身の発見したドップラー効果は、音波についても成立するはずだと考えていました。でもこれを実証したのはクリストフ・ボイス・バロット（1817―1890）というオランダの気象学者です。

当時は救急車など身近にドップラー効果を感じられる乗り物はありません。そこで実験には（当時最も速い乗り物だった）蒸気機関車が使われました。バロットは耳の良い音楽家を15人集めて蒸気機関車の中で吹くラッパの音を聞かせたり、逆に蒸気機関車に乗せてプラットホームで吹くラッパの音を聞かせたりしたそうです。結果はもちろん「確かに理論通りに高く聞こえたり、低く聞こえたりする」というものでした。

数式の博物館⑦　ドップラー効果の公式を導く

(i)　音源が動くとき

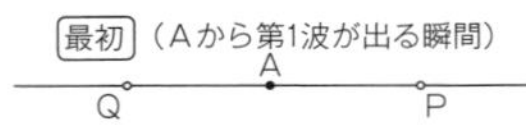

T秒後（Bから第2波が出る瞬間）

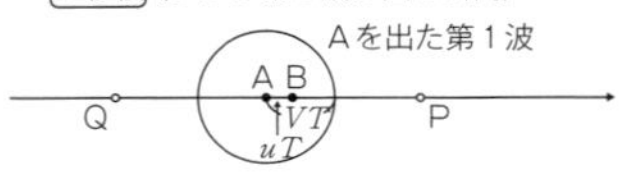

t秒後（Aを出た第1波がPやQに着いた瞬間）

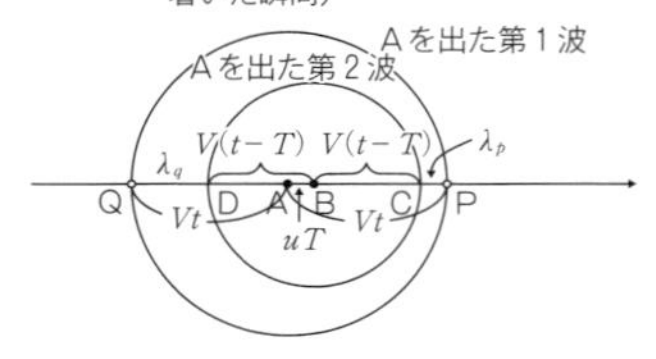

音速をV、周期をT、音源の速度をuとします。また点Aから等距離の点PとQに観測者が静止しています。

最初、音源は右の図の点Aにいて、まさに第1波が出ようとしています。Tは周期なので、T秒後に第2波が出ます。T秒後に音源はBにいることにすると、音源の速度はuなので、AB＝uTです。さらに最初から測ってt秒後にAを出た第1波はPやQに、Bを出た第2波はCやDに致着することにすると、AP＝AQ＝Vt、BC＝BD＝$V(t-T)$です。以上より、観測者Pにとっての波長λ_pは

$$\lambda_p = Vt - uT - V(t-T) = VT - uT = (V-u)T$$

Pにとっての振動数をf_p、波長をλ_p、音源のもともとの振動数をf_0としましょう。$V=f_p\lambda_p$、$T=\dfrac{1}{f_0}$なので

$$\lambda_p = (V-u)T \Rightarrow \frac{V}{f_p} = \frac{V-u}{f_0} \Rightarrow f_p = \frac{V}{V-u}f_0$$

と求められます。同様に観測者Qにとっての振動数をf_qとすると、次式を得ます。

$$f_q = \frac{V}{V+u}f_0$$

(ii) 観測者が動くとき

音速を V、周期を T とします。

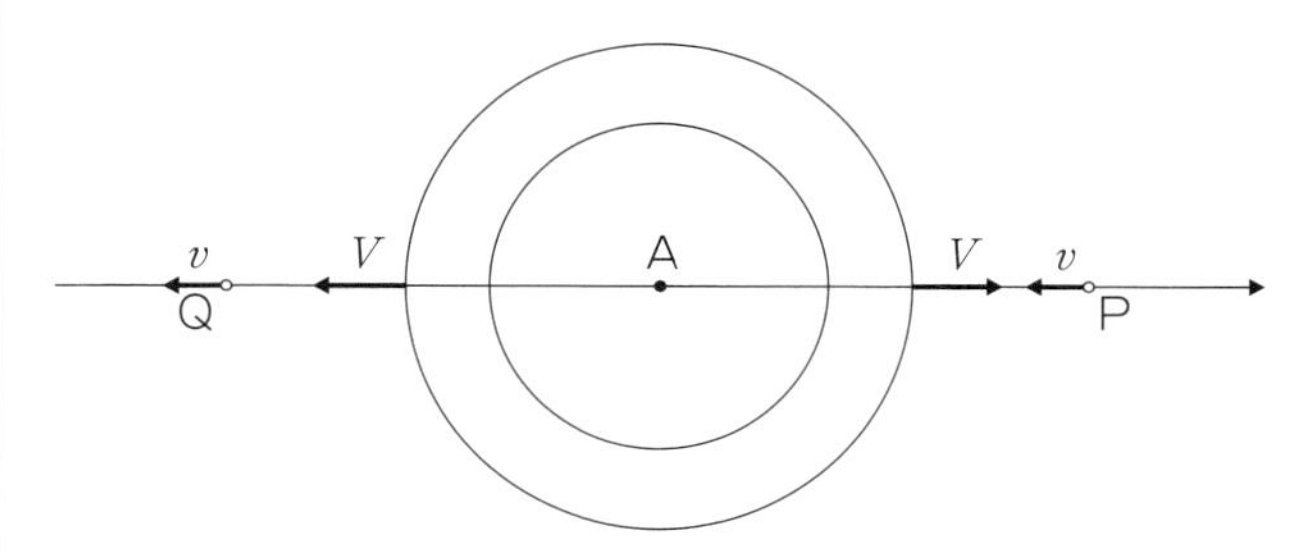

音源は上の図の点Aに静止していて、観測者Pは音源に近づく方向に速度 v で移動しているものとします。一方、観測者Qは音源から遠ざかる方向に速度 v で移動しています。

観測者Pにとっての振動数を f_p、波の速さを V_p、音源のもともとの波長と振動数をそれぞれ λ と f_0 にしましょう。

$V_p = f_p\lambda$、$V_p = V + v$、$V = f_0\lambda$ なので、次式を得ます。

$$f_p = \frac{V_p}{\lambda} = \frac{V+v}{\dfrac{V}{f_0}} = \frac{V+v}{V} f_0$$

同様に観測者Qにとっての振動数を f_q、波の速さを V_q、とすると、$V_q = V - v$ なので

$$f_q = \frac{V_q}{\lambda} = \frac{V-v}{\dfrac{V}{f_0}} = \frac{V-v}{V} f_0$$

です。

コラム

悪魔の楽器「アルモニカ」

ガラス製のコップにいくらかの水を入れ、コップの縁を濡れた指でこすると、大きな音が鳴ることがありますね。コップの中の空気も、弦と同じく**固有振動数**（183頁）を持っているので、指とグラスで起きる摩擦の振動がこれと一致するとき、**共鳴**（187頁）が起きて大きな音が出るのです。コップに入れる水の量を調節すれば「ドレミファソラシド」の音階を作ることもできます。いわゆるグラスハープはこれを応用した楽器です。

グラスハープを更に発展させた**アルモニカ**という楽器があることをご存じでしょうか。アルモニカ（armonica）という名前は、イタリア語で「共鳴を」を表すarmoniaに由来します。アルモニカは、「アメリカ合衆国建国の父」の一人であり、雷が電気であることを発見したことでも知られる**ベンジャミン・フランクリン**（1706—1790）によって発明されました。アメリカ合衆国で発明された最初の楽器です。

アルモニカは、発表されるや否やたちまち評判になりました。「何たる天上的な声色」、「今世紀の音楽界に現れた最も素晴らしい贈り物」などと激賞され、モーツァルトやベートーヴェン、サン＝サーンスといった大作曲家たちがアルモニカのために作曲した曲も残っています。

にもかかわらず、現代においてアルモニカという楽器が広く演奏されているとは言えないのはなぜでしょうか。それは、ある時期からこの楽器が「悪魔の楽器」と呼ばれるようになってしまったからです。

アルモニア

ことの発端はアルモニカに熱中する人の中からうつ病や痙攣などを訴える人が出てきたことです。今では因果関係はまったく立証されていませんが、当時はそうした精神障害や神経障害をアルモニカのせいにされてしまったのです。また、アルモニカの演奏会の最中に幼い子供が亡くなるという不幸な事故も起きてしまいました。やがて、アルモニカはその特徴的な甲高い音色によって「死者の魂を呼び寄せてしまう」とまで言われるようになります。いつの世も集団心理というのは恐ろしいもので、結局ドイツでは警察当局によってアルモニカの演奏が全面的に禁止されました。

ベンジャミン・フランクリンは死の直前まで自らが発明したこの楽器の演奏を続けたようですが、19世紀の中頃にはほぼ廃れてしまいます。しかし、1980年代には復興され、その美しい音色に日本でもファンが増えつつあるようです。

3 光

音についての研究と同じく、光についての研究の始まりも古代ギリシャ時代までさかのぼります。その成果のひとつとして、共和政ローマとカルタゴが戦った第二次ポエニ戦争における「アルキメデスの熱光線」の故事は特に有名です。カルタゴに対して圧倒的な兵力差を誇るローマ艦隊はシラクサ（シチリア）を奪還しようと包囲していました。この窮地に際し、カルタゴ側の防衛に参加していた**アルキメデス**が巨大な鏡を使って太陽光を集め、焦点を敵艦に合わせて火災を起こすことでローマ軍を退けたというエピソードを、聞いたことがある方は多いのではないでしょうか？

アルキメデスはこの他にも様々な兵器を開発してカルタゴ陣営に貢献しましたが、この戦争の最中、ローマ軍の兵士によって殺害されてしまいます。自宅に侵入したローマ軍の兵士が地面に書いてあった図を足で踏んだことに、アルキメデスが「私の図を壊すな！」と激高したことが原因のようです。実はローマ軍の将軍マルケッルスは、アルキメデスの評判を知っていて、ゆくゆくは自軍に引き入れようと企んでいました。そのためアルキメデスには危害を加えないように伝達していたそうなのですが、残念ながらその周知が不十分だったのでしょう。

†粒子説と波動説

光についての研究の歴史を紐解くと、ピタゴラス、アリストテレス、ユークリッド、ガリレオ、ニュートン、アインシュタイン……といった大科学者の名前が綺羅星のごとく登場します。光は身近な物理現象であると同時に、多くの発見と錯誤を生み出した摩訶不思議な物理現象なのです。ここではその研究の歴史を粒子説と波動説という2つの説の対立を軸に概観してみたいと思います。

光についての最初の研究は「視覚」についてのものでした。**ピタゴラス**は、物体から出た粒子が目に入ると考えました。一方、**アリストテレス**は、光は実体ではなく、作用の伝達であり、目から出た「視線」が物体に反射されると論じました。

現代風の用語で言い換えれば、これは**光を粒子と捉えるか波動と捉えるかの違い**です。当時はまだ波動の概念はありませんでしたが、なにかしらの作用（他に影響を与える働き）が伝播すると考えるのは、波動の概念の原型であると言っていいでしょう。

「視覚」に限定せず光そのものを研究した最初の人物は**ユークリッド**（紀元前330？—紀元前275？）だと言われています。ユークリッドは光の直進性や反射の法則について述べ、光の屈折も発見しました。ユークリッドと言えば幾何学を中心にまとめた『原論』を著し、後世の科学的思考法に多大な影響を与えたことでよく知られていますが、彼の幾何学における成果は光の性質についての研究が基になっているという説もあります。

光の**直進性**というのは、文字通り**光は常に直進し、曲がることはない**という性質のことです。また**反射の法則**（law of reflection）とは、図3-25のように、鏡などで**反射するときには入射角**（angle of incidence）**と反射角**（angle of reflection）**が等しくなる**ことをいうものです。どちらも現代の私達からすると、当たり前のように感じますね。でも実はまったく当たり前ではありません。実際、つい最近の研究で、アインシュタインの予言どお

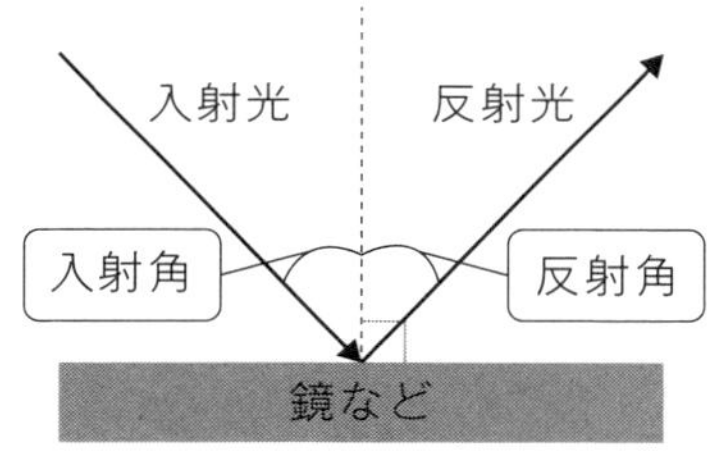

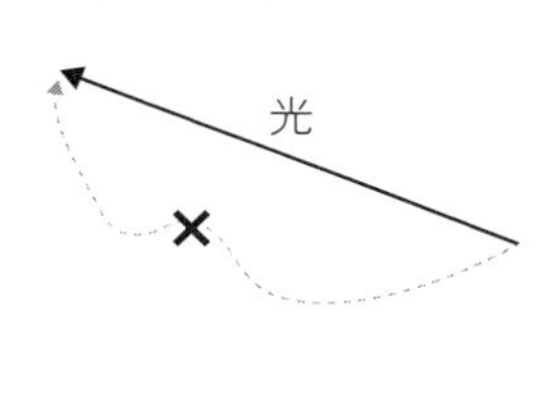

図 3-25

り、重力によって光は曲げられてしまう（直進しない）ことが実証されました。また反射の際になぜ入射角と反射角が等しくなるのかを屈折の法則とともに統一的に説明できるようになるのは17世紀の後半のことです。

水の中に入れたコインが本当の位置よりも浮き上がって見える現象等で知られる光の屈折についてはプトレマイオス（紀元後83？―168）も実験で確認し、星の光も大気圏に入ると屈折するはずだから星は実際より高く見えると書いています（次頁図3－26参照）。

その後光についての研究は屈折という現象を解き明かすことが中心になっていくのですが、大きな進展が見られるまでには長い年月を要しました。

17世紀になるとレンズの屈折を利用した顕微鏡や望遠鏡が作られるようになります。オランダのメガネ職人サハリアス・ヤンセン（1580？―1638）は父親と共に顕微鏡を発明しました。**ケプラー**は対物レンズと接眼レンズに凸レンズを用いるケプラー式望遠鏡、**ガリレオ**は接眼レンズを凹レンズにして小型化したガリレオ式望遠鏡をそれぞれ発明しています。ガリレオは光の速度を測定しようともしました。残念ながら実験は失敗に終わりますが、光の速さを有限と捉え、調べられるはずだと考えたのは画期的なことでした。

光の屈折を法則として確立したのは、オランダの物理学者**ヴィレブロルト・スネル**（1580—1626）です。スネルは実験と観測を通して図3－27の**入射角と屈折角**（angle of

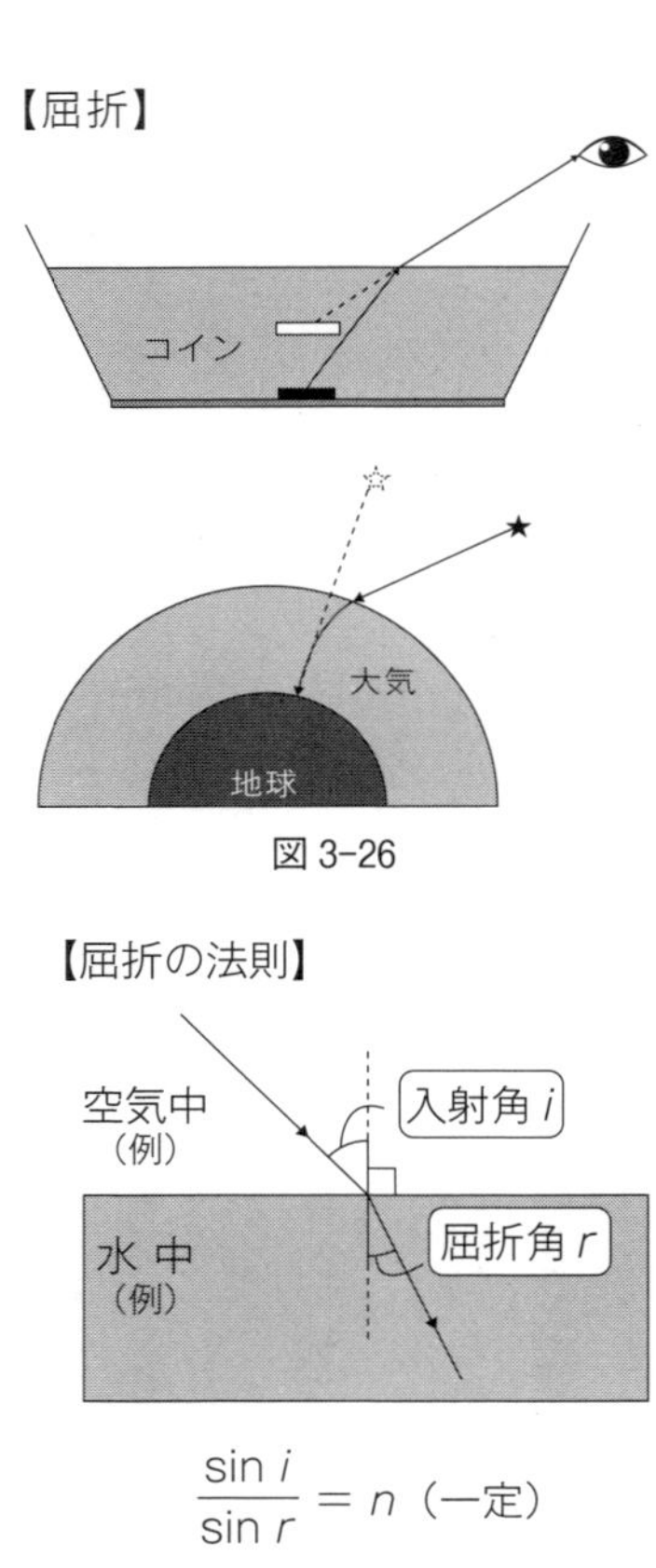

図 3–26
図 3–27

refractive）の間に一定の関係が成立するという屈折の法則（law of refraction）を発見しました。屈折の法則は別名を「スネルの法則」ともいいます。

この頃、ピタゴラスとアリストテレスの考え方の相違を端緒とする、光は粒子であると考える一派と波動であると考える一派の対立が激化します。粒子説を唱えていた**デカルト**は、光という粒子は異なる媒質の中を異なる速度で進むと考え、これを理由にスネルとは独立に同じ法則を導きだしました。ただし、粒子説によって屈折を説明するためには、光は空気中よりも水中の方が速い必要があり、後にこの仮説が粒子説と波動説の勝敗を決することになります。

ニュートンは、自身が行ったプリズムの分光実験により、「**光は色によって屈折の度合いが異なる**」ことと、「**太陽の白色光は、すべての色の光が混ざったものである**」ことをつき止めました（図3－28）。そして物の色とは表面で反射された光の色であり、他の色の光は物体に吸収されたり、物体を透過したりすることを明らかにしました。こうした光の性質は、光が単なる「作用」ではなく実体を持つことの証左であると思われたのでしょう、ニュ

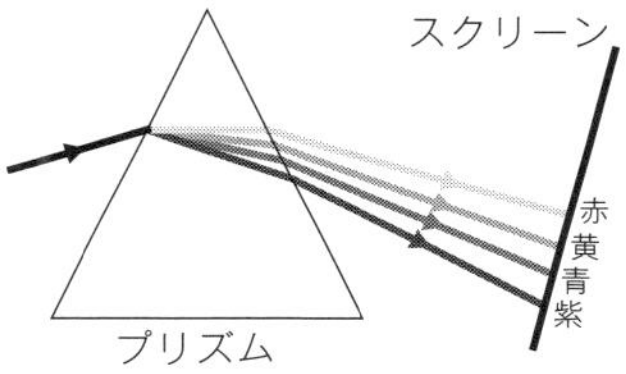

図 3-28

ートンもまた光は粒子だと考えました。そして力学的観点から、デカルトと同じく光速は空気中よりも水中の方が速くなることを前提に、屈折の仕組みを解説しています。

第一章で**フック**とニュートンは犬猿の仲であったと紹介しましたが、そのきっかけは光についての考え方の違いでした。**フック**は、宇宙空間には「エーテル」と呼ばれる微細な物質に満たされていて、エーテルの振動が伝わることで光が伝播すると考え、波動説を支持していたのです。

ニュートンが粒子説を唱えるより前に、オランダの物理学者**ホイヘンス**（87頁）は、凸レンズで日光を集めるとモノが燃えるという現象において、もし光が粒子なら複数の光は衝突して互いに跳ね飛ばされるはずではないかと疑問をもち、フックの考え方に賛同しました。そして、反射の法則と屈折の法則を統一的に説明する**ホイヘンスの原理**（次頁）を考え出しました。なおこの原理によると、光速は水中の方が空気中よりも遅くなります。

ホイヘンスの原理による説明は明解なのですが、ニュートンは当時の科学界の権威でしたから18世紀の間は粒子説が支配的でした。その後、イギリスの医師であり物理学者であった**トマス・ヤング**（1773―1829）**の実験**によって、光は**回折**（後述：205頁）や**干渉**という波動性を持つことが確認されます。さらに地球の自転を証明する「フーコーの振り子」で有名なフランスのレオン・フーコー（1819―1868）が、水中の光速は空気中よりも遅いことを実験で確かめたことが決定打となり、19世紀には光は波動であると結論されました。

ところがまだ話は終わりません。粒子説は20世紀にアルベルト・アインシュタイン（1879―1955）が「光は振動数に比例するエネルギーを持つ粒である」と主張するいわゆる「光量子仮説」を唱えたことによって再び息を吹き返します。

現代では光は電磁波と呼ばれる波動であり、同時に粒子でもあるとされています。これについては次章の「電磁気学」で改めてお話しします。

†ホイヘンスの原理

水面に小石を投げ込むと、波の山や谷をひとつながりにした曲線円形となってその半径を増加させながら広がっていくのが見えますね。この曲線を**波面**（wave front）といいます。**波面は波の進行方向に対して垂直**です。波面が円形や球面になるものを**球面波**、長い棒を水面に浮かべて、棒を上下させたときにできる直線状の波面を**平面波**といいます。

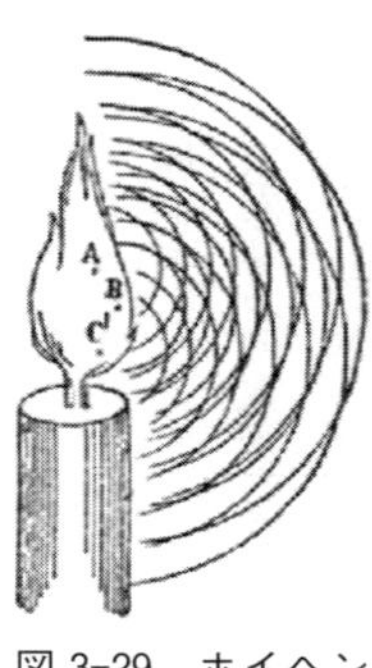

図 3-29　ホイヘンスが自身の論文に書いた「素元波」
出典：https://goo.gl/Atkte3

前述の通りホイヘンスはフックに賛同し、光を「エーテル」という媒質内を伝わる波だと考えていたので、エーテルの構成粒子それぞれの振動が波源になるはずだと考えました（図3-29）。すなわち

「進行する波からは、たえずその波面上の各点を波源とする波が生まれ、これが重なりあって新しい波面をつくる」

と考えたのです。そして「各点を波源とする波」を**素元波**（elementary wave）と呼びました。これを**ホイヘンスの原理**（Huygens' principle）といいます。

図3-30のⓐとⓑは、それぞれ平面波と球面波の波面を表しています。ホイヘンスの原理によれば、波面AB上の各点から素元波が生まれるわけですが、この素元波の速さをvとすると、時間t秒後には半径vtの素元波が無数にできることになります。このとき、その**前面（すべての素元波に接する面）である波面A′B′が**——ABの各点からの距離が等しく

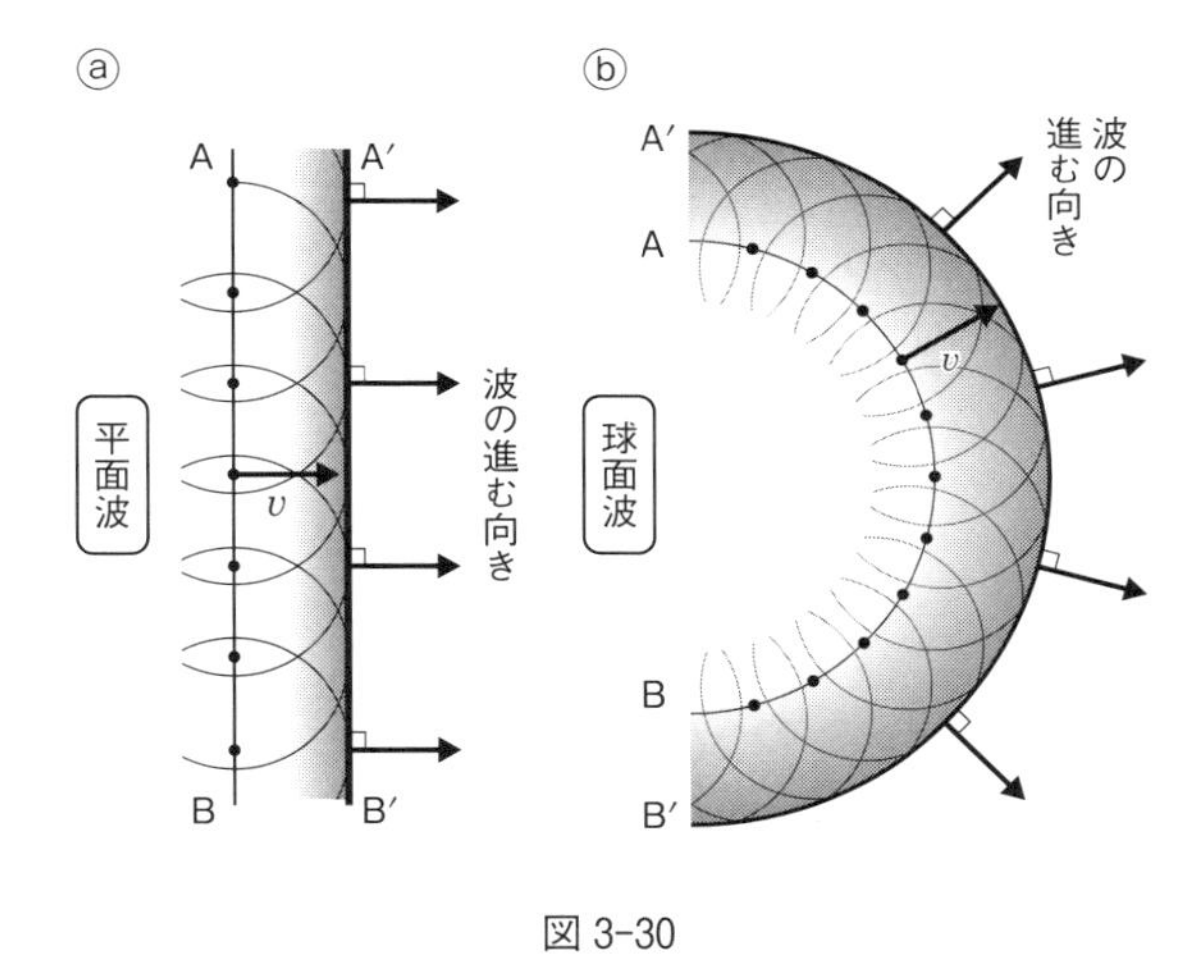

図 3-30

同位相（160頁）になるので――**次の新しい波面になります。**なおA′B′上にない点は、AB上の各波源からの距離が少しずつ違うので、互いに弱め合い打ち消し合って新しい波面にはなりません。

現在、「エーテル」の存在は否定されていますが、光は（次章で詳しくお話しする通り）電場と磁場の振動が対になって空間を伝わる横波であることがわかっていて、光の様々な性質は、ホイヘンスの原理で統一的に説明することができます。

†回折

音も光もどちらも同じ波ですが両者に

は大きな違いがあります。それは進行方向に障害物があったときの振る舞いです。たとえば道を歩いているときに、道路脇の高い塀の中から犬の鳴き声が聞こえたとしましょう。このとき、犬の姿は見えませんが声だけが聞こえてくるのはなぜでしょうか。そんなの当たり前だと思われるかもしれませんが、どちらも同じ波であるのに片方は届きもう片方は届かないというのは不思議議なことです。

この違いは、ホイヘンスの原理とそれぞれの**波長**に注目すれば説明がつきます。

図3-31にあるように、障害物と障害物の隙間に対して**波長が短いとき**には隙間に多くの素元波が並ぶため、新しくできる波面はほぼ平面波となり、障害物の後ろに回り込むことはありません。つまり波は**ほとんど直進します**。これに対し**波長が長いとき**は、隙間から生まれる素元波の数が少ないためほぼ円形に波が広がります。このときは障害物の後ろにも波が**広がります**。

波が障害物の後ろに回り込む現象を**回折**（diffraction）といいます。回折は隙間や障害物の幅に対して波長が小さいときはほとんど起きませんが、同程度以上になると目立つようになります。

可聴域の振動数は20Hz～2万Hzです（177頁）。また音速は約340mでした（174頁）。「波の速さ＝振動数×波長」ですから、３４０ｍを可聴域の振動数で割れば、可聴域の波長がわかります。だいたい１・７cm～17ｍです。音が低ければ低いほど（振動数が小さければ小さいほど）波長は長くなりますので、回折がおきやすく音は障害物の後ろに回り込むこ

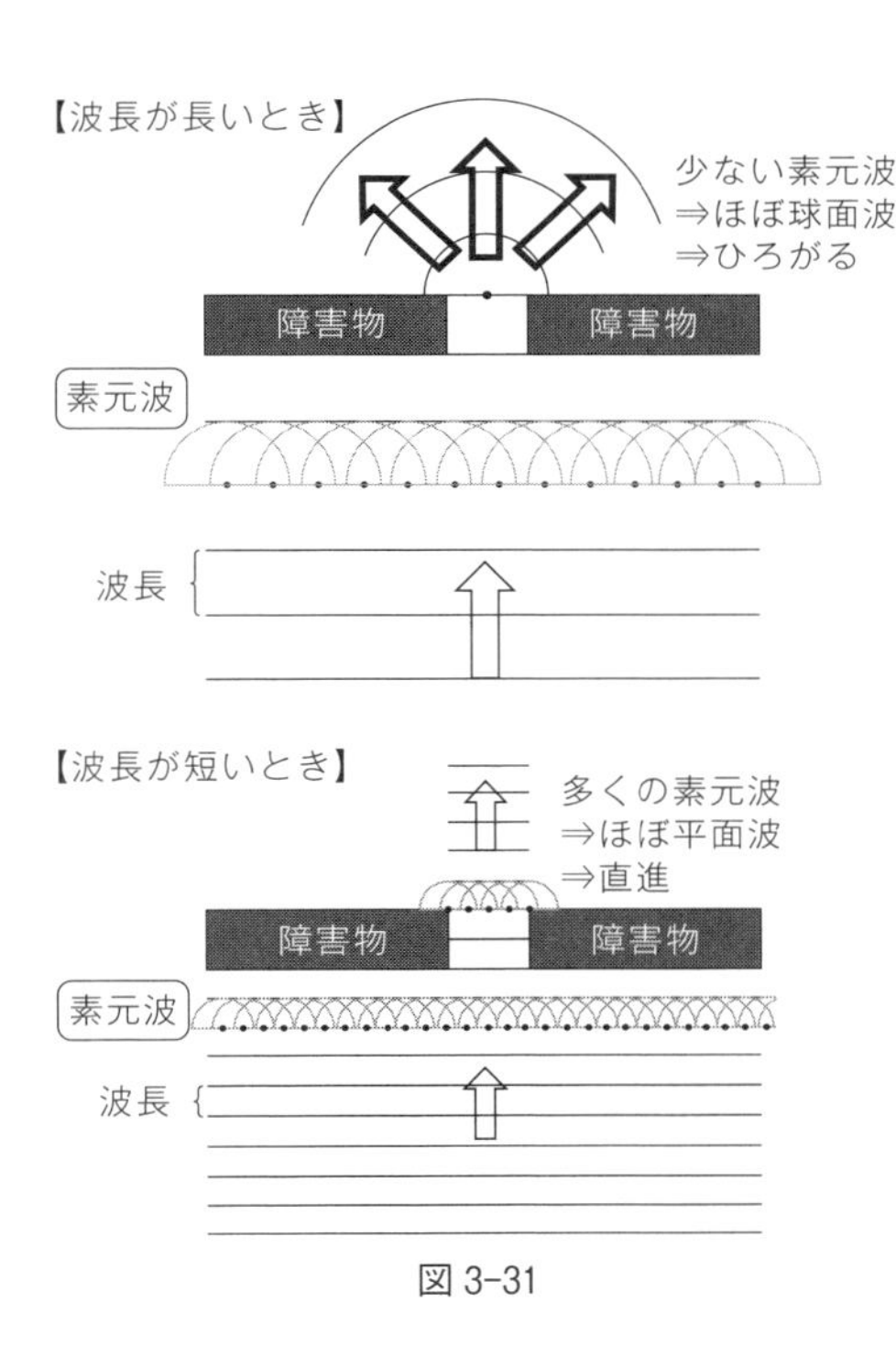

図 3-31

とができます。ホームシアターなどを作る際、高い音を出すスピーカーの位置はリスニングポジションをよく考える必要があるのに、低音を出すためのサブウーファーの位置は比較的自由に決められるのは、低い音はひろがりやすく、どこにあっても耳に届きやすいからです。

一方、可視光（後述：213頁）の波長は数百万分の一m程度（数百nm［ナノメートル、1nm＝10億分の1m］）です。隙間や障害物の幅が相当小さくないと回折は起きづらいことがわかります。太陽の光で影法師ができるのは、太陽からの可視光が（障害物を回り込むことなく）直進する証拠です。

ちなみに、次章で紹介しますが、携帯電話の電波の波長は数十cm程度なので、可聴域の音の波長と似ています。よって、障害物があったとしても人の話す声が回り込める場所なら、携帯電話の電波も届きます。

†光の屈折

光の屈折の仕組みを、媒質による光の速さの違いから少し理解しておきましょう。

真空中の光の速さは**秒速約30万km**です。これは1秒で地球を7周半する速さです。また

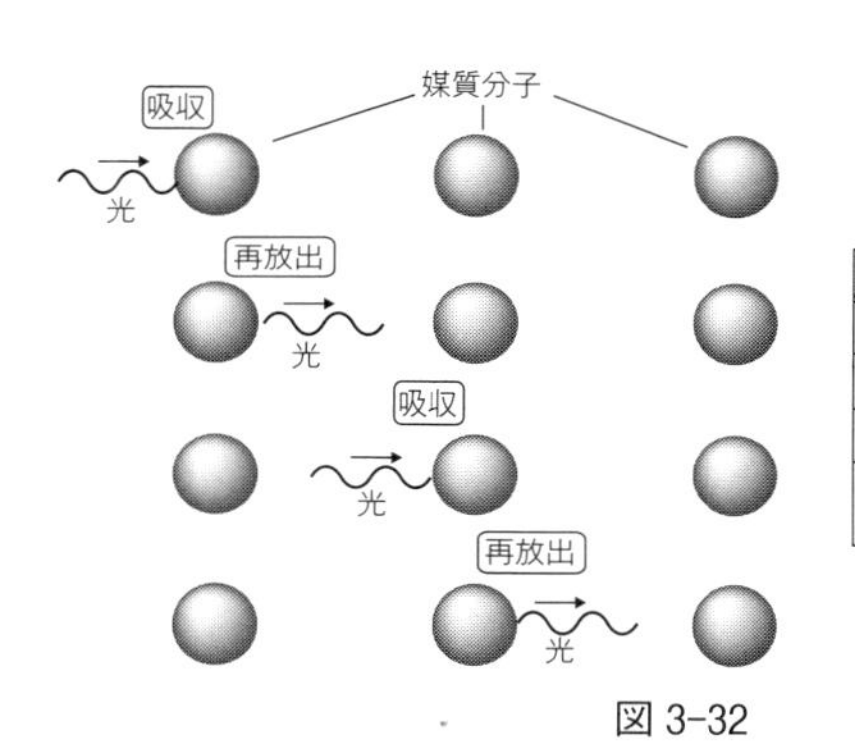

媒質	光の速さ
真空	秒速 30 万 km
空気	秒速 29.99 万 km
水	秒速 22.5 万 km
ダイヤモンド	秒速 12.5 万 km

図 3-32

月までは約1・3秒で到達します。コラムで詳しくお話する予定ですがこの真空中の光速は宇宙における「最高速度」であり、常に一定です。ただし、真空以外の媒質を通るときの光の速さは変わります。図3-32の表は、色々な媒質における光の速さをまとめたものです。厳密には、真空以外の媒質における光の速さは波長によって違うのですが、おおよそ表の通りです。**真空ではないとき、光の速さは真空より遅くなる**ことがわかりますね。

これはなぜでしょうか？　それは、図3-32のように、真空以外の媒質では、光が通る際、媒質の分子それぞれが光を吸収し再放出するというプロセスを踏むからです。これを繰り返すうちにただ真空中を進むより遅くなってしまうのです。

一般に、ある媒質中の光の速さが**真空中の光速のn**

分の1になるとき、nをこの媒質の屈折率（refractive index）といいます。ちなみに、空気中の光の速さは真空中とほぼ変わらない（空気中は約0・029％遅くなる）ため、空気の屈折率は——よっぽど厳密に計算したい場合は別ですが——「1」として考えることが多いです。

光の屈折は、異なる路面を転がる車輪に置き換えて考えることができます。棒で連結された2つの車輪が舗装されたアスファルトから砂浜へ斜めに入っていくときのことを想像してください。

片方の車輪が先に砂浜に入ると、その車輪が転がるスピードは遅くなります。しかし、このときもう一方の車輪はまだアスファルトの上にあるのでスピードが落ちません。片方の車輪が砂浜、もう片方の車輪がアスファルトにある間は、2つの車輪の転がるスピードが異なるため図3-33のように車軸（車輪をつなぐ棒）は曲がってしまいます。

ここでは、アスファルトは屈折率の小さい（光速が速い）媒質、砂浜は屈折率の大きい（光速が遅い）媒質をたとえています。また車軸は光の波面です。

なお、ホイヘンスの原理による屈折の法則の数式表現と反射の法則の説明は「数式の博物館⑧」で紹介しますので、興味のある方はそちらをご覧ください。

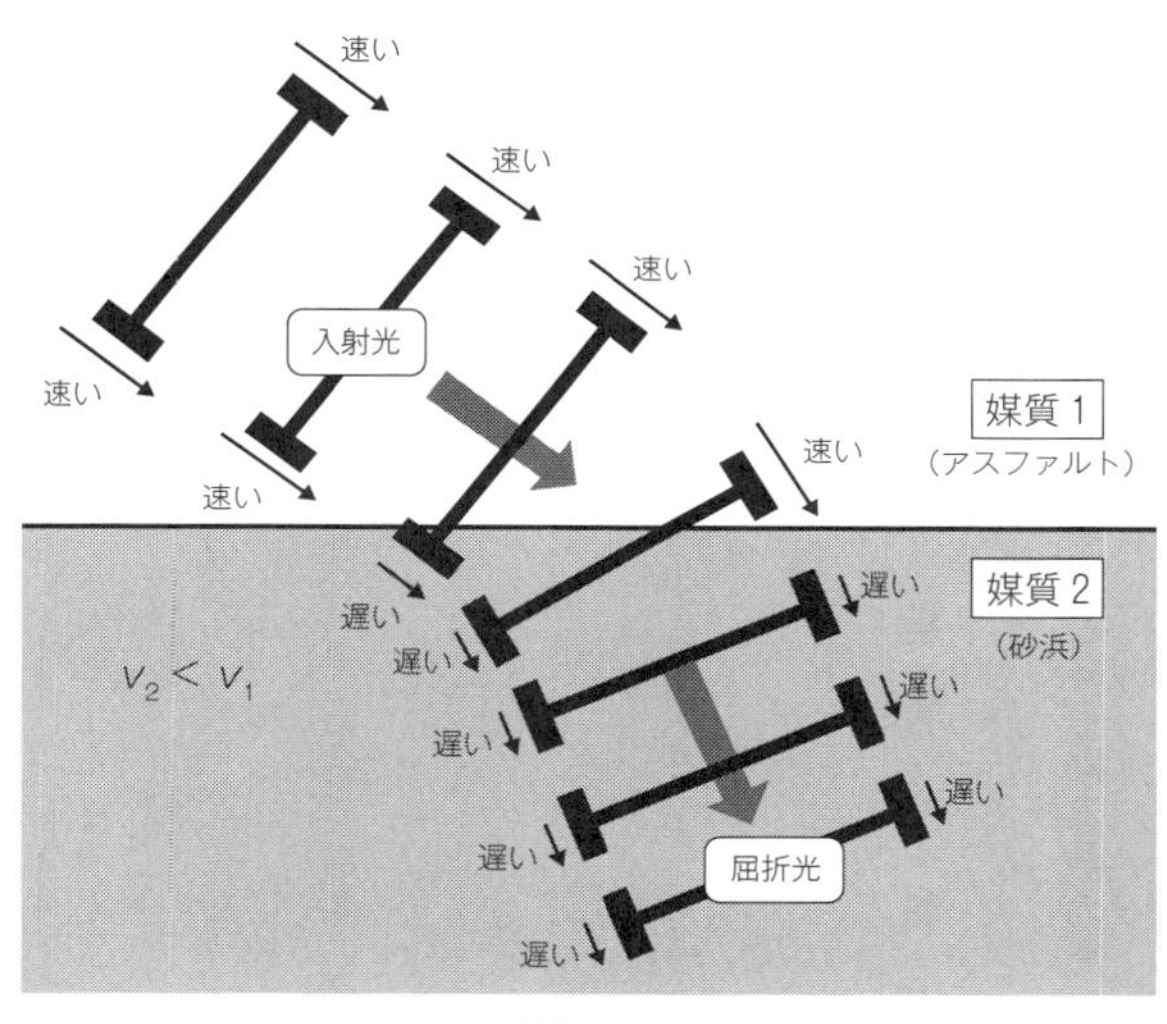

図 3-33

†虹

光についての最後のトピックスは「虹」です。

虹と言えば「赤橙黄緑青藍紫」の7色ですが、実際に虹を見て「7色もあるかな～」と思われたことはないでしょうか？　特に「青藍紫」のあたりの区別は判然としません。

実は虹の色を7つに分けたのは、ニュートンです。きっかけは、1670年代の初めに行った光の屈折についての次のような実験でした。

まず部屋を暗くしておいてから窓板に小さな穴を開け、一筋の細い太陽光だけが室内に入るようにします。次にその太陽光が通る位置に201頁でも紹介した「プリズム」と呼ばれるガラス製の三角柱を置き、屈折した太陽光が窓の向かい側の壁に当たる様子を観察します（図3-34）。

するると、屈折した光は窓壁の小さい穴から入ってきたときの5倍以上の幅となり、しかも赤〜青のグラデーションがついた美しい光の帯となりました。驚いたニュートンはこの光の帯に「現れるもの」とか「見えるもの」とか言った意味をもつラテン語にちなんでスペクトル（spectrum）と名付け、さらに詳しく調べることにしました。

図3-34
出典：https://goo.gl/gho65m

そして（前述のとおり）

①光の帯の中には「赤・橙・黄・緑・青・藍・紫」の7つの色が見える
②青い光の方が赤い光よりも屈折角が大きい
③太陽の白色光は、ありとあらゆる色の光が混ざったものである
④物の色は、その物がどの色の光を反射しやすいかによって決まる。

等をつき止めたのです。

ただし、①については本当に7つの色が見えていたわけではないと言われています。それでも無理やり(?)7色と言ったのは、「ドレミファソラシ」の各音に一つずつ対応させたかったからだとか、ラッキー7の7にこだわったからだとか諸説があります。

音に可聴域があるように、光にも見える光と見えない光があります。人に見える光のことを**可視光**(visible light)といい、可視光の波長はおよそ380nm~780nmです。なお、可聴域の範囲は振動数(20Hz~20000Hz)で言うのが普通ですが、可視光の範囲は波長で言うことが多いです。

人間の目の感度が最も良いのは可視光の中央555nm付近の緑色のあたりです(次頁図3-35)。そこをピークに波長の短い方も長い方もだんだん見えづらくなります。可視光よりも波長が短い光が**紫外線**(ultraviolet)、可視光よりも波長の長い光が**赤外線**(infra-red)です。赤外線の範囲はおよそ800nm~100万nmと幅広いのですが、2000nmくらいまでを特に近赤外線といい、家電用のリモコン等には近赤外線の光が使われています。

またニュートンが明らかにしたように、**波長の短い光**(紫~青の光)の方が屈折率は大きいので、斜めに入ってくる入射光に対して、青っぽい光の方が赤っぽい光よりも大きな角度で屈折します。次頁図3-36のグラフは、それぞれの波長に対する水の屈折率を示したものです。

一般に、白色光に含まれる赤~紫の光がそれぞれの波長に応じた角度で屈折し、いろいろな色の光に分かれることを**光の分散**(dispersion of light)といいます。

虹は空気中の水滴によって太陽光が分散されるために起きる現象です。

空気中の水滴に白い太陽光が入射すると、分散が起きて様々な色に分かれます。赤色の光の屈折率が最小であるのに対して、紫色の光の屈折率は最大です。これらのいろいろな色の光線は、水滴の奥へ進み、一部はそのまま進んで水滴を通り抜けますが、奥で反射して前面に戻ってくる光線もあります。そして戻ってきた光線が水滴の外に出るときに再び屈折が起きます。このとき、**赤色の光は太陽光とのなす角が42度の方向へ、紫色の光は40度の方向**へ出ていきます(図3-37参照)。ただし、虹を肉眼で確認するためには、一粒の水滴による屈折と反射ではとうてい足りません。無数の水滴で同様の現象が起きる必要があります。

以上のことから、雨上がりに虹を見つけたいときは次のようにしてください。まず太陽

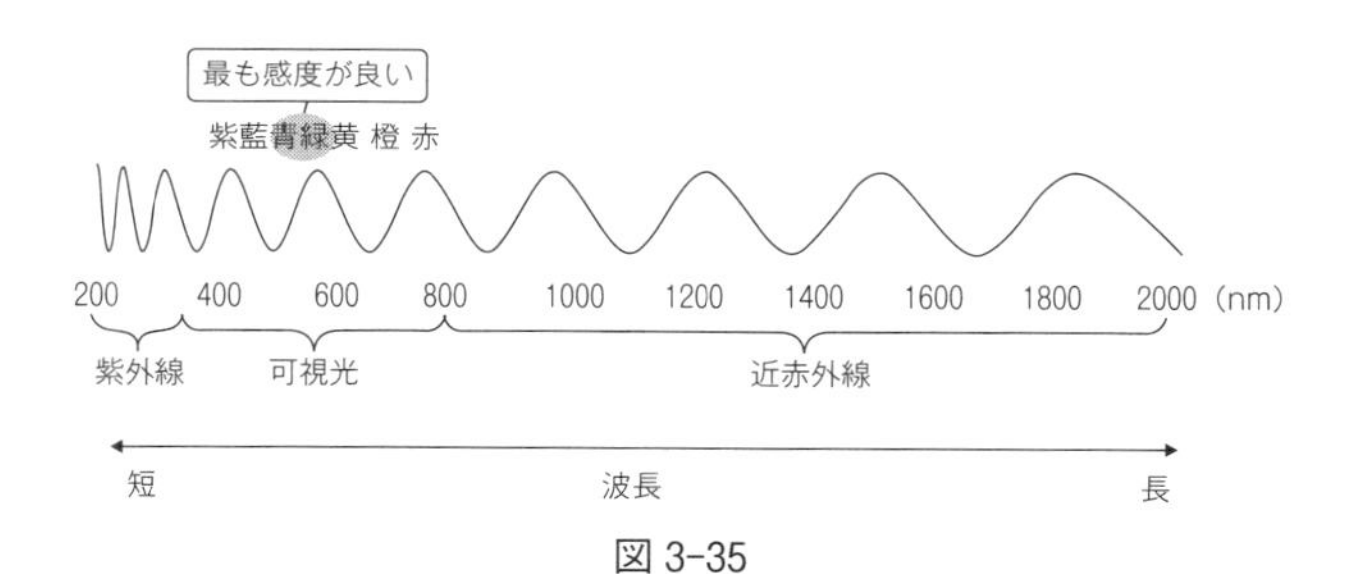

図 3-35

【可視光の波長に対する水の屈折率】

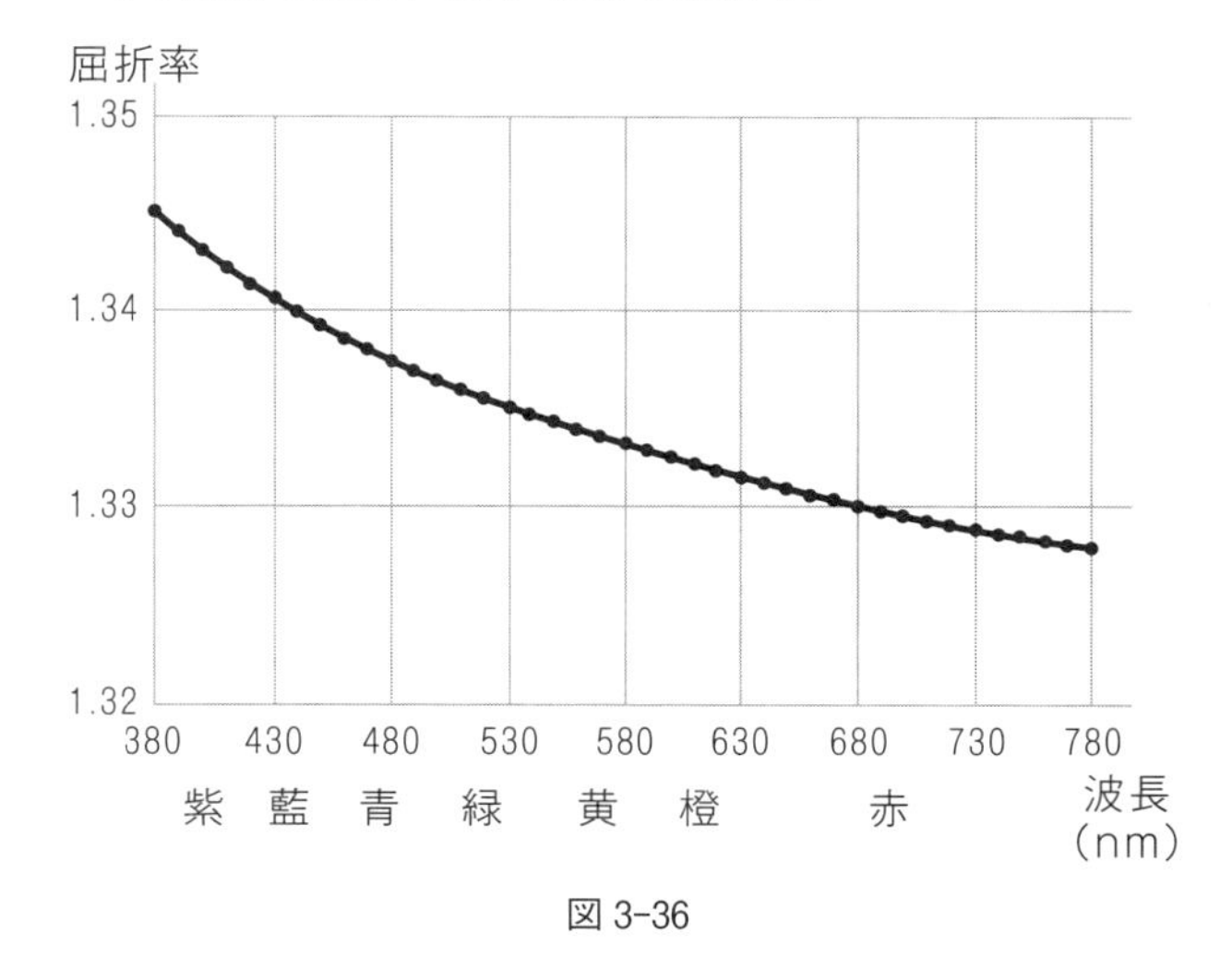

図 3-36

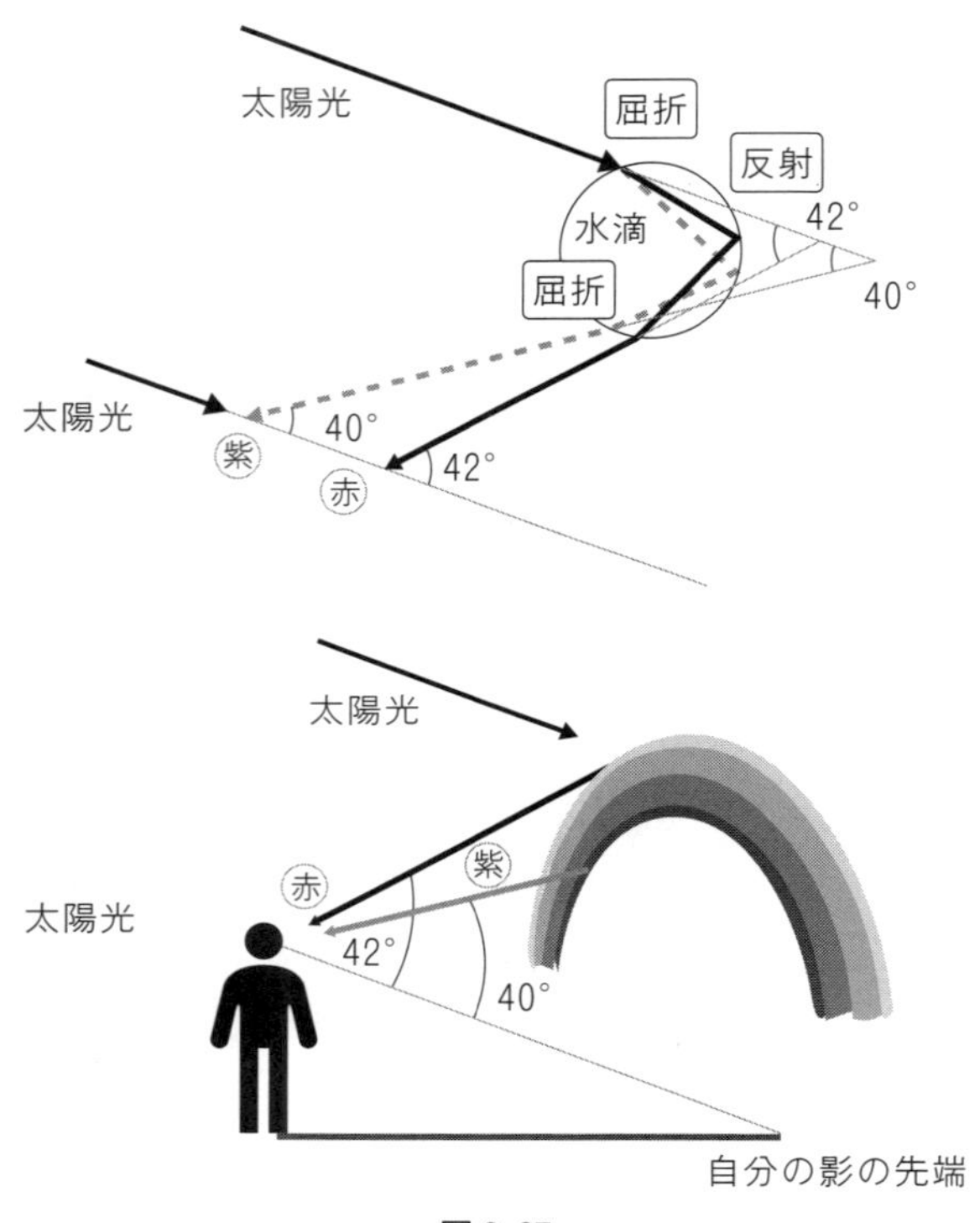

図 3-37

に背を向けて地面にできた自分の影の先端を見ます。つぎにその視線を上に40度動かせば紫の光が、さらに2度（計42度）動かせば赤い光が目に入ることでしょう（よって、虹は赤っぽい部分が上、青っぽい部分が下になります）。

なお、光が波長よりも小さい粒子に当たると、通常の反射とは異なり、四方八方に散らばります。これを**光の散乱（light scattering）**といいます。中でも波長が短いほど散乱されやすくなります。波長が長ければ回析（206頁）が起きて粒子（障害物）があってもまわりこむことができるからです。**波長の短い青っぽい光は散乱されやすく、波長の長い赤っぽい光はあまり散乱されずに進みます。**

晴れた昼の空が青いのは、太陽光が大気を通過するときに空気分子によって青系統の光が散乱するためです。その結果、紫や青の光が目に届くわけですが、人間の目は紫の光よりも青い光に対する感度の方が良いので空は青く見えます。一方、夕方になると、太陽光が大気の層を長い間通過するので、青系統の光は私たちの目に届く前に散乱されてしまい、残った赤系統の光だけが目に入ります（図3－38参照）。

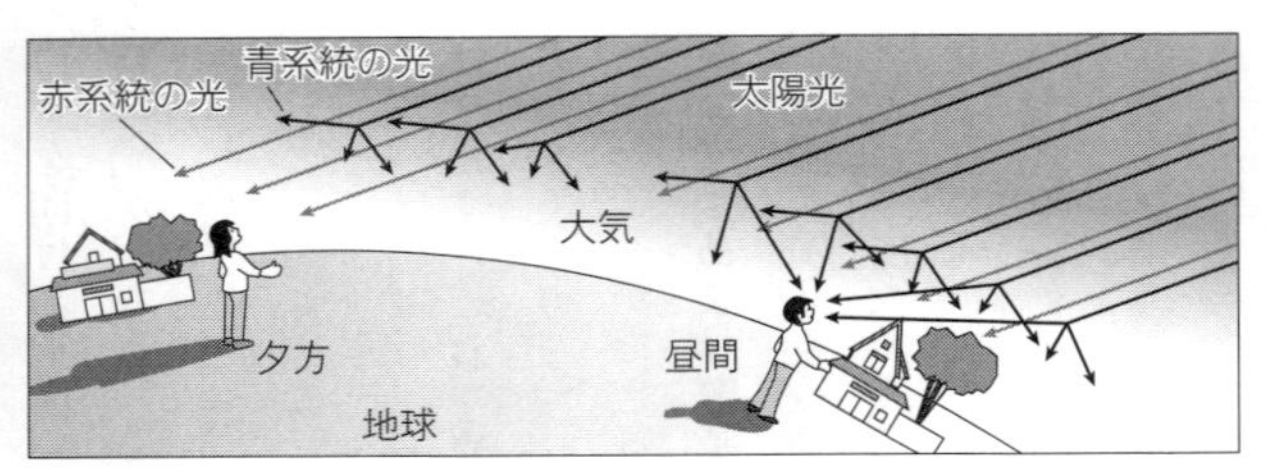

図 3-38

数式の博物館⑧
ホイヘンスの原理による屈折の法則と反射の法則

(i) 屈折の法則

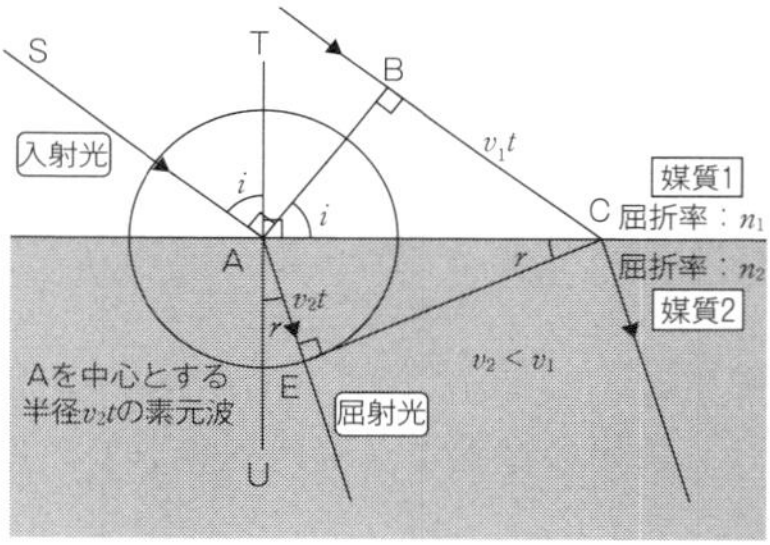

屈折率がn_1の媒質1から屈折率がn_2の媒質2に光が入っていくときのことを考えましょう。媒質1と媒質2における光の速さはそれぞれv_1、v_2にします。

上の図ではSの方向から平面波がやってきていて、ABは入射光の波面です。

今、Bの振動がCに到達するまでの時間をt秒とすると、この間にAで生まれた素元波の半径AEはv_2tになります。Aで生まれた素元波がEに達するとき、Cでは新しい素元波がまさに生まれる瞬間ですから、Cでの素元波は点（半径0の素元波）であると考えられます。

ホイヘンスの原理によると、新しい波面はすべての素元波に接する面になるということですが、それはつまり点CからEに引いた**接線CEが屈折光の新しい波面**になることを意味します。すべてに接するのなら、その中の2つの素元波にも接するはずだからです。ここで

$$入射角 = \angle SAT = i、屈折角 = \angle UAE = r$$

とすると、$\angle SAB = \angle TAC = 90°$ より

$$i + \angle TAB = 90°$$
$$\angle BAC + \angle TAB = 90°$$
$$\Rightarrow \ \angle BAC = i$$

また、$\angle UAC = 90°$ であり、$\triangle AEC$ は直角三角形なので

$$r + \angle EAC = 90°$$
$$\angle ACE + \angle EAC = 90°$$
$$\Rightarrow \ \angle ACE = r$$

です。

三角比の定義より直角三角形である△ABCと△AECにおいて

$$\frac{\sin i}{\sin r} = \frac{\left(\frac{BC}{AC}\right)}{\left(\frac{AE}{AC}\right)} = \frac{BC}{AE} = \frac{v_1 t}{v_2 t} = \frac{\left(\frac{c}{n_1}\right)}{\left(\frac{c}{n_2}\right)} = \frac{n_2}{n_1} = n_{12}$$

光速を c とすると、$v_1 = \frac{c}{n_1}$、$v_2 = \frac{c}{n_2}$

$$\Rightarrow \ \boldsymbol{\frac{\sin i}{\sin r} = \frac{v_1}{v_2} = \frac{n_2}{n_1} = n_{12}}$$

を得ます。これが屈折の法則（スネルの法則）です。

なお、$\frac{n_2}{n_1}$ で定義される最後の n_{12} は、**媒質1に対する媒質2の（相対）屈折率**といいます。

(ii)　反射の法則

下の図でBの振動がCに到達するまでの時間をt秒とすると、この間にAで生まれた素元波の半径ADはBCに等しく、v_1tです。屈折のときと同じ様に考えて、CからDに引いた**接線CDが反射光の新しい波面**になります。

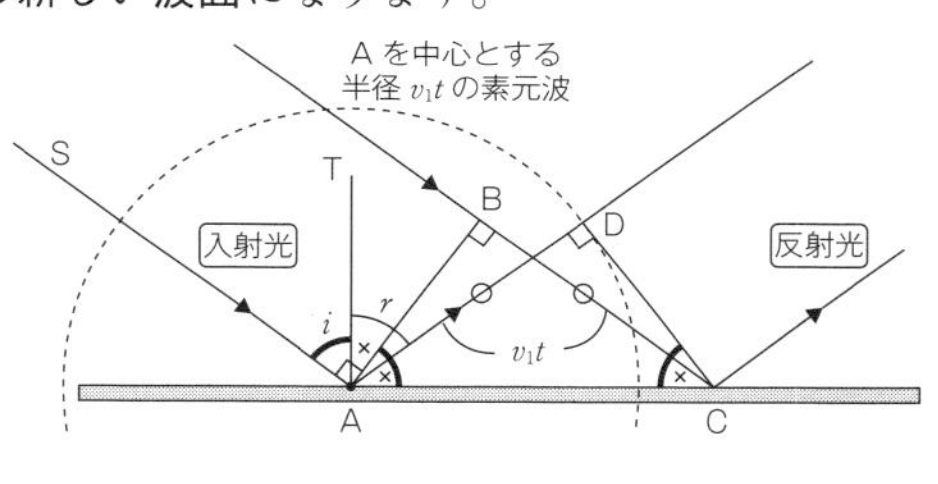

図の2つの直角三角形△ABCと△CDAは斜辺（AC）が共通でかつBC＝DAなので合同です。今、

$$入射角 = \angle SAT = i、反射角 = \angle TAB = r$$

とすると、

$$i + \angle TAB = 90°$$
$$\angle BAC + \angle TAB = 90°$$
$$\Rightarrow \angle BAC = i$$

また、△ABC≡△CDAより

$$\angle DCA = \angle BAC = i$$
$$\Rightarrow \angle DCA = i$$

さらに、∠TAC＝90°であり、△CDAは直角三角形なので上で得られた∠DCA＝iも使うと

$$r + \angle DAC = 90°$$
$$\angle DCA + \angle DAC = i + \angle DAC = 90°$$
$$\Rightarrow i = r$$

となります。これが、反射の法則です。

コラム　アインシュタインと光の速さ

たとえば、時速60kmで走る電車に並走して、同じく時速60kmで走る車があるとします。この時、車から見ると電車は「止まって」見えます。では、同じように光の速さ（秒速30万km）で動く人から見たら、光は「止まって」見えるのでしょうか？

アインシュタインは16歳のときに、このような疑問を持ちました。そして「止まった光」などありえないと考えて悩んだそうです。

当時の常識では、宇宙のどこかに「絶対座標」という完全に「静止」している座標系があって、絶対座標に対して止まっている人にだけ、光は秒速30万kmで見え、絶対座標に対して動いている人からは、光速は秒速30万kmより早くなったり遅くなったりして見える、と考えられていました。

しかし、そんな絶対座標はいったいどこにあるのでしょうか？

地球は太陽のまわりを回っているわけですが、太陽は銀河系の中の約2000億個の恒星（みずから輝く星）の1つに過ぎません。そして銀河系は回転をしており、太陽は銀河系を約2億年かけて一周します。また銀河系自身もお隣のアンドロメダ銀河などと引き合って運動しています。そこでアインシュタインは絶対座標という考え方を否定します。宇宙の中に「静止」している場所を見つけることはできないと考えたのです。

特殊相対性理論が発表される約20年前の1887年にアルバート・マイケルソン（1852―1931）とエドワード・モーリー（1838―1923）という2人のアメリカの科学者によって、地球の東西方向と南北方向で光の速さがどれだけ違うかを測定する実験が行われました。

地球は秒速約30万kmで太陽の回りを運動しています。ということは、地球の運動と同じ向きの東西方向に進む光は、地球の運動の向きに対して垂直である南北方向に進む光に比べて、地球の運動の分だけ速さが違って見えるはずです。

マイケルソンとモーリーの二人も、当然、東西と南北とで光の速さは異なるはずだと信じて測定を行いました。しかし、驚いたことに光の速さは2つの方向ともまったく同じでした。光の速さは地球の運動にまったく影響を受けないということが分かったのです。

既に絶対座標の考えを否定していたアインシュタインは、この結果を受けて「観測する場所がどんな速さで動いても、光は常に一定の速さで進むのではないか？」と考えました。つまり「光は誰に対しても秒速30万kmで進む」というのです。もちろんこれは当時の「常識」を覆すものでしたが、観測された実験結果を合理的に説明するにはこう考えるほかはありませんでした。

第1章で質量とは「物体の動かしづらさを表す物理量」であるとお話ししました（32頁）。そして、光は質量を持ちません。質量がゼロであるということは「もっとも動かしやすい」ことを意味します。つまり光速とは「自然界の最高スピード」であり、この最高スピードが不変だということなのです。

次に、アインシュタインは「距離÷時間＝速さ」で計算される光の速さが一定なのであれば、光速度の不変の謎を解きあかす鍵は、距離や時間の概念にあるんじゃないか、と考えました。時間の流れが一定だと考えることに対して疑問を持ち、空間の中の2点を結ぶ距離についても一定とは限らないと考えたわけです。常識を覆すこの考えがやがて相対性理論に繋がっていきます（巻末の特別コラムをご覧ください）。

第4章
電磁気

1　電場と電位

17世紀にケプラー、デカルト、ガリレオ、パスカル、ボイル、フック、ホイヘンス、フェルマー、そしてニュートンらが起こしたパラダイムシフト（それまでの考え方や価値観が大きく変わること）は、科学革命と呼ばれることがあります。中世的思考法から脱却し、実験によって繰り返し観察され得る現象を数理的に捉えようとする彼らの思考法は、「近代」という新しい時代の到来をもたらしました。

そんな「革命」の担い手の一人でありながら、今ではあまり名前を聞かなくなってしまった人物がいます。それが、イギリスの**ウィリアム・ギルバート**（1540—1603）です。

ギルバートが1600年に世に出した『**磁石論**』は、方位磁針が北を向くという現象に対して、地球自身が巨大な磁石であるからだという合理的な説明を与えたはじめての書物でした。ギルバートは球形の磁石を用意し、その上で小さな磁針を動かすと、その動きは、地球上で方位磁針を動かしたときとまったく同じになることを示しました。この『磁石論』によって、科学としての磁気の研究が始まったと言っていいでしょう。

ギルバートは、磁石の研究だけでなく、磁石と同じく直接触れていないのに物体どうしが引き合う現象についても興味を持ちました。私たちも小さい頃に下敷きをセーターなどでこすって髪の毛が吸い付く様子を面白がったものですが、ギルバートが注目したのもあの現象です。ただし、当時プラスチック製の下敷きなどは無いので、同種の現象を観察するのによく使われていたのは琥珀（こはく）（太古の樹脂が化石化したもの）でした。そこでギルバートは摩擦によって生じるこの力を、ギリシャ語で琥珀を表す「elektron（エレクトロン）」にちなんで「electric force（エレクトリック フォース）」と呼びました。現在「電気」のことを英語で「electricity（エレクトリシティ）」と言うのはこのためです。

ちなみに日本語の「電気」の「電」は「雷」を意味しています。ベンジャミン・フランクリン（194頁）が雷の正体は電気であることを発見したことを受けて、「雷の素となる見えないもの」のような意味で「電気」という言葉が使われだしたようです。

†静電気

皮でこすった琥珀がものを引きつけるのは、琥珀が電気を帯びるからです。

一般に、物体が電気を帯びることを**帯電**（electrification）と言い、帯電した物体に分布して貯まったまま動かない電気を**静電気**（static electricity）と言います。なお、物理では電気や電気量のことを**電荷**（electric charge）と言うことも多いです。

冬場、乾燥しているときに金属製のドアノブに触れようとした瞬間、バチッとくるのは、静電気の仕業であることをご存じのかたは多いでしょう。あれは詳しく言えば、ウールや化学繊維の衣服等に貯まった電荷が人の手を通して、ドアノブに移動しようとすることでいわゆる「火花放電」が起きる現象です。一方、夏場に「バチッ」が少ないのは、夏は静電気が貯まるような衣服をあまり着ないのと、夏場のほうが冬場よりも湿度が高いため、空気中の水分を伝って電荷が逃げるからです。

帯電した物体は引き合うばかりではありません。たとえば、琥珀のような樹脂とガラスをそれぞれ皮でこすると両者は引き合いますが、皮でこすった樹脂どうし、あるいは皮でこすったガラスどうしの場合は反発し合います。これは摩擦によって帯電する電荷には正と負の2種類があるからです。**同種**（同符号）**の電荷は互いに反発しあい、異種**（異符号）**の電荷は互いに引き合います。**このときに電荷の間に働く力を**電気力**（electric force）と言います。ちなみに、2種類の電荷を正と負に分けたのは、前述のフランクリ

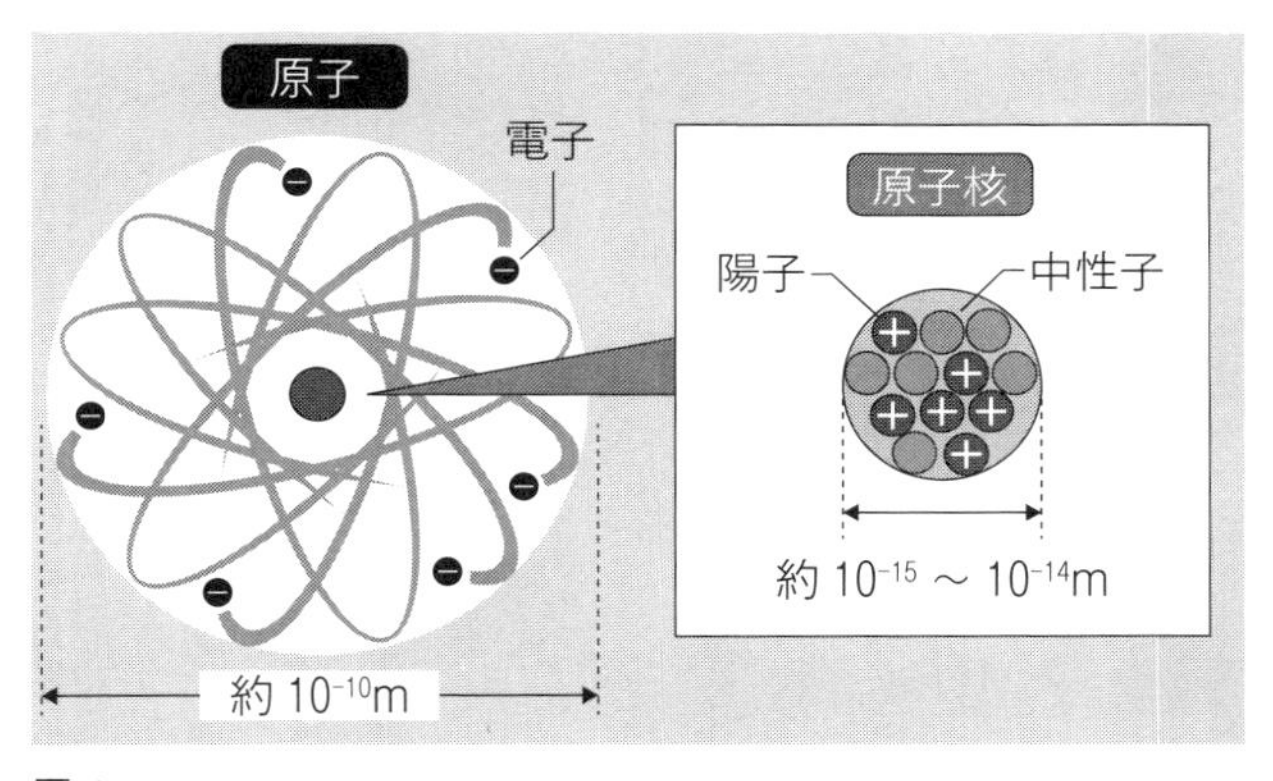

図 4-1
高等学校理科用教科書『物理』（数研出版）をもとに作成

ンです。彼はガラスに帯電する電荷を正（プラス）の電荷、樹脂に帯電する電荷を負（マイナス）の電荷と呼びました。フランクリンは、電荷に2つの種類があるのは、電荷を担う1種類の「何か」が過剰になる（プラスになる）場合と、不足する（マイナスになる）場合とがあるからだと考えていたのでしょう。しかし実際は――ずっと後（19世紀末～20世紀はじめ）になってわかる通り――2種類の電荷は、2種類の粒子が別々に担っています。その2種類の粒子が陽子と電子です。

†物体が帯電するしくみ

帯電のしくみを理解するためには、**原子**（atom）の構造を知る必要があります（図4

−1）。原子は中心にある**原子核**（atomic nucleus）とそのまわりを回る**電子**（electron）からできています。さらに、原子核は**陽子**（proton）と**中性子**（neutron）によって構成されています。

陽子は正の電気を持ち、**電子は負の電気**を持っていますが、中性子は電気を持ちません。陽子1個が持つ電気量と電子1個が持つ電子量は、符号は異なるものの、大きさは等しく**$e = 1.6 \times 10^{-19}$クーロン**（後述：236頁）であることがわかっています。これは電気量の大きさ（絶対値）の最小値であり、eは**電気素量**（elementary electric charge）と呼ばれます。電気現象は、すべて電子がもつ負の電気と、原子核内の陽子のもつ正の電気によって起きることから、帯電体が持つ電気量の大きさは必ずeの整数倍になります。

電気を帯びていない中性の原子では原子核内の陽子の数と原子核のまわりを回る電子の数が等しくなっていて、電気量は差し引きゼロになりますが、2種類の物質をこすり合わせると、片方から他方に電子が移動することがあります。陽子ではなく、電子が移動するのは、重くて動きづらい原子核よりも、まわりを回っている軽い電子のほうが離れやすいからです。

皮でこすったガラスに帯電する正の電荷は、無から生まれたものではありません。ガラスから皮に負の電荷を帯びた電子が移動したために、ガラスに含まれる陽子の数が電子の数より多くなって、正の電荷が生じたように見えるだけです（図4－2）。その証拠に、ガラスをこすった皮は電子が移ってきたために負に帯電します。

このように物体が帯電するときは、物体どうしが電気（電子）をやり取りするだけであり、電気が生み出されたり失われたりすることはなく、その前後で電気量の総和は一定です。これを**電気量保存の法則**あるいは**電荷保存則**（law of conservation of electric charge）と言います。

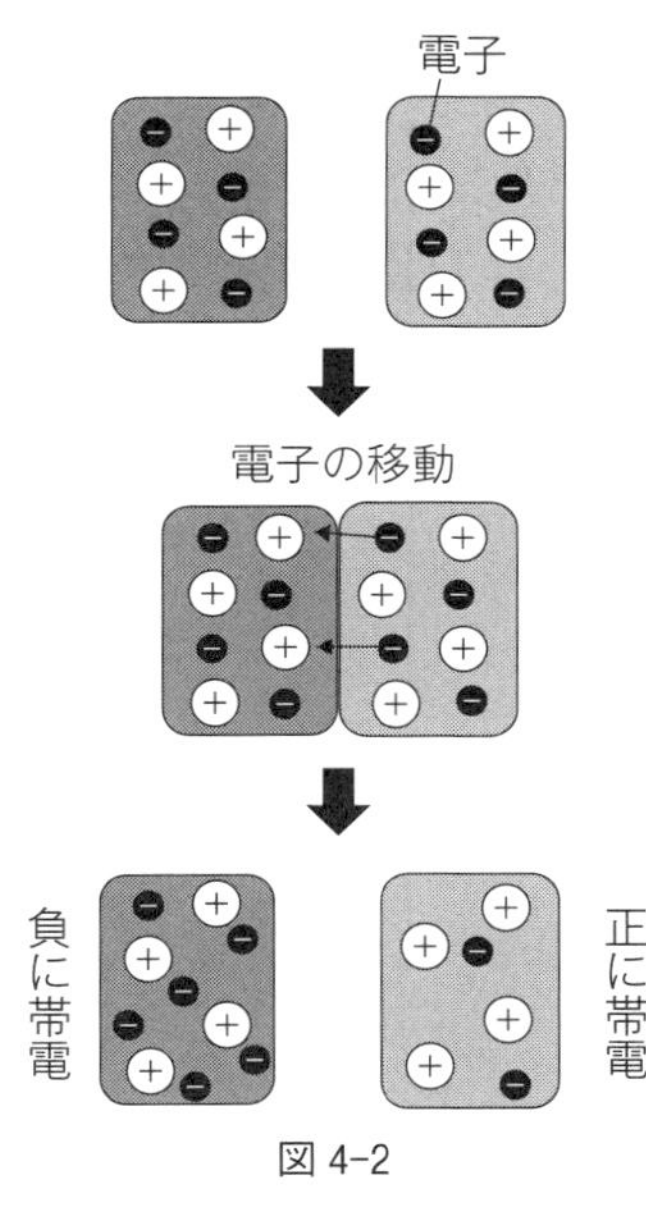

図 4-2

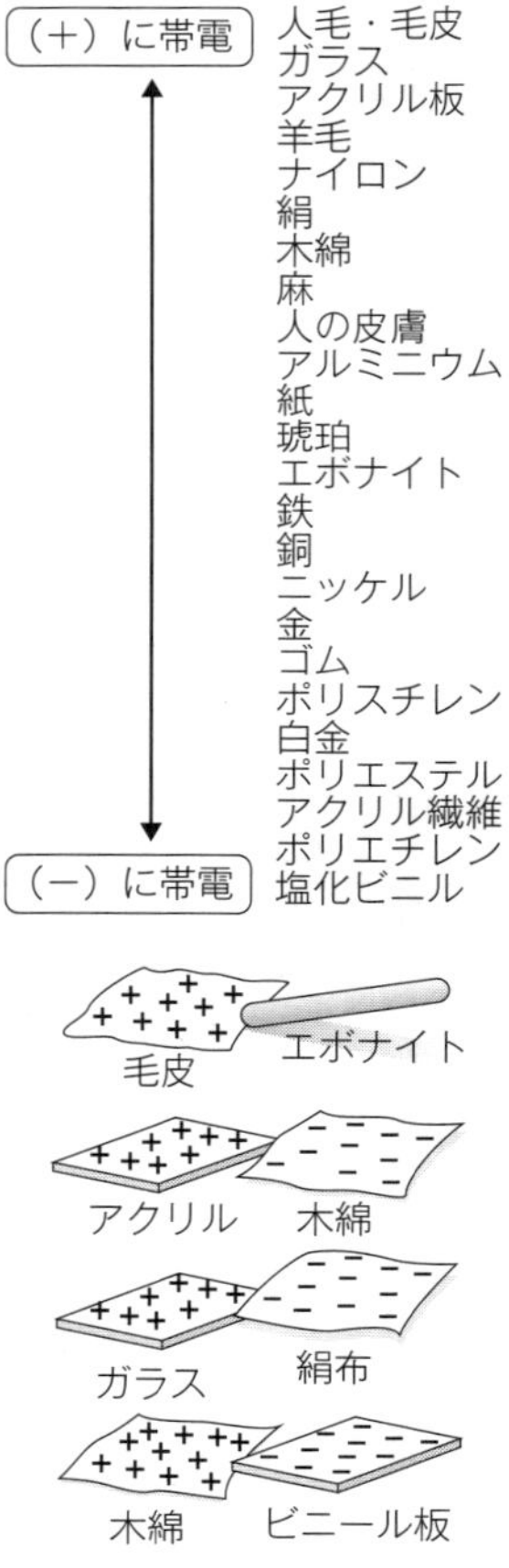

（＋）に帯電

人毛・毛皮
ガラス
アクリル板
羊毛
ナイロン
絹
木綿
麻
人の皮膚
アルミニウム
紙
琥珀
エボナイト
鉄
銅
ニッケル
金
ゴム
ポリスチレン
白金
ポリエステル
アクリル繊維
ポリエチレン
塩化ビニル

（−）に帯電

毛皮　エボナイト

アクリル　木綿

ガラス　絹布

木綿　ビニール板

図4-3

2種類の物質をこすり合わせたとき、どちらが電子を失い、どちらが電子を得るかは、物質の組合せで決まります。図4－3は「帯電列」とよばれ、正に帯電しやすい（電子を失いやすい）ものから順に書いたものです。下に行くほど負に帯電しやすい（電子を得やすい）物質であることを示しています。

帯電列の中で離れている物質どうしをこすり合わせると多くの電荷が移動し、帯電列の中で近いものどうしをこすり合わせた場合は、電荷の移動が少なかったり、まったく移動しなかったりします。また材質以外の要因によって帯電列が示すのとは逆方向に電荷が移動することもあります。

†クーロンの法則

江戸時代に活躍した発明家と言えば、**平賀源内**（1728―1780）を思い浮かべる人は少なくないと思います。平賀源内は、日本のダ・ヴィンチと言われることもあるくらい、多才な人で、発明家以外にも、医者、蘭学者、地質学者、浄瑠璃作家、俳人などの顔もありました。今で言うイベントプランナーやコピーライターのような仕事もしていたようです。そんな源内の代名詞と言えばやはり**エレキテル**でしょう。エレキテルというのは、布との摩擦によってガラス管を帯電させ、それを金属棒に貯め込む装置です。エレキテルを日本語に訳せば「静電気発生装置」ということになります。ただし正確に言うと、エレキテルは源内の発明ではありません。長崎を訪れていた源内がオランダ語の通訳の家で壊れたエレキテルを発見し、それを修理したというのが真相のようです。ただし、源内のような当代きっての学者にとっても、オラン

図 4-4
出典：http://otonanokagaku.net/issue/edo/vol4/index05.html
郵政博物館所蔵

ダ語を十全に理解するのは至難の業であり、数少ない幕府役人の通訳たちも科学用語についてはまるで知識がなかったため、エレキテルの修理は白紙の状態から独力で行う必要がありました。このときのエレキテルを復元した模型が東京の郵政博物館に展示されています（図4－4）。

エレキテルから伸びる金属棒に指を近づけると、冬場の「バチッ」と同じような「火花放電」が起きます。当時の日本人の衣服は化繊ではなく、またウールも日常品ではなかったため、静電気の「バチッ」は大変珍しい現象でした。初めて体験した人々は大いに驚いたことでしょう。実際、源内のエレキテルは一世を風靡する大評判になりました。

エレキテルは、日本ではほぼ見世物としての役割しかありませんでしたが、西洋では医療器具や実験装置としても重要でした。なかでも最大の成果は、シャルル・ド・クーロン（1736—1806）による「クーロンの法則」の発見に寄与したことです。

クーロンの法則というのは、「**2つの電荷の間に働く力は、その距離の2乗に反比例し、それぞれの電荷の積に比例する**」という法則です。これを数式で表すと図4－5ようになります。

科学史を紐解いてみると、偉大な発見には独創的な実験器具の発明がつきものであることがよくわかります。他の科学者も使っているような平凡な実験器具では平凡な結果しか観測できないのでしょう。クーロンの法則もまさにこの例にあてはまります。

帯電した物体どうしが引きあったり、反発しあったりすることはわかっていたものの、その力はごく小さいため、これを計測するのはとても難しいことでした。そこでクーロンが考えたのが、図4-6の「**ねじればかり**」です。図の小球Aと小球Bに、エレキテルを使って同じ種類の電荷を与えると、それぞれは反発して離れ、「細い銀線」がねじれます。

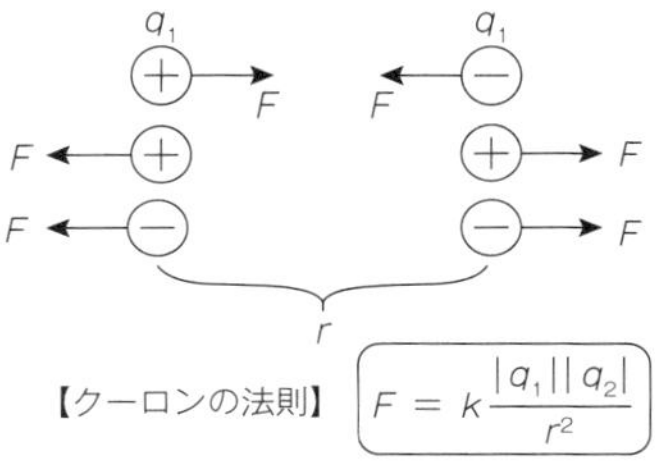

図 4-5

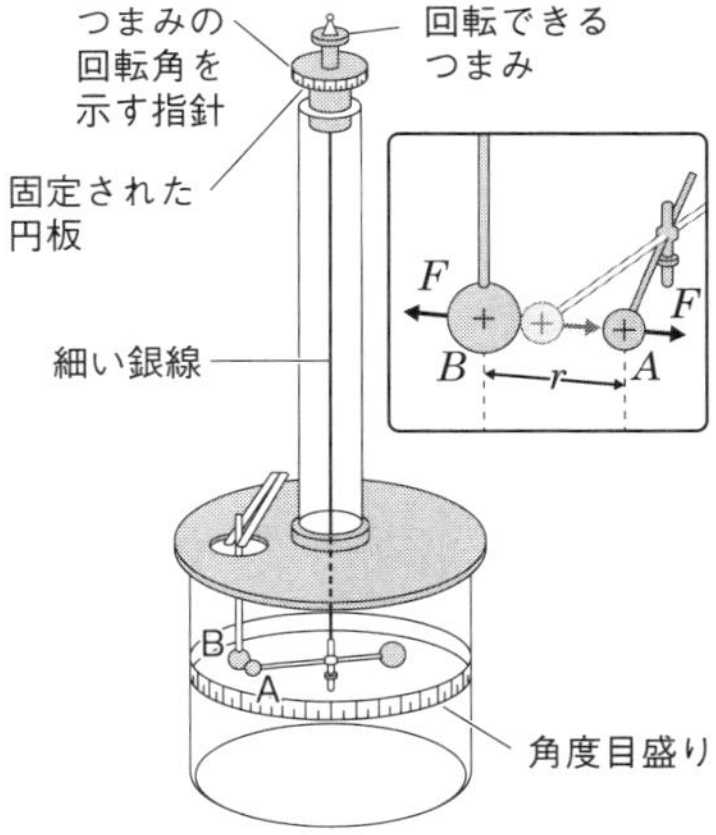

図 4-6
文科省検定済教科書『物理』啓林館より作成

ねじれの角度は両球に働く力の大きさに比例するのでこれを調べれば力の大きさがわかります。また下の「角度目盛り」を読めば、AとBの距離がわかります。クーロンはエレキテルとこの装置を使って、様々な距離と電荷量について実験を重ね、ついには万有引力（83頁）と非常によく似た法則が電荷の間にも働くことを突き止めました。

こうしたクーロンの功績を称えて、後に電荷の単位は**クーロン**（記号はC）が使われるようになりました。また電気力のことは**クーロン力**とも言います。

実は、**1クーロンの定義はつい最近**（2019年）、**新しくなりました。**以前は「1秒間に1アンペアの電流が運ぶ電荷量」として定義されていましたが、肝心の電流の単位アンペア（記号はA）が、「無限に長く、断面積は無限に小さい電線」を使って定義されていたため（具体的にどういう定義であったかは、調べていただければわかると思います）分かりづらく、また現実に観測することも不可能であるという批判がありました。そこで、新定義では、**1クーロンを「電気素量の6.2415096291**$\times$**10**^{18}**倍」**と定義し、逆に**1アンペアは「導線の、ある断面を1秒間に通過する電荷量が1クーロンであるときの電流の大きさ」**と定義することになりました。つまり、従前は先にアンペアの定義があり、そのもとにクーロンが定義されていたわけですが、現在はその関係が逆になっているというわけです。

ちなみに、1m離れた2つの1クーロンの電荷の間に働く電気力（クーロン力）は、90トンの物体に働く重力にほぼ等しいので、クーロンの単位量はだいぶ大きな量であると言えるでしょう。セーターでこすった下敷きに貯まる静電気量は多くても100万分の1クーロン程度であり、1回の落雷の電荷量はおよそ1クーロンに相当します。

†電流と電圧

クーロンの法則が論文として発表されたのは1785年のことでしたが、その約50年前に、イギリスのアマチュア科学者であったスティーヴン・グレイ（1666―1736）が、**電気の伝導性**を発見しています。グレイは織物商人でしたが、絹織り機にときおり現れる「火花」――摩擦によって織り機に貯まった静電気の「火花放電」――を見て興味を持ったのをきっかけに電気の世界にのめりこんでいったようです。

グレイは、物質には電気を伝えるもの（**導体**）と電気を伝えないもの（**不導体**あるいは**絶縁体**）があることに気づき、「電気の力」は導体の中を伝播することを発見しました。グレイは、経済的に困窮していたため、実験に導体性の良い鉄を使うことはできませんでしたが、代わりに麻糸を使って、最終的には、約250m離れた場所にまで電気を伝えることに成功しています。このグレイの発見によって、電気が動きうる実体を持つことが明らかになり、それは「電気流体」と呼ばれました。

今日では、金属の中を通る電気の流れ、すなわち**電流**（**electric current**）の正体は電子であることがわかっています。ただし、電子は負の電荷を持っているため、**電流の向きと電子が流れる方向は逆向き**です。私ははじめてこの事実を知ったとき、どうしてわざわざそんなわかりづらいことになっているのだと思いましたが、これは、電子の発見（1897年）よりずっと前に、フランスの**アンドレ＝マリ・アンペール**（1775―1836）が、「電気流体」は正の電荷を持つと仮定しその移動方向を電流の向きとして定義してしまったことが原因です。せめて、フランクリンが電気の正と負の定義を逆にしておいてくれたら、こんなややこしいことにはならなかったのですが、今となっては仕方ありません。とはいえ、アンペールは後で学ぶ電気と磁場の関係を初めて数式化した偉大な科学者です。**電流の大きさは1秒の間にある断面を通過する電荷量で表します**が、その単位アンペア（A）はアンペールにちなんで付けられました。

1800年にイタリアの**アレッサンドロ・ボルタ**（1745―1827）が電池を発明し

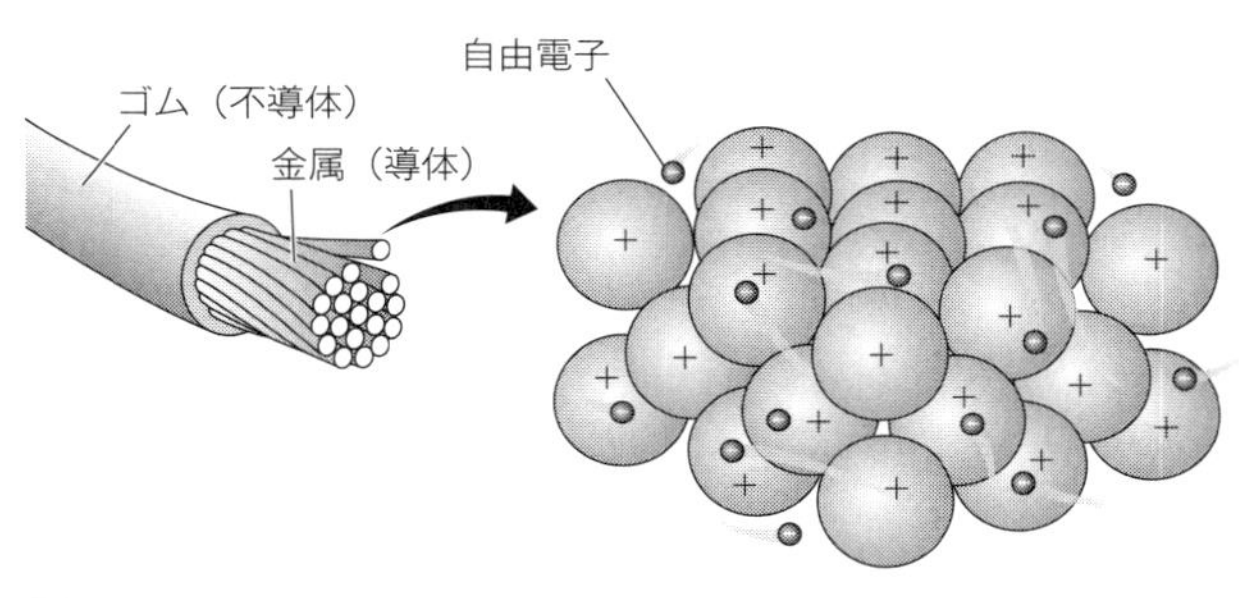

図 4-7
文科省検定済教科書『物理基礎』啓林館より作成

たことで人類は持続的に電流を取り出せるようになりました。導体に電流を流そうとするはたらきを**電圧**（voltage）と言い、単位は**ボルト**（記号はV）を使いますが、この名称はボルタに由来します（電池の発明については241頁のコラムもご覧ください）。

ところで、なぜ一般に金属は導体になり得るのでしょうか？　それは、金属が結晶中を自由に動き回ることのできる**自由電子**（free electron）を持っているからです（図4－7）。

結晶中の金属原子は整然と並んでいて、そのまわりを自由電子が動き回っています。ただし、金属原子の持つすべての電子が自由電子になるわけではなく、自由電子になるのは「価電子」と呼ばれる、原子核から最も遠くの軌道に存在する電子です。前述の通り、金属原子においても、もともとは原子核の陽子の数と電子の数は同数ですが、結晶中の金属原子は、負の電荷を持つ自由電子が飛び出てしまっているので、陽子の数の方が多くなり、プラスに帯電しています。

　導体の両端に電池や電源装置をつないで電圧をかけると、導体の中の自由電子は電気の力を受けて一定の方向に移動するようになり、「電流が流れている状態」になります（図4-8）。ちなみに電圧がかかっていないときも自由電子は動き回っていますが、その方向はてんでバラバラなので、全体としてはそれぞれの動きが打ち消しあって「電流が流れていない状態」になります。

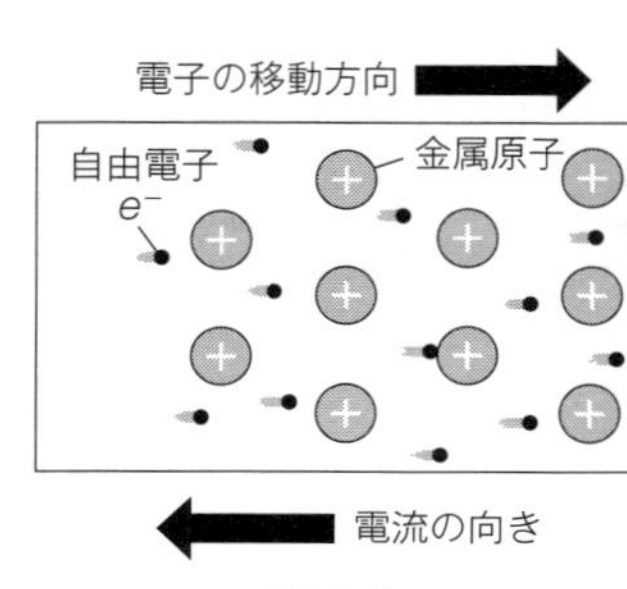

図4-8

　自由電子は「自由」とは言うものの、完全に何の障害もなく動き回れるわけではありません。なぜならどの金属原子もその場で小刻みに振動しているからです。正に帯電している金属原子が振動するせいで負に帯電している自由電子はなめらかに移動しづらくなります。金属の中の自由電子は原子の間をすり抜けていこうとする際に振動する原子に何度も衝突し、自身の持っている運動エネルギーを失います。結局、電池や電源というのは、回路を一周してきてエネルギーを失った電子を、ふたたびもとの状態に戻すための装置であると言えるでしょう。ここで、エネルギー保存則がわかっている鋭い読者の方は「電池によって自由電子に与えられたエネルギーはどこに行ってしまうの？」と思われるかもしれません。安心してください。衝突によって自由電子のエネルギーは失われますが、その分衝突された金属原子はエネルギーを得て振動がより激しくなります。電池や電化製品を使っていると熱を帯びてきますね。あれは、金属原子の振動が激しくなって温度が上がったために起きる現象です。電池が与えたエネルギーは、**最終的には熱や光となって散逸してしまいますが**、トータルではきちんとエネルギー保存則が成り立っています。

コラム　「動物電気」から電池の発明へ

ドラキュラ、狼男と並んで世界の三大モンスターのひとつに挙げられる「フランケンシュタインの怪物」が電池の発明と浅からぬ縁があるのをご存じでしょうか。（この後、少々気色の悪い話になってしまうので、苦手な方は読み飛ばしてください）

フランケンシュタイン――よく誤解されているようですが、「フランケンシュタイン」というのは怪物の名前ではなく、怪物を生み出した科学者の名前です――が自ら設計した「理想の人間」を創造するために使ったのは高圧電流でした。

ではなぜ作者の**メアリー・シェリー**（1797―1851）は、怪物に命を吹きこむために電気を使おうと思ったのでしょうか？　それは1800年前後に、イタリア人の**ジョヴァンニ・アルディーニ**（1762―1834）がヨーロッパ各地で行なっていた不気味なサイエンスショーに着想を得たからだと言われています。そのショーは、動物の死体に静電気を溜め込んだ金属棒をあてて、死体を痙攣させて見せる公開実験のようなものでした。今では考えられないことですが、このショーでは死刑になった人間の死体が使われることもあったそうです。当時はフランス革命が起きたばかりの動乱の世の中でしたから、血なまぐさいショーがもてはやされたのかもしれません。

アルディーニがこのようなショーをするようになったのは、叔父である**ルイージ・ガルヴァーニ**（1737―1798）の影響です。医者であったガルヴァーニは、カエルの解剖実験を行なった際、切断用と固定用の2種類のメスをカエルの足に差し入れると、これがピクピクと震えるのを発見しました。ガルヴァーニはこの現象を、生体の（あるいは死んで間もない）筋肉が電気を生み出すからだと考え、この電気を「動物電気」と名付けました。そして「動物電気」は生命の力の一つであると信じていたようです。

しかし、ガルヴァーニの論文を読んだボルタ（238頁）は、動物の神秘の力に原因を置くのではなく、「2種類のメス」が別々の金属であった点に注目しました。やがて、銅と亜鉛を用いて、間に希硫酸があれば電気が発生することをつきとめ、**ボルタ電池**を発明しました。電池が発明されるやいなや、持続的な電流を使って化合物から単体を取り出す**電気分解**が盛んに行われるようになりました。中でも、イギリスの**ハンフリー・デービー**（1778―1829）が、電気分解によって、ナトリウム、カリウム、カルシウム、マグネシウムなど1人で6種類もの元素を発見したことは特筆に値します。

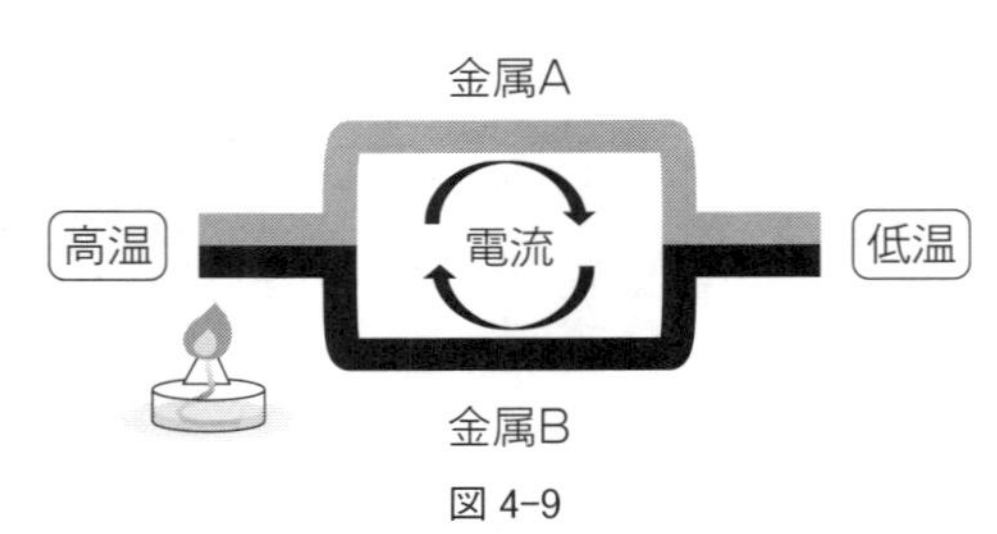

図 4-9

2 回路

†オームの法則

ドイツのゲオルク・オーム（1789―1854）は、ボルタの発明した電池を使って、同じ太さの導線の長さをいろいろ変えて回路につないだとき、電流の大きさがどのように変わるかを調べました。当時は、電流計はまだありませんでしたが、後で紹介するように、電流の大きさが大きくなると、導線の近くに置いた方位磁針の振れが大きくなることはわかっていたので、これを利用しました。

しかし、ボルタ電池は電圧が一定しないため、満足なデータが得られませんでした。そんな折、エストニア生まれのドイツ人の物理学者トーマス・ゼーベック（1770―1831）が、182

1年に2つの異なる金属を2点でつなげて、両方の接点に温度差を与えると、金属の間に電圧が発生し、電流が流れることを発見します（図4－9）。これを**ゼーベック効果**と言います。ゼーベック効果によって発生する電圧は、温度差を保てば安定することもわかりました。余談ですが、フランスの**ジャン＝シャルル・ペルティエ**（1785－1845）は、1834年にゼーベック効果の逆、すなわち2つの異なる金属を2点でつなげて電流を流すと、2つの接点に温度差が生まれることを発見しました。**ペルティエ効果**と呼ばれるこの現象を応用したペルティエ素子は、現代でもコンピューターのCPU冷却等に使われています。

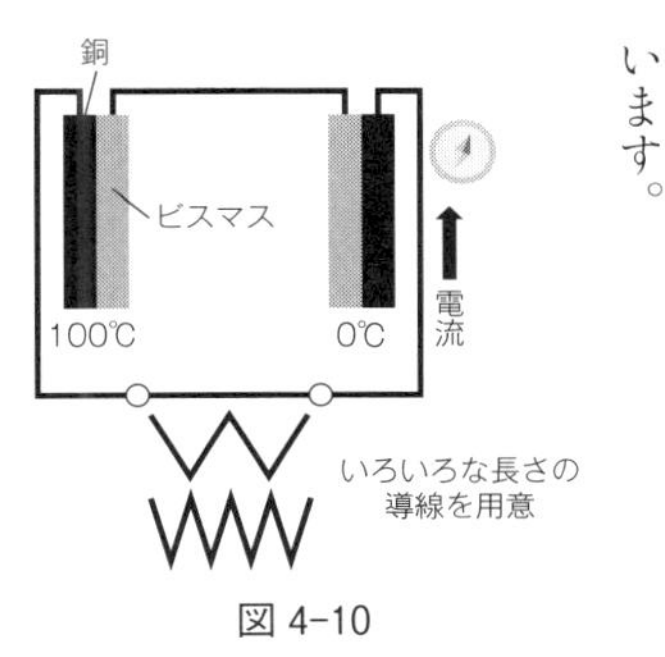

図 4−10

話をオームに戻しましょう。

オームはボルタ電池のかわりにゼーベック効果を応用することにしました。銅とビスマス（という金属）を用意し、片方の接点は熱水を利用して100℃に、他方の接点は氷水を利用して0℃に保ち、図4－10のような装置を作ることで、安定した電圧を得ることに成功します。その上で導線の長さをいろいろ変えて、方位磁針の振れ方をチェック

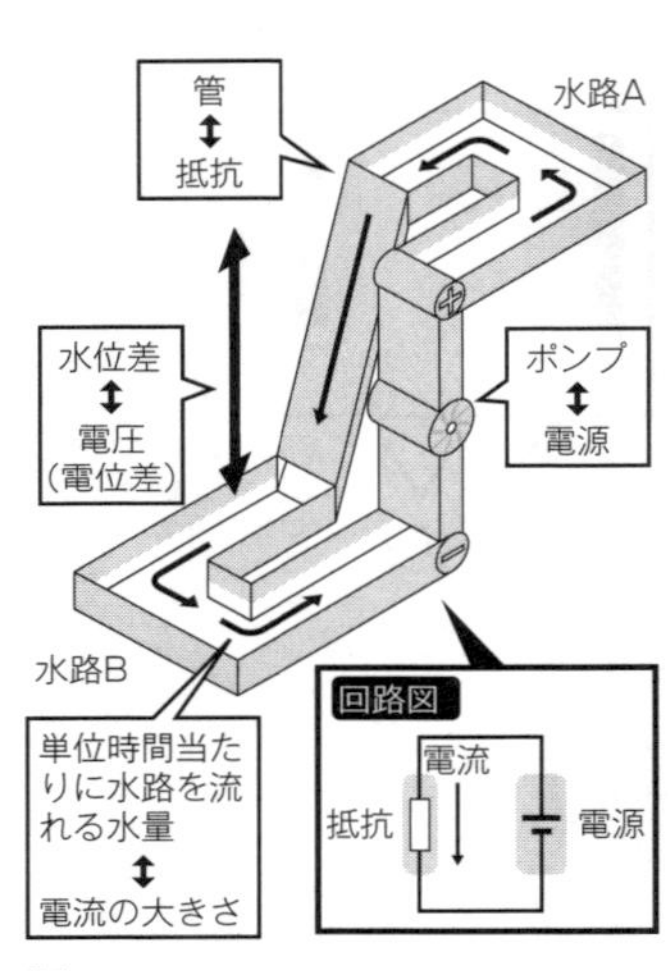

図 4-11
文科省検定済教科書『物理基礎』数研出版より作成

したところ、流れる電流の大きさは、導線の長さに反比例することを発見しました。

オームはその後も研究を続け、やがて**電流の強さ**、電池の**起電力**、回路の**抵抗**といった概念を獲得します。そうして、これらの間には、

起電力＝電流×抵抗（V＝IR）

といういわゆる**オームの法則**が成立することを示しました。1826年のことです。

オームの法則は、図4－11のような高さの違う水路を流れる水の流れから連想されたと言われています。

水の流れの速さ（1秒間に通過する水の量）は電流に相当し、水路Aと水路Bの水位の差が大きいほど水は速く流れますから、この水位の差が電圧だと思ってください。なお電圧

は**電位差**（potential difference）とも言います。回路における電池や電源は、水路Bから水路Aに水を引き上げるポンプのような役割を果たします。そして、高い水路から低い水路に水が自然と流れおちるときに通る管が抵抗です。2つの水位の差が同じでも、この管の形状が違えば、流れる水の速さは変わります。
電位や抵抗、そして電池の起電力等について、詳しく見ていきましょう。

†電場と電位

木からリンゴが落ちるのは、リンゴと地球の間に万有引力が働くからですね。でも、地球上で暮らす私たちは、身の回りの物や自分自身が重力を受ける際に、いちいち地球の存在を感じるわけではないと思います。むしろ、（地球上の）どこに行っても重力を受けるので、（地球上の）空間自体に、下に向かう力を及ぼす性質があるように思っている方が多いのではないでしょうか。

同じことが電気力（クーロン力）についても言えます。ある帯電体の近くに、別の電荷を近づけると、その電荷は電気力を受けます。そしてその力は、電荷が帯電体のまわりの空間にある限り、どこにいても働きます。やはりここでも空間自体が、電荷に力を及ぼす性質を持っていると考えることができるわけです。

このように、**特別な性質を持つ空間**のことを物理では**場**（**field**）と言います。

万有引力が働く「場」を重力場と言い、電気力（クーロン力）が働く「場」は**電場**（electric field）、あるいは**電界**と言います。重力場にある物体が質量に比例する力を受けるのと同じく、**電場にある物体は電荷に比例する力を受けます**。また重力場にある物体が重力による位置エネルギーを持つように、電場にある物体も**電気力による位置エネルギー**を持ちます。

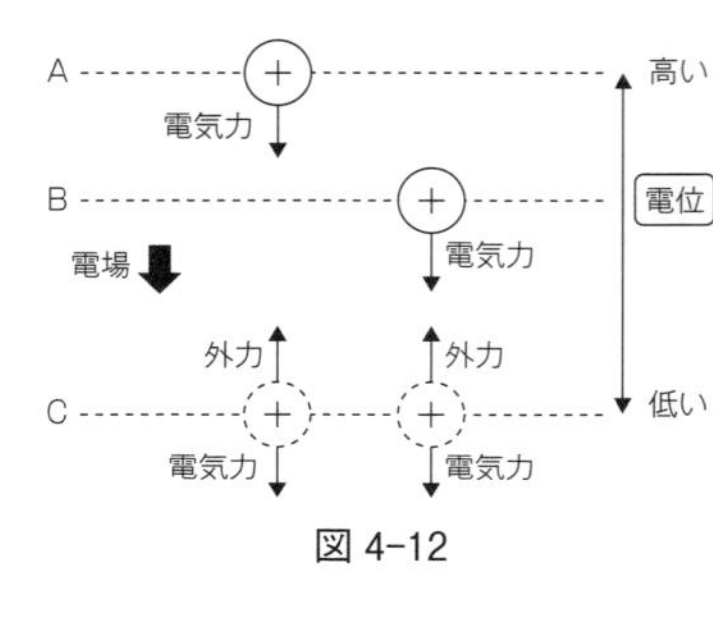

図 4–12

す。ここで、仕事とエネルギーは等価交換の関係にあることを思い出してください。一般に、ある「場」に存在する物体が持つ**位置エネルギーは、外力によって物体をその位置までゆっくり移動させたときの、外力のする仕事に等しいです**（第1章64頁参照）。

図4-12のAの位置にある正の電荷とBの位置にある正の電荷の位置エネルギーを比べてみましょう。ただし、どちらも電荷は等しいものとします。電荷が等しければ、電場から受ける力は同じなので、ゆっくり移動させるときの外力の大きさも同じです。しかし、

Aの方が、移動距離が長いので外力による仕事（力×移動距離）はAの方が大きくなります。つまり、Aの持つ電気力による位置エネルギーは、Bよりも大きいです。物理ではこのことを、**AはBより電位**（electric potential）**が高い**という言い方をします。一般に、電場を矢印で表したとき、矢印の根本の方は高電位、矢印の先の方は低電位になります。

またある点Aにおける電位の大きさは、基準点からA点まで1クーロンの電荷を動かすのに必要な仕事で表します。つまり、**電位とは、1クーロンあたりの位置エネルギーのこと**です。電位の単位は電圧と同じボルト（記号はV）を使います。

重力による位置エネルギーが高い状態を「重位」が高いという風には言いません。単に「高い位置にある」と言えば、それは重力による位置エネルギーが高いことを意味するからです——もっと言えば、私たちは物体の落下する方向を「下」、その逆を「上」と呼んでいます。これに対し、「電位」というのは、電気力による位置エネルギーの高低を言い表す言葉だと考えてください。

重力場にある質量を持つ物体が、（重力による位置エネルギーの）高いほうから低い方に向かって——地球上では地球の中心方向に向かって——力を受けるのと同じように、電場にある正の電荷を持つ物体は、**電位の高い方から電位の低い方に向かう力を受けます**。た

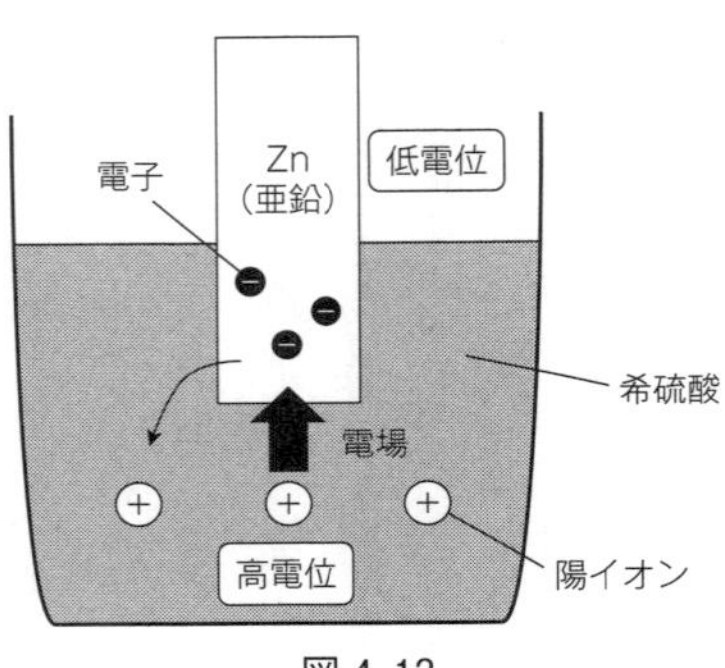

図 4-13

だし、負の電荷が電場から受ける力は正の電荷とは逆方向なので、負の電荷を持つ電子は、電位の低い方から高い方に向かう力を受けて、導体の中を低電位の場所から高電位の場所に移動します。ところで電流の向きは電子の移動する向きと逆でしたね。つまり**電流は、導体の中を、高電位から低電位に向かって流れる**というわけです。前に「電流を流そうとするはたらき」を電圧という、と紹介しましたが、導体の中に電位差があれば電流は流れるので、結局、**ある区間の電圧とはその区間の電位差のこと**です。

†起電力

ボルタは希硫酸の中に亜鉛と銅の板をつけることで電池の発明に成功しました。なぜこのようにすると、電流を取り出すことができるのでしょうか？

たとえば、亜鉛の板を硫酸のようないわゆる電解質（水などに溶かしたときに、イオンを生じる物質）の溶液につけると亜鉛は陽イオンとなって、溶液中に溶け出します。すると板の方には負の電荷を持つ電子が残るので、溶液は正に帯電し、亜鉛板は負に帯電することになります（図4-13）。

一般に、正の帯電体と負の帯電体の間に、正の電荷を置くと――正の電荷は正の帯電体とは反発し合い、負の帯電体とは引き合うので――前者から後者に向かう力を受けます。これは、**正と負の帯電体の間には、正→負の向きの電場があることを意味します**。今、溶液は正に帯電し、亜鉛板は負に帯電しているので、溶液→亜鉛板の電場が生じていて、溶液は高電位に、亜鉛板は低電位になります。

電解質の溶液につけた金属が陽イオンになる程度は、金属の種類によって違います。金属の単体が、水溶液中で電子を放出して陽イオンになろうとする性質のことを「イオン化傾向」と言います。高校の化学で覚えさせられたことをご記憶の方もいらっしゃるでしょう。イオン化傾向の大きさは、中心の原子核が周囲の電子を引きつける強さ（原子核中の陽子の数と電子との距離で決まる）と、金属単体（個体）中の結合をすべて切断するために必要なエネルギー、それと生じた金属イオンが水和するのに必要なエネルギーの合計

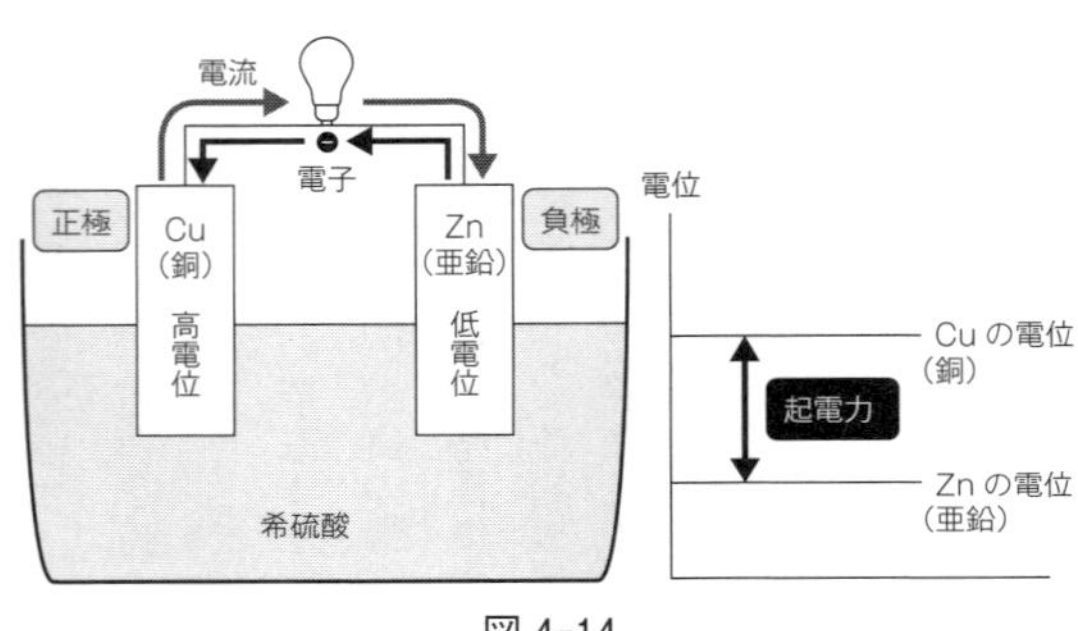

図 4-14

によって決まります。金属が陽イオンになって溶ければ溶けるほど、残された金属板にはよりたくさんの電子が残るので、金属板はより低電位になります。銅と亜鉛の場合は、銅よりも亜鉛の方が陽イオンになりやすいので、**亜鉛板の方が銅板よりも低電位**になります。この状態で、亜鉛板と銅板を導線でつなぐと導線の両端に電位差（電圧）が生じていることになり、電流が流れます。これが、ボルタの発明した電池の仕組みです（図4-14）。

一般に、**電位差を生み出す電池の働きのこと**を**起電力（electromotive force）**と言います。

起電力を生み出すには、金属のイオン化傾向の違いを利用する他、前述のゼーベック効果を使う方法や後述の電磁誘導を使う方法等があります。

†抵抗

続いて、**抵抗**（resistance）についても詳しくみていきます。

オームの法則によると「起電力＝電流×抵抗」です。これを少し変形すれば「**電流＝起電力÷抵抗**」ですから、回路につないだ電池の起電力が同じでも、抵抗が大きければ流れる電流は少ないことがわかります。抵抗とは文字通り、**電流の流れにくさ**を表している数値なのです。

また、私は先に「金属の中の自由電子は原子の間をすり抜けていこうとする際に振動する原子に何度も衝突し、自身の持っている運動エネルギーを失います」と書きました（240頁）。運動エネルギーを失うということは、動きを止められるということです。すなわち**電子と原子の衝突こそ、抵抗の生じる原因です**。

自由電子が金属の中を移動するとき、同じ種類の金属であれば、長ければ長いほど通りづらく、断面積が大きければ大きいほど通りやすいのです。

このことは、日曜の夕方頃のデパートの地下を想像してもらうとわかりやすいかもしれません。混雑している「デパ地下」で目指す売り場が遠いとき、行き着くのは大変に感じる（エネルギーが失われる）ものですが、道の幅が広ければ、狭いよりは行きやすい（エネルギーの失われ方が少ない）イメージはあるでしょう？　抵抗の中を流れる電子にとっても同じことなのです。

実際、同じ材質であれば、**抵抗の大きさは導体の長さに比例し、断面積に反比例する**ことがわかっています。抵抗の長さが2倍になれば抵抗も2倍、抵抗の断面積が2倍になれば抵抗は半分になります。このときの比例定数は**抵抗率**（resistivity）とよばれ、物質の種類によって異なった値を持ちます（図4-15、図4-16参照）。

また、温度を下げれば原子の振動が穏やかになって、それだけ電子は通りやすくなりますから、一般に金属の温度を下げると抵抗率は小さくなります。

では、金属の温度をどんどん下げていくと抵抗率はどこまで小さくなるのでしょうか？金や銀や銅はどんなに温度を下げても抵抗率が残留抵抗比と呼ばれる値以下にはなりません。一方、たとえば水銀は4・2ケルビンまで冷やすと、抵抗率が突如ゼロになります。このような現象を**超伝導**（superconductivity）といいます。一方、超伝導が起きていない状態は、常伝導といいます。

超伝導状態の物質の中を移動するとき、電子はエネルギーを失いません。発電所で作った電力を送電するとき、超伝導状態が実現できれば、エネルギーの損失を著しくおさえることができますが、現状では超伝導状態を作りだすこと自体にコストがかかりすぎるとい

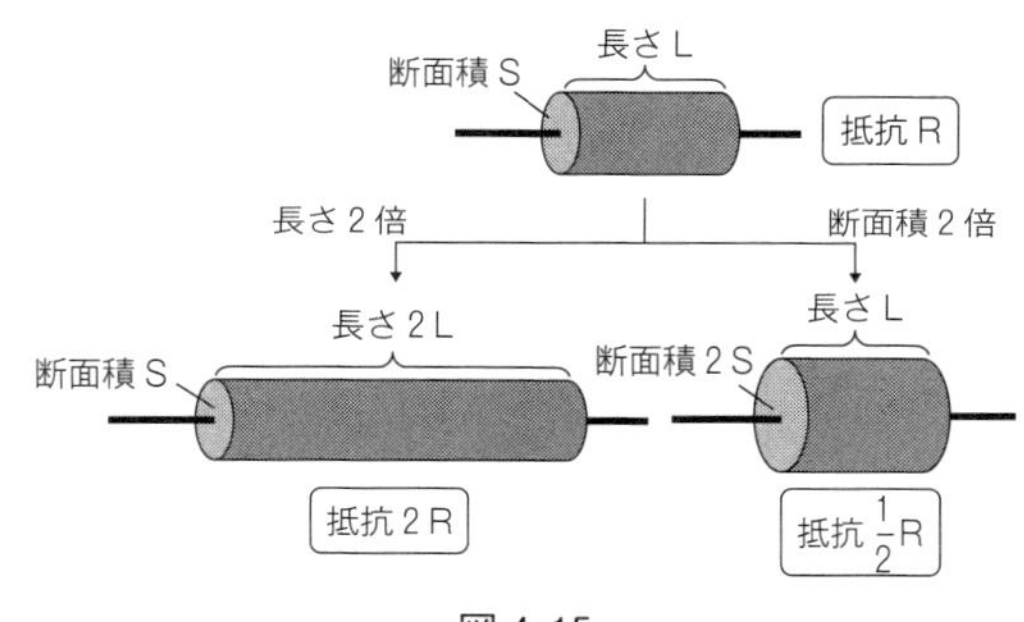

図 4-15

物質の抵抗率（0℃）

	物質	抵抗率ρ（Ω・m）
導体	銀	1.47×10^{-8}
	銅	1.55×10^{-8}
	アルミニウム	2.50×10^{-8}
	タングステン	4.9×10^{-8}
	ニクロム（ニッケルとクロムの合金）	107.3×10^{-8}
半導体	ゲルマニウム	約0.4
	ケイ素	約600
不導体	ガラス	$10^{9}\sim10^{11}$
	天然ゴム	$10^{13}\sim10^{15}$
	ポリエチレン	$>10^{14}$

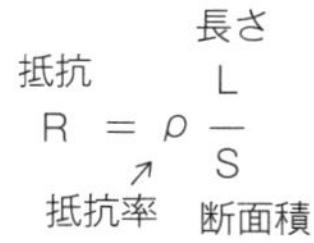

$$R = \rho\frac{L}{S}$$

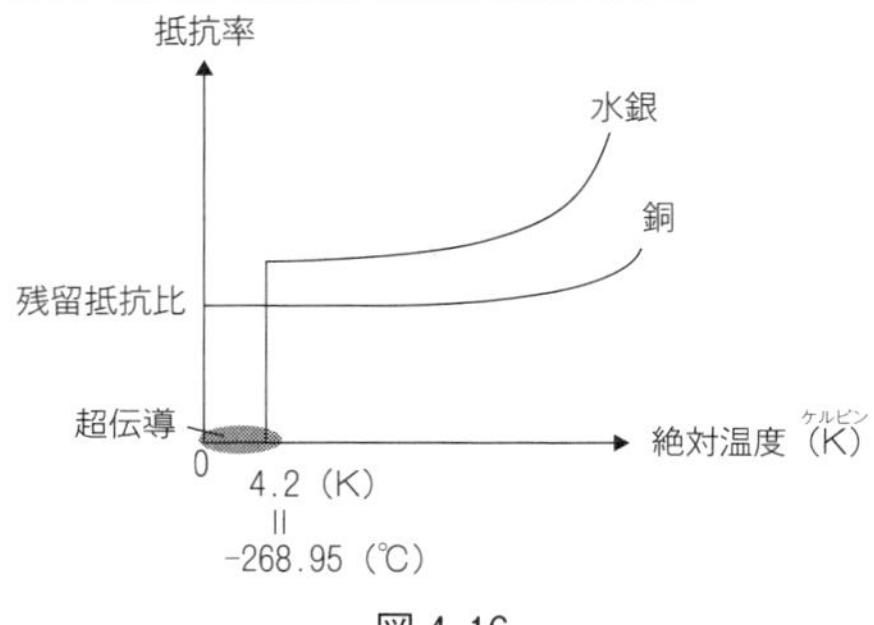

図 4-16

う課題があります。

一般に、回路等の導線には銅を使います。余計なロスを避けるという意味ではより抵抗率の低い銀を使いたいところですが、高価なため、導線には銀は使わないのがふつうです。

†オームの法則の理論的背景

さて、抵抗についての理解が進んだところで、今一度、抵抗内部で起きている物理現象について見ていきましょう。

抵抗の両端に電池などの電源を繋ぐと、電位差が生まれ、抵抗の中を流れる電子は（負の電荷を持っているので）低電位から高電位の方に向かって電気力を受けます。第1章で学んだように、物体は力を受けると加速します。では、抵抗の中の電子もどんどん加速するのでしょうか？　実はそうではありません。なぜならすでにご紹介したとおり、抵抗の中を移動する自由電子は、金属原子と衝突して運動を妨げられてしまうからです。そして、衝突が終われば電子はまた次の衝突まで電気力を受けて加速します。このように自由電子は加速と減速を繰り返しながら抵抗の中を移動していくのですが、トータルでは**一定の速度で移動する**と考えることができます（図4－17）。市街地の一般道を走る自動車が実際

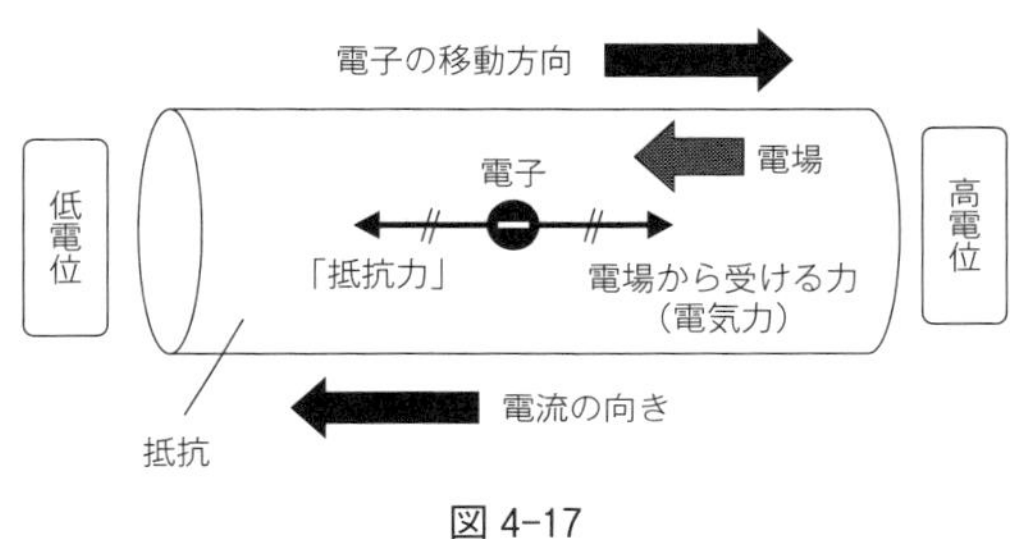

図 4-17

には信号のたびに加速と減速を繰り返して進んだとしても、結果としてたとえば30km離れた地点まで1時間で行ったのなら、その区間を一定の速度（時速30km）で進んだと考えられるのと同じです。

電場からの力を受ける荷電粒子が電場の中を一定の速度で移動（等速運動）するためには、電場が及ぼす力とつり合う力を進行方向逆向きに受けている必要があります。ここではこれを「抵抗力」と呼ぶことにしましょう。

抵抗力は進行方向とは逆向きの力なので、負の仕事（エネルギーを減らす仕事）をします。一方、速度が一定のとき運動エネルギーは変化しません。よって、1クーロンあたりで考えれば、**抵抗力のする負の仕事は、電位の減少量と等しくなります**――「電位」は1クーロンあたりの位置エネルギーでしたね。この負の仕事による電位の減少量を**電圧降下**（voltage drop）といいます（図4-18）。つまり、自由電子全

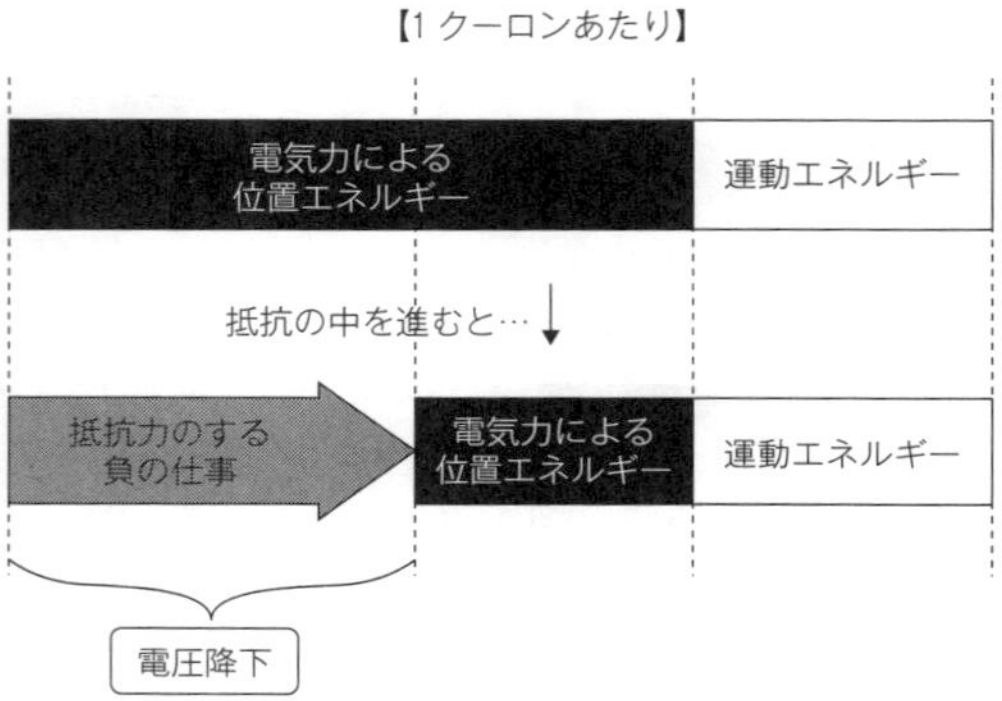

図 4-18

体に働く「抵抗力のする負の仕事」を自由電子の全電荷量で割ったものが電圧降下です。

ところで、「抵抗力」の正体は、繰り返される自由電子と金属原子との衝突なので、「抵抗力」の大きさは自由電子の速度に比例すると考えることができます――速ければそれだけ何度も衝突するからです。それならば、抵抗力に移動距離を掛けた「抵抗力のする負の仕事」も速度に比例します。

一方、前述のとおり、電流の量は1秒間にある断面を通過する電荷量で表しますので、電流の大きさも電子の速度に比例します。図4－19は以上の関係をまとめたものです。結局、**電圧降下は電流に比例します。**すなわち

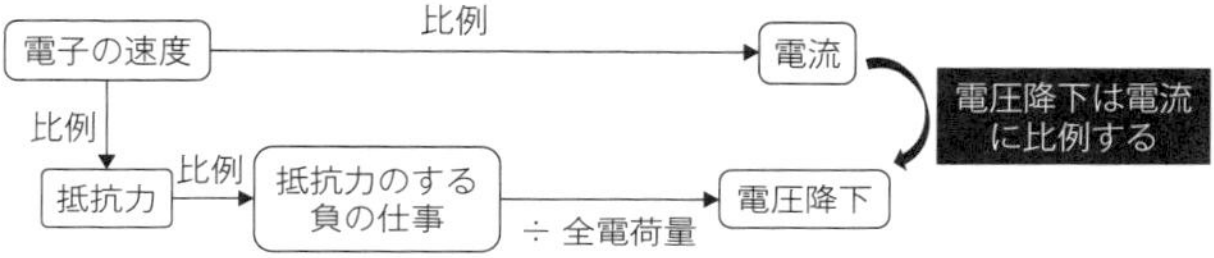

電子の速度 → 比例 → 電流
電子の速度 → 比例 → 抵抗力 → 比例 → 抵抗力のする負の仕事 → ÷ 全電荷量 → 電圧降下
電圧降下は電流に比例する

図 4-19

電圧降下＝比例定数×電流……（ア）

です。

一方、246頁でご紹介したオームの法則は

起電力＝抵抗×電流……（イ）

でした。

回路を流れる電流の速度が一定になり、電流が定常状態にあるとき、**回路全体について抵抗による電圧降下と、起電力によって作り出された電位差は等しくなります**。なぜそう言えるのでしょうか？ それは、電圧降下≠起電力とすると、次のように「定常状態」であることと矛盾してしまうからです。

仮に、電圧降下が起電力より小さいとすると、一周する度に電子の運動エネルギーが増えて、電流の大きさは際限なく大きな値になり「定常」にはなりません。逆に電圧降下の方が起電力より大きいとすると、一周する度に電子の運動エネルギーは減ってしまい、やがて回路には電流が流れなくなってしまいます。

「起電力＝電圧降下」を用いれば、オーム の法則（イ）は

電圧降下＝抵抗×電流 ……（ウ）

と書き換えることもできます。（ア）と（ウ）を見比べればわかる通り、結局抵抗とは、電圧降下が電流に比例するときの比例定数なのです。

つまるところ、**オームの法則とは、抵抗を流れる電流が一定になること**（電子の速度が一定になること）**を主張している法則である**と言えます。だからこそ、1クーロンあたりの「抵抗力」のする負の仕事と電圧降下は等しいと言えるわけですし、回路全体でみたとき、起電力と電圧降下が等しいことも言えるのです。

以上が、オームの法則の理論的背景になりますが、言葉だけの説明では今ひとつピンと来ないかもしれません。後ほど「数式博物館⑨」で、オームの法則を、数式を用いて「証明」します。ご興味のある方はぜひご覧ください。

なお、厳密に言えば、電池の内部にも「**内部抵抗**」と呼ばれる抵抗が入っています。これにより、電池の中を電流が流れると、電池の端子間電圧（正極と負極の間の電位差）は、電池が生み出す起電力よりやや小さくなってしまいます。

たとえば図4-20の①の回路と②の回路で豆電球の明るさを比べた場合、内部抵抗を無視できるのであれば、起電力は同じ（②で逆さに繋いだ2つの電池の起電力は相殺されてしまう）なので両者は同じ明るさになるはずですが、実際は②の方が暗くなります。なぜなら②の方が多くの乾電池を通るため、内部抵抗が大きくなって、その分、豆電球に流れる電

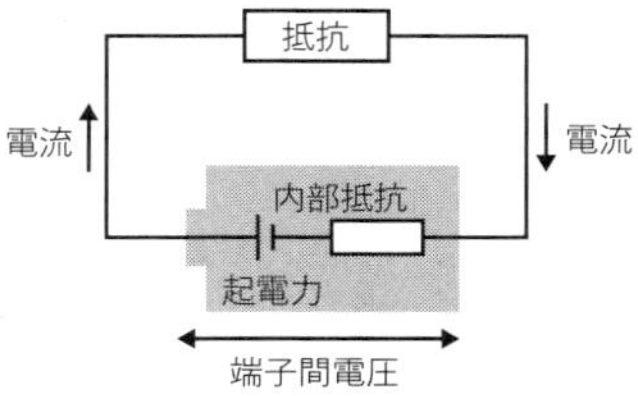

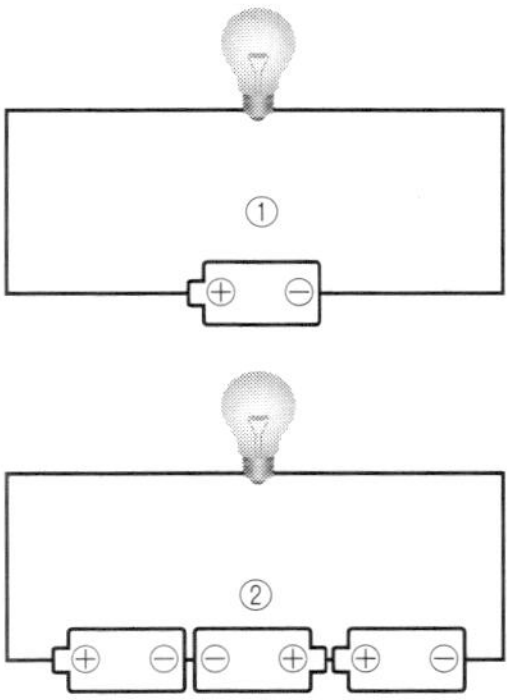

図 4-20

流が少なくなるからです。

†複数の抵抗の接続

そもそも**回路**（circuit）というのは、**エネルギーや物質がある場所から出て、もとの場所に戻ってくるまでの道筋のこと**をいいます。広義に捉えれば、なにかが循環的に流れる道筋はすべて回路なので、カーレースで使うサーキットや、生物の代謝を担う循環的な部分等も回路ですが、狭義では、回路と言えば、電気の流れる経路が輪のようになっている**電気回路**のことを指します。

回路は、電池や抵抗などを簡単な記号で表した回路図で書くのが簡便です。図４‐21に、回路図で使うもっとも基本的な記号をまとめておきます。

なお、抵抗を表す記号には、長方形を使ったものとギザギザを使ったものがありますが、前者が現在の国際規格です。

複数の抵抗を接続するときは、いくつかを縦につないで電流が各抵抗を順に流れるように繋ぐ**直列接続**と、いくつかの両端を束ねるようにして電流が各抵抗に分かれて流れるように繋ぐ**並列接続**があります（図４‐22）。

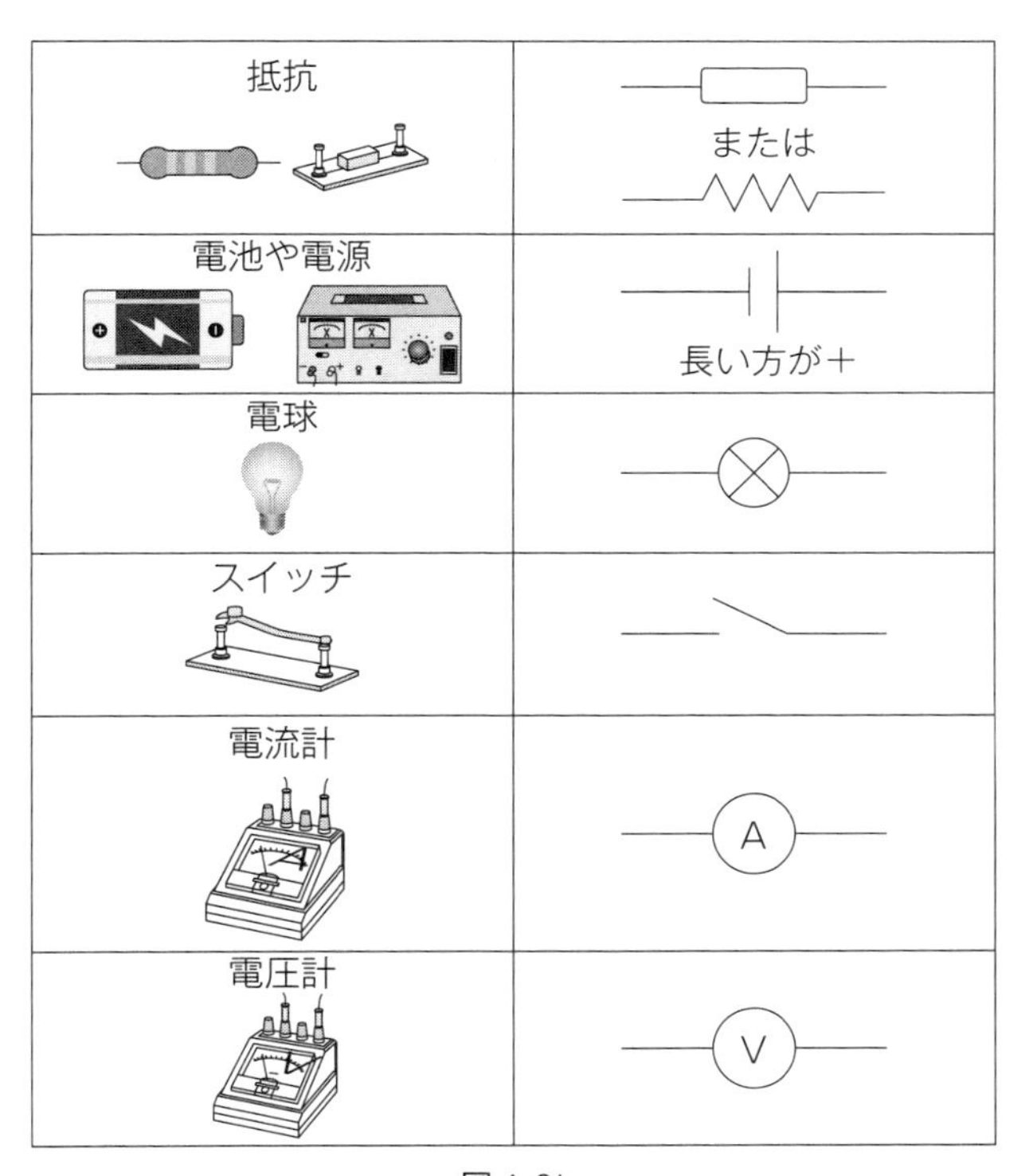

図 4-21

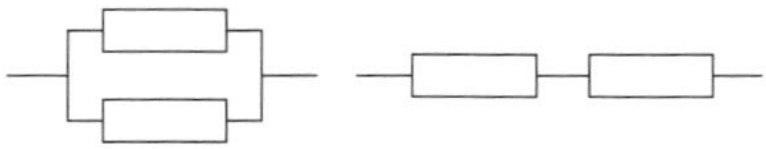

並列接続　直列接続

図 4-22

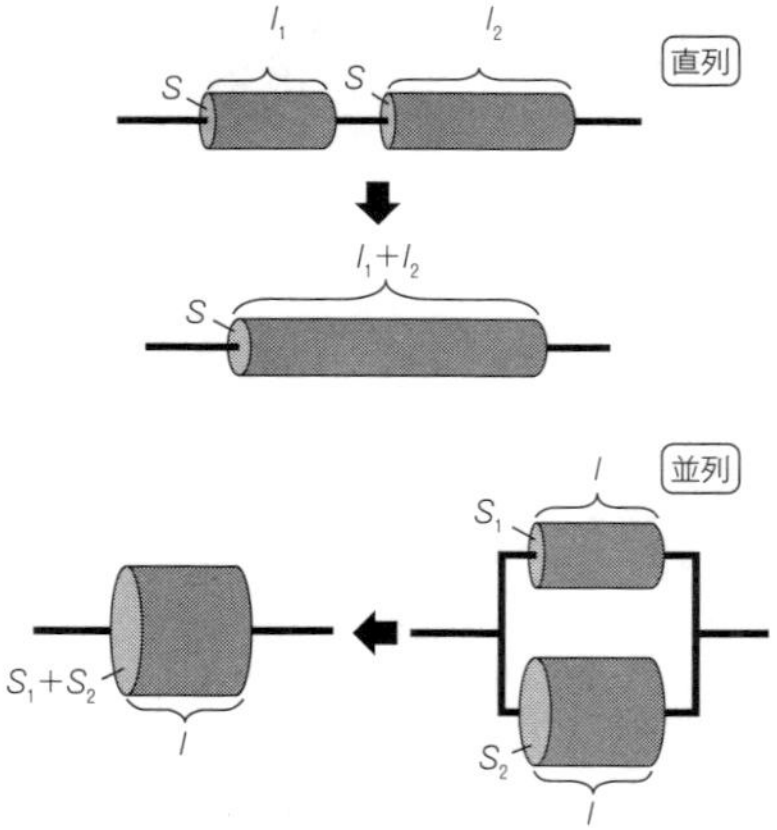

図 4-23

複数の抵抗を直列に繋いだり、並列に繋いだりした際に、全体の抵抗がどうなるか、そして流れる電流がどうなるかをみていきましょう。ここで抵抗の大きさは長さに比例し、断面積に反比例することを思い出してください。

2つの抵抗を直列に繋ぐと、それだけ通りづらい部分が長くなりますので、それぞれが1つのときと比べると、抵抗は大きくなります。一方、2つの抵抗を並列に繋いだ場合は、

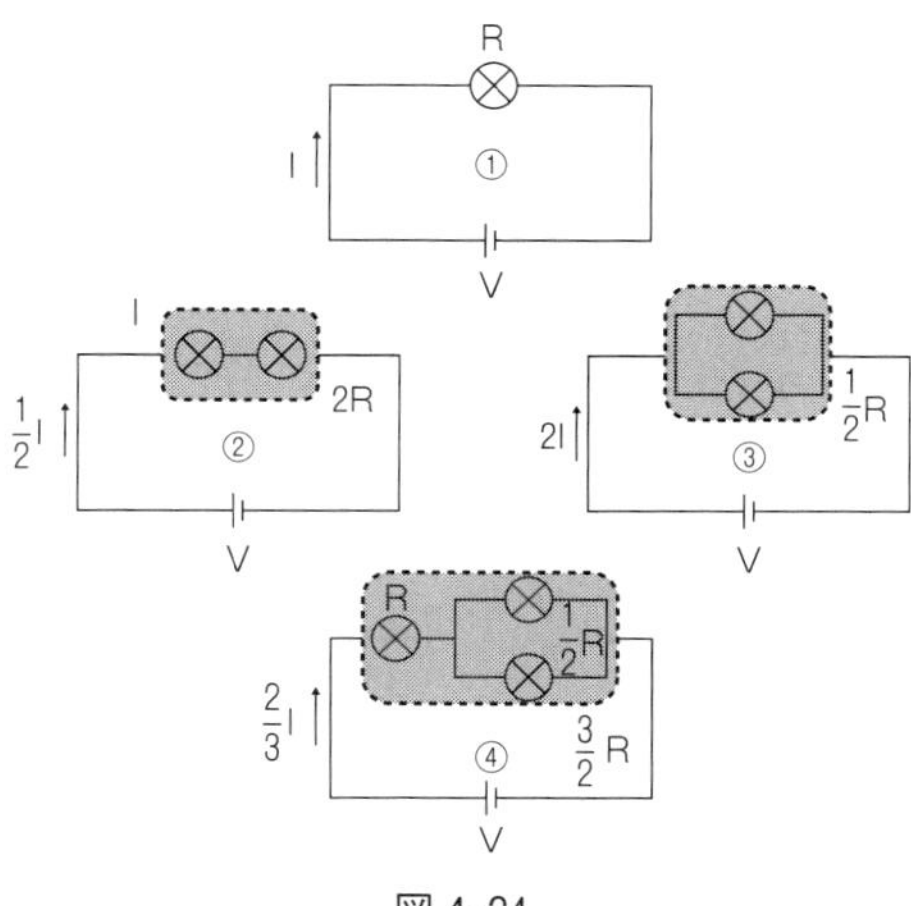

図 4-24

断面積がそれぞれだけ広くなりますので、それぞれが1つのときと比べて、抵抗は小さくなります（図4－23）。

以上の理解をもとに、中学入試や高校入試でも頻出の豆電球を流れる電流の量を計算してみましょう。

図4－24の①の回路を基本の回路として考えます。なお、電池の内部抵抗は無視できるものとします。②の回路では電球が直列に2個ならんでいます（抵抗の長さが2倍になります）ので、回路全体の抵抗の大きさは①の2倍。よって流れる電流は①の半分です。一方、③の回路は電球が2個並列に並んでいます（抵抗の断面積が2倍になります）ので、回路全体の抵抗の大きさ

は①の半分。よって流れる電流は①の倍です。
さらに④の回路の場合は、並列部分は抵抗が①の半分であることに注意すると、抵抗の大きさが①と同じ抵抗と、①の半分の抵抗が直列に繋がれていることになります。つまり回路全体の抵抗の値は①の1・5倍。よって、流れる電流は①の2／3倍（0・66……）倍です。

コラム　**クーロンとオームに先んじた「趣味の人」キャヴェンディッシュ**

科学史に相当詳しい方でなければ、**ヘンリー・キャヴェンディッシュ**（1731―1810）の名前はご存じないと思います。ただし、イギリスのケンブリッジ大学に属する「キャヴェンディシュ研究所」のことなら聞いたことがあるという方はいらっしゃるかもしれません。「キャヴェンディッシュ研究所」は、古典電磁気学を確立したかの**ジェームズ・クラーク・マクスウェル**（1831―1879）が初代所長を努め、これまでに29人のノーベル賞受賞者を輩出しているヨーロッパでも随一の物理学研究所です。

私は大学に入ってからすぐの頃に先輩から「一番だけが研究であって、二番以降は勉強だ」と聞かされました。「研究」とはだれも到達していない真実を解き明かすことであり、誰かの探求の後を追いかけるのは、「勉強」に過ぎないというわけです。実際、科学界では、第一発見者だけが、その成果にふさわしい栄誉と報酬を得ます。だからこそ、科学者たちは、なにがしかの結論が得られるや否や我先にと発表します。そうでなければ、自分の長年の苦労が水泡に帰してしまうからです。

しかし、ヘンリー・キャヴェンディッシュは違いました。彼は自分の得た成果を発表すること、そして世間の尊敬を集めることにおよそ無頓着だったのです。名門貴族の家系に生まれ、大富豪だったキャヴェンディッシュは本宅の他に、蔵書用の邸宅、実験用の邸宅もあったそうです。そして、錬金術が隆盛を誇った時代——万物は火・土・空気・水の四元素から成り、これらを化学的に反応させれば金を作ることが可能であると信じられていた時代——に水素を発見したり、水が元素ではないことを明らかにしたりしました。また、地球の平均密度を当時としては非常に良い精度で計算した論文も有名です。

ビオ＝サヴァールの法則（後述）に名を残しているジャン＝バティスト・ビオ（1

774―1862）は、キャヴェンディッシュのことを「科学者の中で一番の金持ちであり、金持ちの中で最も偉大な科学者である」と評しました。

ただし、右に書いた成果はキャヴェンディッシュが到達した真理のごく一部でしかありません。極端に社交を嫌い、引きこもりのような生活をしながら、ただひたすら実験に没頭した彼は、得られた多くのデータを論文にまとめませんでした。おそらく、彼にとっては真実さえわかればそれで十分だったのでしょう。

彼の死の約60年後にその実験ノートを譲り受けたマクスウェルは、キャヴェンディッシュの成果に瞠目しました。なんとそこには、クーロンの法則やオームの法則と同等の内容が記されてたのです。実験ノートによると、前者はクーロンが発見する約10年前、後者に至っては約50年前に発見されていたことになります。それだけではありません。後にファラデーが発見することになる「誘電率」に関するものや、19世紀の後半に発表された希薄溶液中の電気伝導性についての驚くべき成果もありました。

言うまでもなく、これらはどれも電磁気学の根幹をなす基本原理であり、当時ノーベル賞があれば、このうちのどれか一つを発見しただけでも受賞は間違いありません。もし、キャヴェンディッシュがふつうの科学者並に、先取権を得ることに興味があったのなら、彼は「電磁気学の父」として、ガリレオやニュートンに並ぶ偉人として、永遠に歴史にその名を刻んだことでしょう。

ただ私はこうも思います。科学者たるもの、自身が発見した真実は速やかに公表し、人類の科学の発展に寄与するべきではないでしょうか。そういう意味では、キャヴェンディッシュは自身を「科学者」とは思っておらず、有り余る富を得て、ただひたすらに科学を趣味として楽しんだだけだったのかもしれません。

数式博物館⑨オームの法則を導く

電子1個の電荷をe、電場の大きさをEとすると、電子が電場から受ける力はeEです（そういう定義になっています）。この電場から受ける力とつりあいを保ちながら、抵抗の長さLだけ電子を移動させることを考えると、そのときの外力のする仕事はeELであり、これが1個の電子が持つ位置エネルギーです。電位は1クーロンあたりの位置エネルギーなので、抵抗の両端の電位差（電圧）VとEの関係は次の通り。

$$V=\frac{eEL}{e}=EL \Rightarrow E=\frac{V}{L} \quad \cdots①$$

また、電子の速度vに比例する「抵抗力」の大きさをkvとする（kは比例定数）と、**電子の速度が一定のとき**、抵抗力は電場からの力と釣り合うので、①より

$$eE=kv \Rightarrow v=\frac{e}{k}E=\frac{e}{k}\cdot\frac{V}{L} \quad \cdots②$$

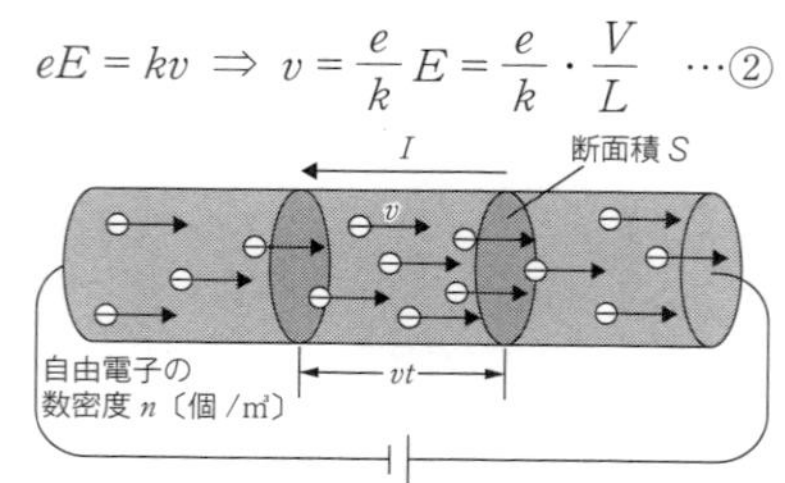

一方、電流は1秒間にある断面を通過する電荷量。抵抗内の電子の数密度（1m³中の数）をn、抵抗の断面積をS、電流の大きさをIとすると、②より

$$I=\frac{neSvt}{t}=neSv=neS\frac{eV}{kL} \Rightarrow V=\frac{k}{ne^2}\cdot\frac{L}{S}\cdot I$$

ここで、$R=\frac{k}{ne^2}\cdot\frac{L}{S}$とおけば、$V=RI$となりオームの法則を得ます。さらに、$R=\rho\frac{L}{S}$であることから、抵抗率は$\rho=\frac{k}{ne^2}$であることもわかります。

3 電流と磁場

先ほどのコラムで、キャヴェンディッシュは自身のことを「科学者」とは思っていなかったのではないか、と書きましたが、ある意味それは当然です。なぜなら、この言葉が造られたのはキャヴェンディッシュの死後のことだからです。それまでは自然界に起こる出来事を体系的・理論的に説明しようとする者は皆、**自然哲学者**（natural philosopher）と呼ばれていました。

科学者（scientist）という言葉を造ったのは、イギリスの科学哲学者であり、神学者でもあった**ウィリアム・ヒューウェル**（1794―1866）です。ヒューウェルは、1840年に刊行した『帰納的科学の哲学』の中で「今日、科学の開拓者（cultivator of science）を意味する名称を決める必要が出てきている。そこで、私は彼らを"scientist"と呼びたいと思う」と書いています。

19世紀に入ると、産業革命が進むにつれて、科学にかかわる人材が求められるようになりました。一方、物理学の特に力学の分野は、ニュートンらが生み出した高度な数学の素養を持った者でなければ現象を記述することができなくなっていました。しかもこうした傾向は他分野にも広がりつつあったので、特別な技術を持った専門家――とりわけ数学の高等教育を受けた者――を育成する機関が、フランスやドイツ、イギリスなどで増えていきました。ヒューウェルの生まれた年にパリに創設されたエコール・ポリテクニクはその先駆けです。こうした学校を修了し、科学の研究を職業とする専門家集団を指し示す言葉が必要になったのはごく自然な流れだと思います。

端的に言えば、科学者とは、観察と実験という「経験」によって得られたデータを、数学を用いて客観的に記述する者であるのに対し、自然哲学者とは、経験よりも思考や論理に重きを置いて思弁的に自然現象を捉える者を指します。

以前、物体の落下について、アリストテレスはその「理由」を考えたのに対し、ガリレオは測定と数学による記述に専心したという話を紹介しました。前者は自然哲学者の視点であり、後者は（まだ言葉はなかったものの）科学者の視点だと言えるでしょう。

余談ですが、ヒューウェルは親交のあったファラデー（後に詳しく紹介します）と共に、電気分解（electrolysis）、電極（electrode）、陽極（anode）、陰極（cathode）、電解質（electrolyte）、イオン（ion）などの用語も造っています。彼には新しい言葉を考える才能があったようです。ちなみに、**物理学者**（physicist）という言葉を考えたのもヒューウェルです。

†電流が作る磁場

19世紀前半の時代は、力学に比べて電磁気の分野は未開拓であったため、自然哲学者的見地から貢献する者が少なくありませんでした。デンマークのコペンハーゲン大学の教授であった**ハンス・クリスティアン・エルステッド**（1777―1851）もその一人です。

1820年、エルステッドはある講義の中で、電流が金属線に流れると金属が熱くなるという実験を行なっていました。そのとき彼は、たまたま近くにあった方位磁石の磁針が金属線の方に振れるのを発見します。電流を切ると磁針は元通り北を指しますが、ふたたび電流を流すとやはり磁針は先ほどと同じ方向に振れました。これを見たエルステッドはただちに「金属線は電流を流すと磁石になる」という事実に気づいたそうです。

エルステッドの専門にはカント哲学の研究も含まれていました。カント哲学の特徴は、人間が知覚できないものは人間にとっての真理ではない、逆に言えば、人間にとっての真理は、人間の知覚によって規定されると考えるところにあります。私たちはつい、新しい現象が観測されても、それをつい旧来の理論によって説明しようとしてしまうものですが、カントの考えは、初めて見る自然現象は新しい真理を示唆しているのだと教えてくれます。エルステッドが電気と磁気の密接な関係の第一発見者になり得たのは、彼の中に、カント哲学に影響を受けた柔軟な発想があったからかもしれません。

電流が磁石に影響を与えるという話は、またたく間に各国に伝わりました。特にフランスは当時、数学のレベルが高かったため、「科学者」的にこの現象を記述することに成功する者たちが現れます。それがジャン＝バティスト・ビオ（267頁）と**フェリックス・サヴァール**（1791－1841）です。2人は、地磁気の影響を取り除く工夫をしながら、実験を重ね、直線電流では電線からの距離の2乗に反比例する**磁力**（magnetic force）が生じることをつきとめました。これは前に紹介した電場におけるクーロンの法則に相当するものと言えます。さらに、電線の微小部分に流れる電流が任意の場所にある磁石に及ぼす力の大きさを数式化し、これを重ね合わせることで（積分することで）電流全体が周囲の磁石に及ぼす力を計算することにも成功しました。

電荷に力を及ぼす空間を電場と言うように、磁石に力を及ぼす空間を**磁場**（magnetic field）あるいは**磁界**と言います。磁場の中に磁石を置くと、N極は磁場の方向の力を受け、S極は磁場の方向とは逆向きの力を受けます。すなわち、方位磁針のN極の指す方向が磁

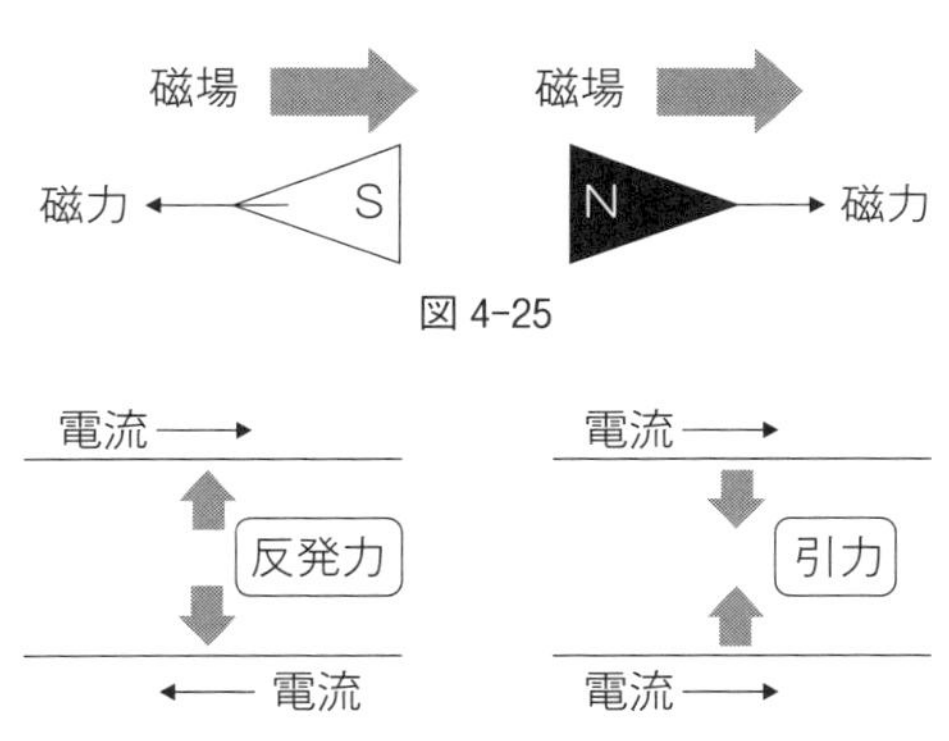

図 4-25

図 4-26

場の向きです（図4－25）。ビオとサヴァールの功績によって、**電流はまわりに磁場を生み出す**ことが明らかになりました。これを**ビオ＝サヴァールの法則（Biot-Savart law）**と言います。

　フランスにはもう一人、エルステッドの発見を「科学者」的な視点でいち早くまとめあげた人物がいます。電流の単位にその名を残しているアンドレ＝マリ・アンペール（238頁）です。

　彼は電流を流した金属線が磁石になるのなら、電流を流した金属線どうしの間には力が働くだろうと考え、**同じ向きに流れる電流どうしの間には引力、反対向きに流れる電流どうしの間には反発力が働く**ことを発見し、その力を数式化することにも成功しました（図4－26）。

　前に、アンペールが電流の正体は正の電荷であると考えてしまったために、その後の混乱が生じている、という話を紹介しました。彼が電流の「向き」にことさら注目するようになったのは、電流の間に働く力が引力だったり反発力だったりしたことがきっかけだったようです。

アンペールはさらに、いわゆる**「右ねじの法則」**として知られる法則も発見しました。これは電流の向きと電流が生み出す磁場の向きに関する法則です。中学の理科でも登場するので、名前は聞いたことがある、という方は多いのではないでしょうか？

私たちが通常使用しているねじは「右ねじ」と言って、右回り（時計回り）に回すと締まります。ちなみに、扇風機の羽の取り付けねじや稼動部を両端で固定する軸の片側などは、ゆるみ防止のため左ねじが利用されていて、左回り（反時計回り）に回すと締まるようになっています。

電流が作る磁場の向きは、電流の向きに右ねじが進むとき、ねじを回す方向と一致する、というのが右ねじの法則です（図4‐27）。

ただし、「右ねじの法則」は、日本流の呼び名で、欧米ではふつう**右手の法則（right-hand rule）**と言います（日本でも欧米風に「右手の法則」という名称で習うケースがあるようです）右手を出してグッド（いいね！）の形にしたとき、**親指の指す方向が電流の向きで、**

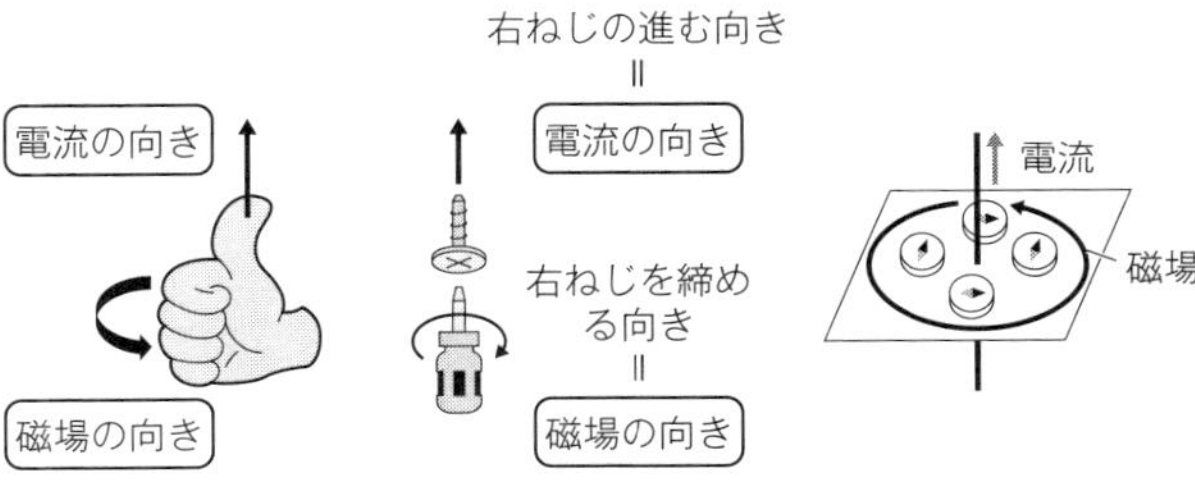

図 4-27

残りの指の方向が磁場の向きに一致するからです。

円形電流に右ねじの法則（右手の法則）をあてはめると、次頁の図４－28のように円形の面に垂直な磁場が生まれることがわかります。このときの磁場は、棒磁石が生み出す磁場によく似ていることから、アンペールは、磁石の中には無数の小さな環状電流が流れているのではないか、と考えました。これを**アンペールの分子電流説**といいます。当時、この説は否定されましたが、彼の考えは間違いではありませんでした。

実は、原子の中の電子は、「スピン」と呼ばれる自転に似た性質を持っています。これが、円形電流と同じように、まわりに磁場を生み出すのです。いわば、どんな元素も無数の**「電子磁石」**を持っていると思っていいでしょう。ただし、ほとんどの元素では、それぞれの「電子磁石」の向きはバラバラなため、お互いの磁場が打ち消しあってしまい、全体としては磁石になりません。磁石になる性質を持つ金属（強磁性元素といいま

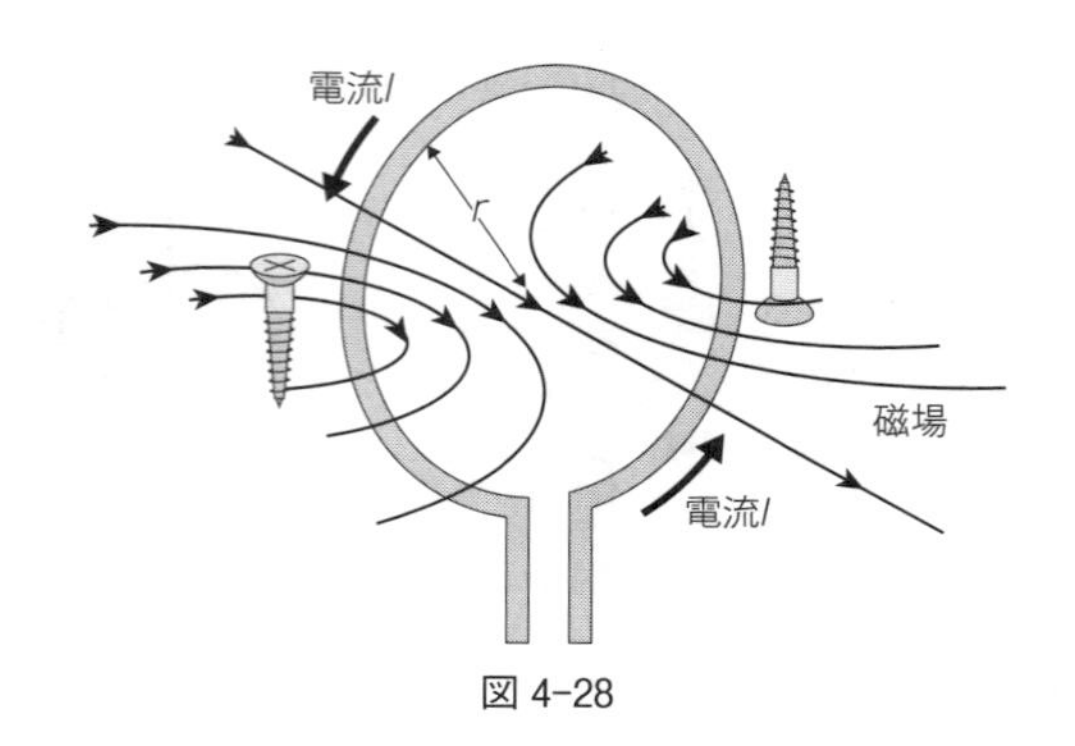

図 4-28

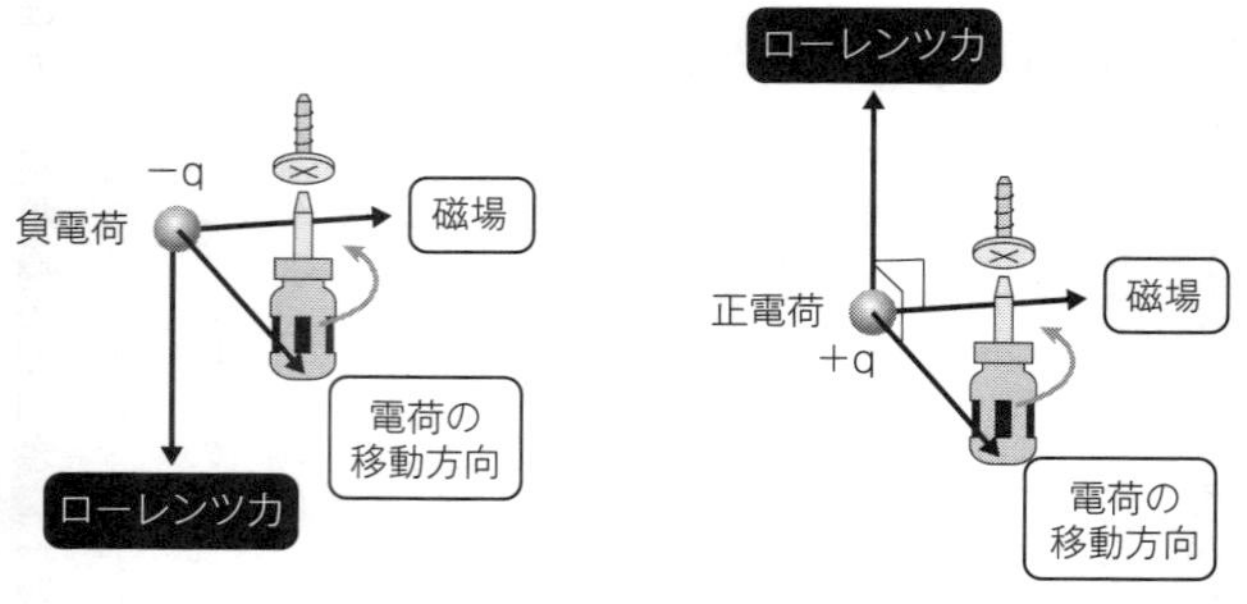

図 4-29

す）が鉄とコバルト、ニッケルの3種類しかないのはそのためです。これらの元素では、いくつかの「電子磁石」の向きが揃うために、全体としても磁石の性質を持つのです。

†磁場が電流に及ぼす力

磁場の中を移動する電荷は、図4‐29のように磁場の方向とも電荷の方向とも垂直な方向に力を受けます。この力を**ローレンツ力**（**Lorentz force**）といいます。先ほど、磁石に力を及ぼす空間を磁場という、と書きましたが、**磁場とは運動する電荷に力を及ぼす空間**でもあるのです。

ローレンツ力の方向は、正電荷の場合は、電荷の移動方向から磁場の方向に回したときに右ねじが進む方向になります。ただし負電荷の場合は、逆方向になりますので注意してください（図4‐29）。

余談ですが、ローレンツ力を発見したオランダの**ヘンドリック・ローレンツ**（1853－1928）は、原子中に振動する荷電粒子が存在することの証拠となるいわゆる「ゼーマン効果」に理論的解釈を与えた功績によって、弟子のピーター・ゼーマンと共に第2回のノーベル物理学賞を受賞しています。また、かのアインシュタインをして「私個人にとって、人生で出会った最重要人物」と言わしめました。

実際、アインシュタインの特殊相対性理論（巻末の特別コラム参照）はローレンツの電磁気における研究成果の上に成り立っています。

ローレンツ力の方向は、少々わかりづらいため、ロンドン大学で教鞭をとっていた**ジョン・フレミング**（1849―1945）は、学生のためにいわゆる**「フレミングの左手の法則」**を考案しました（図4-30参照）。今では、日本を含め多くの国でこの手の形は――どの指が何を表すかは忘れてしまったとしても――有名です。

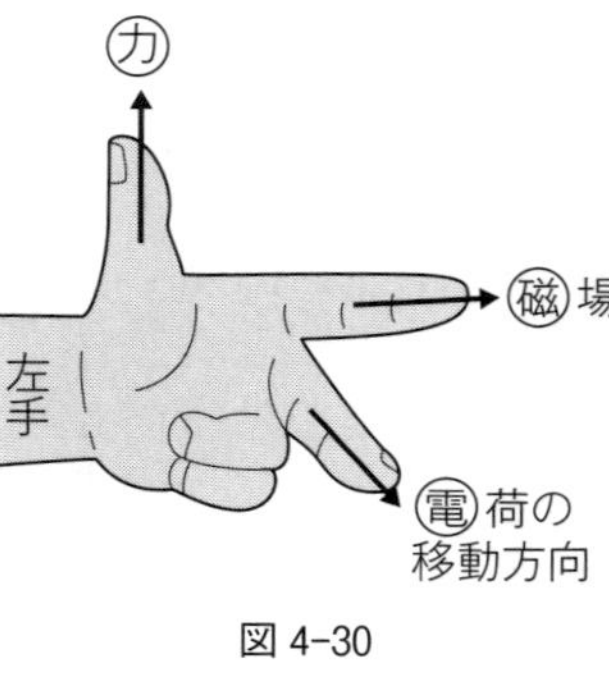

図 4-30

フレミングの左手の法則では、電荷が正電荷の場合、中指が電荷の移動方向、人差し指が磁場の方向、親指がローレンツ力の方向を表します。フレミング自身は

中指（seCond finger）→電流（Current）
人差指（First finger）→磁場（Field）

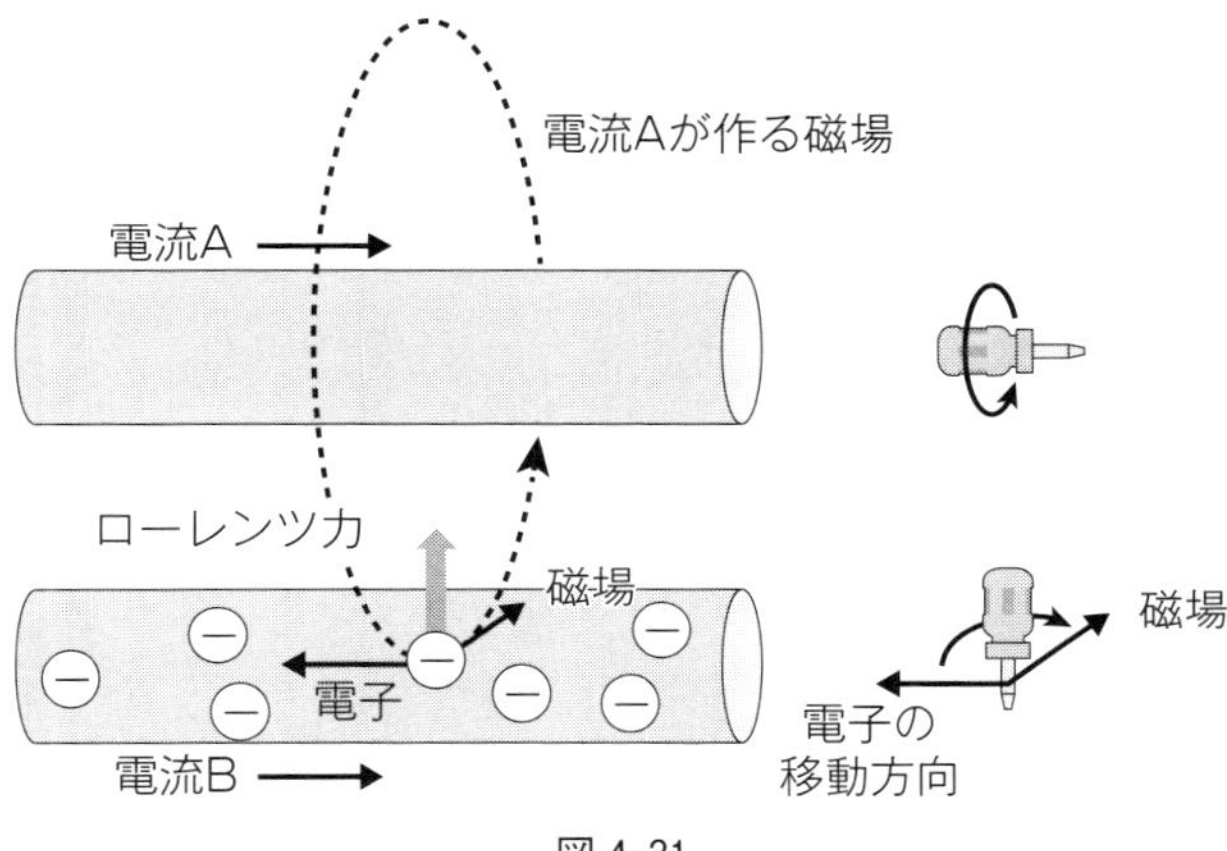

図 4-31

親指（THumb）→推力（THrust）

と指の名称と対応をつけて覚えさせようとしたようですが、日本では中指→人差し指→親指の順に「電・磁・力」と覚えることが多いです。どの指から始まるのかが不安であれば、一番強い指である親指は「親指＝力」と覚えておくと良いでしょう。

電流の正体は電子の流れ（移動）なので、電流が磁場から受ける力もローレンツ力で説明できます。

図4－31のように、電流Aと電流Bが同じ方向に流れている状況を考えてみましょう。

電流Aはまわりに磁場をつくり、その向きは右ねじの法則（あるいは右手の法則）から図のようになります。一方、電流Bの電子（移動方向は電流の方向と逆）は、電流Aが作り出す磁場の中を移動することになるのでローレンツ力を受けます。正電荷であればその向きは、電荷の移動方向から磁場の方向に回したときに右ねじが進む方向（あるいはフレミングの左手の法則における親指の方向）すなわち図の下向きですが、電子は負の電荷を持っているので、電流Bの電子が受けるローレンツ力は、図の上向き（電流Aの方向）になります。電流Bのすべての電子について同じことが言えるので、電流B全体は電流Aの方に引っ張られることになるわけです。同様に、電流Bが作り出す磁場によって、電流Aのすべての電子は電流Bの方向にローレンツ力を受け、電流A全体は電流Bの方向に引っ張られることもわかります。結局、275頁で見たように、同じ方向に流れる電流どうしには引力が働きます。なお、ここでは省きますが、余力のある方は、逆向きに流れる電流どうしには、反発力が働くことも確かめてみてください。

†電磁誘導

電気分解のパイオニアであり、1人で6種類の新元素を発見した唯一の化学者としても知られるハンフリー・デービー（243頁）は、ハンサムな上に話術にも長けていたため、王立研究所が一般向けに行なっていた定期講演会で一躍人気者になりました。その数百人の観客の中にいたのが**マイケル・ファラデー**（１７９１－１８６７）です。ファラデーは、貧しい家に生まれ、学校にもほとんど行ったことがありませんでしたが、13歳の頃から奉公した製本屋で多くの書物にふれるうち、とりわけ科学に大きな興味を持つようになりました。デービーの講演に感銘を受けたファラデーは、講演の内容をノートにまとめ、革表紙を付けて製本しました。それは金箔による装飾なども入っていて、まるで工芸品のような美しさだったそうです。科学への憧れが日に日に強くなっていったファラデーは、この「講演ノート」をデービーのもとに送り、「助手にしてほしい」と嘆願しました。デービーは自分の講演の内容が見事にまとめられていることと、製本の美しさには感心したものの、すぐにはファラデーを迎え入れませんでした。予算の制約等もあったのでしょう。しかし、あるときデービーは実験中に大怪我をしてしまいます。この事故で視力を損ない、新しい助手が必要になったデービーは、ファラデーを呼び寄せました。１８１３年のことです。

ファラデーは持ち前の器用さと、柔軟な発想ですぐに頭角を現します。電流が円形の磁場を作ることを利用して、電気の力で磁石が回転する装置を作ったり、塩素を液化することに成功したり、ベンゼンを発見したり……。その華々しい活躍ぶりから「デービーの最

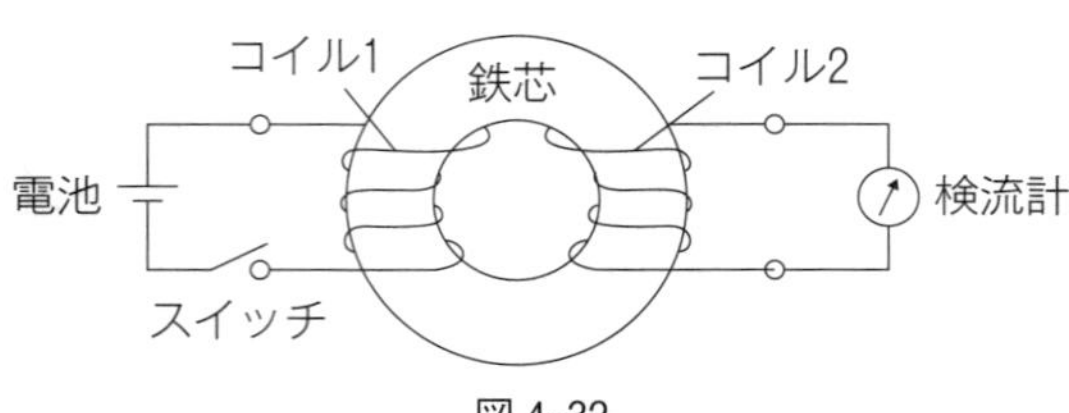

図 4-32

大の発見は、ファラデーを発見したことだ」とまで言われました。

　そんなファラデーの功績の中でも特に重要なのは、磁力を使って電流を作ることに成功したことです。電流が磁場を生み出すのなら、その反対に**磁場が電流を生み出すこともあり得るのではないか**と考えたファラデーは、自身の考えを立証するため、環状の鉄心に2つのコイルを巻き付けて、片方のコイルには電池、もう片方のコイルには特製の鋭敏な検流計をつないだ装置を考えました（図4－32参照）。コイル1に電流が流れれば磁場が生まれます。その磁場が鉄芯を通って、コイル2を貫くことで、コイル2に電流が流れることを期待したわけです。

　しかし、何度実験してもコイル2に電流が流れる様子はありません。ファラデーはなかなかあきらめられず、コイルを巻き付けた鉄芯を常に持ち歩いていたと言います。そんなある日のことです。やはりコイル2に流れる電流は捉えられず、失意の中、電池のスイッチを切ると、その瞬間、検流計の針がわずかに動くではありません

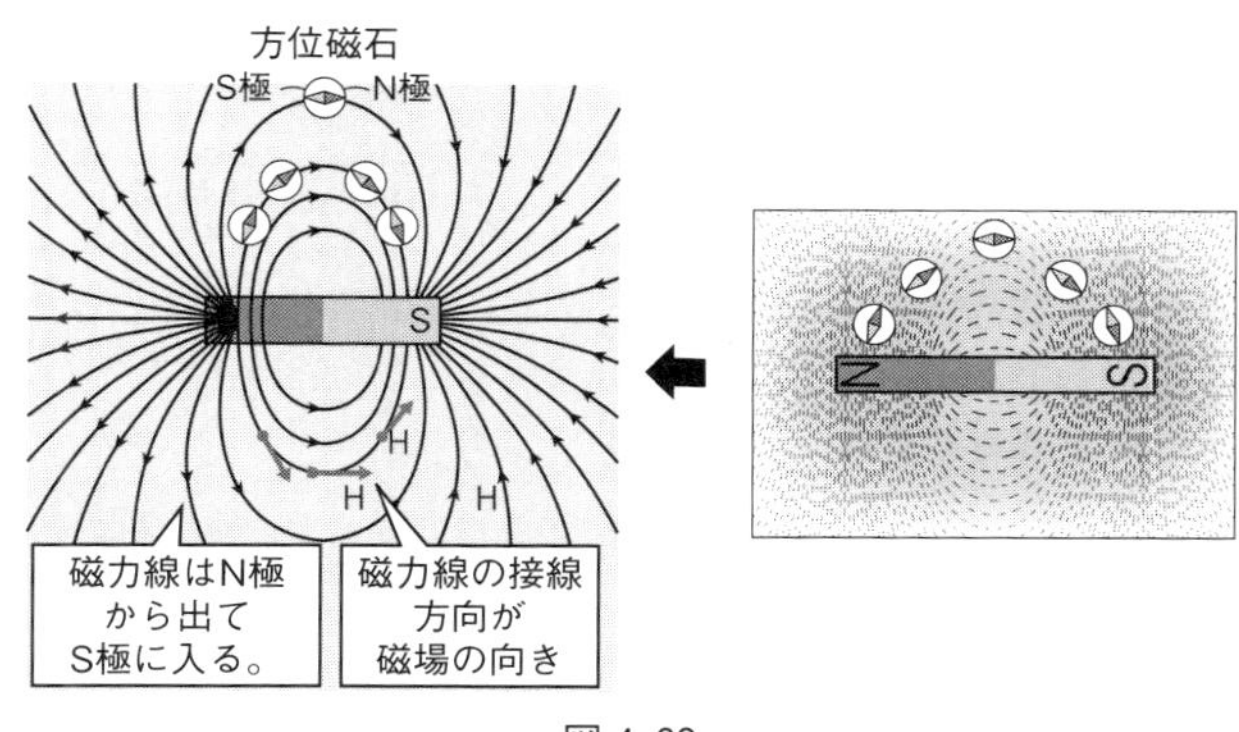

図 4-33

か。その後、改めてスイッチを入れてみると、入れた瞬間だけまた検流計の針が動きました。このことから、ファラデーは、コイル1に流れる電流が変化して、磁場が変わったときにだけ、コイル2に電流が流れるのではないか考えました。そこで、今度は検流計をつないだコイルの近くで棒磁石を動かす実験をしてみました。ファラデーの読み通り、検流計の針が振れて、コイルに流れる電流を確認することができました。

このように、コイルのまわりの磁場が変化するとコイルに電流が流れる現象を**電磁誘導**（electro-magnetic induction）と言います。

この現象を説明するために、ファラデーが考案したのが**磁力線**（line of magnetic force）です。ファラデーは、私たちも子供のときに楽しんだ砂鉄と棒磁石でできる図4－33のような模様を参考に、**「空間には磁力を伝える『磁力線』というものが存在する。磁力線はN極から出てS極に入り、磁力線における接線の方向はその場所における磁力の方向を表している」**と考えました。そして、**磁力線が密集しているところほど磁場が強い**としました。磁力と電気力の間には密接な関係があると考えていたファラデーは、電荷どうしの間には、磁力線とよく似た性質の**電気力線（line of electric force）**なるものが存在すると提唱しています。

　磁力線を用いてファラデーは電磁誘導を次のように説明しました。**「導体が磁力線を横切ると、横切った磁力線の数に比例して、導体中に起電力が生じる」**

　コイルの場合、コイルが磁力線を横切ると、コイルを貫く磁力線の本数や向き、密集度などが変化します（図4－34）。すなわちファラデーの電磁誘導の法則は**「コイルを貫く磁力線に変化があるとコイルには起電力が生じる」**と読み替えることもできます。

　ファラデーは、自身のこの理論を裏付けるべく、図4－35のような装置を作りました。そして見事、銅板から電流を取り出すことに成功しています。これは人類初の**発電機**であり、これによって、電池よりもはるかに低コストで豊富な電流が得られるようになりました。大量の電気を必要とする「現代」は、ファラデーのこの発明から始まったと言っても

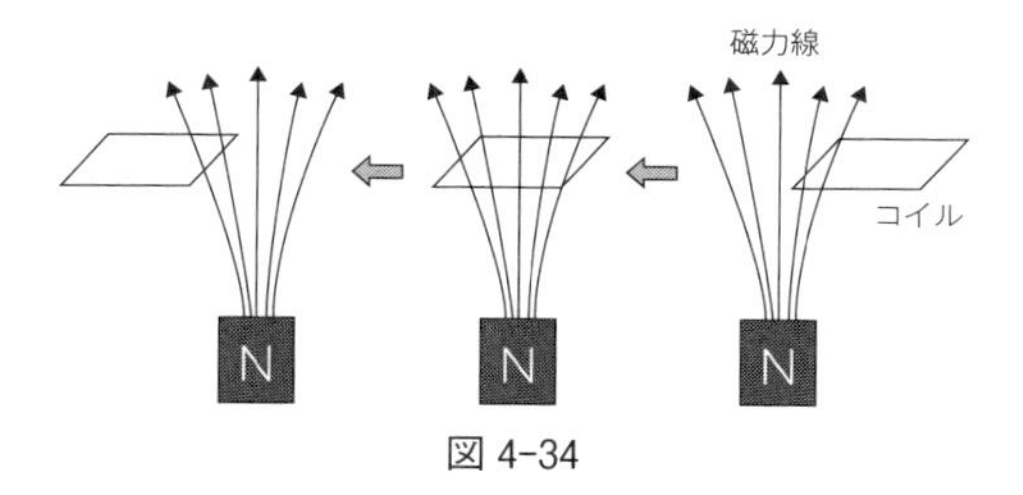

図 4-34

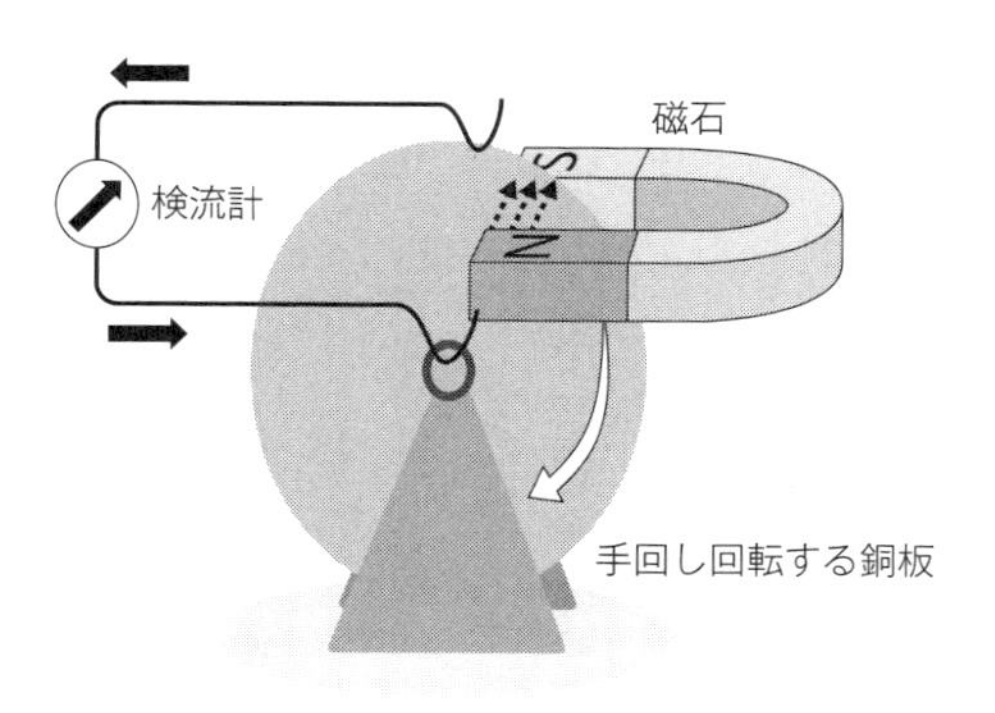

図 4-35

過言ではないでしょう。

†マクスウェル方程式

ファラデーの輝かしい業績の中で、電磁誘導の発見とそれを応用した発電機の発明は、現代文明を支える礎であるという点で非常に重要であることは言うまでもありません。しかし、それと双璧の、いやもしかしたらそれ以上に重大なファラデーの功績は、磁力線と電気力線を考案したことでしょう。磁力線や電気力線のアイディアは、空間そのものが物理現象を引き起こす性質を持っていることを意味します。これは、前述の「場」の概念につながる考えであり、磁力線や電気力線が一様ではない――いくつかの曲線群であり、密集具合もところによって違う――ことは、空間には磁気的あるいは電気的な「歪み」があることを連想させます。

物質や物体ばかりではなく、たとえ真空だったとしても空間そのものも研究の対象になったことは、物理学にとってはまさにエポックメイキングな出来事でした。実際、「場」の概念が生まれ、空間の「歪み」に目を向けるようになったことは、19世紀の物理学における最も偉大な成果だと言われることもあります。

ファラデーは学校にはほとんど行かなかったこともあり、高度な数学を駆使することはできませんでした。しかし、ファラデーは非常に優れた実験の技術と豊かな発想を持っていました。「**ファラデーは真実を嗅ぎつける**」というのは、そんなファラデーを評した有名な言葉です。またファラデー自身も

「さらに試行せよ。何が可能かを知るために」

という言葉を遺しています。

とはいえ、ファラデーが開拓した電気と磁気の新しい物理の世界を先に進めるためには、どうしても数学の力が必要でした。そこで登場するのが、同じイギリス人物理学者である**ジェームズ・クラーク・マクスウェル**（266頁）です。ファラデーが電磁誘導を発見した年に生まれたマクスウェルは、弱冠14歳にして、エジンバラ王立協会の会合で「デカルトよりも一般的である」と激賞される論文を発表したほどの数学の天才でした。そのマクスウェルは、25歳のとき、ファラデーの磁力線および電気力線のアイディアに感銘を受けて、数学的な表現でこれらを論文にまとめました。さらに2年後には、その発展として「**電磁場の動力学的理論**」というタイトルの論文を発表し、この中でいわゆる**マクスウェル方程式**を紹介しています。マクスウェル方程式は、電磁気学の基本方程式であり、力学で言え

ば、ニュートンの考案した運動方程式にあたるものです。マクスウェル方程式は当初20個あったのですが、後に次の4つにまとめられました。

【マクスウェル方程式】

①　**電気力線に関する方程式**（内容：電荷はまわりに電場を生み出す）
②　**電磁誘導に関する方程式**（内容：磁場が変化すると電場が生じる）
③　**磁力線に関する方程式**（内容：モノポールは存在しない）
④　**アンペールの法則に関する方程式**
（内容：電流が存在したり、電場が変化したりすると磁場が生じる）

③と④については少し補足しましょう。

③について

「モノポール」というのは日本語では「磁気単極子」と言い、N極だけ、あるいはS極だけの磁石のことです。③はこれが存在しないことを意味します。たとえば棒磁石を中央で切断したとしても、N極とS極に分けることはできません。それぞれがN極とS極をもつ棒磁石になります。実は磁石というのは、どこまで細かく砕いても、必ずN極とS極がペアになります（図4－36）。前にも紹介したように、もともと磁石は、一つ一つが磁石の性質を持つ「電子磁石」（277頁）の集まりであり、電子磁石はN極とS極がペアになっていることがその理由です。

ただし、量子力学を用いると、ある条件下ではモノポールが理論的には存在し得ることがわかっています。こう言うと、「じゃあ、もし今後、実際にモノポールの存在が確認されたら、マクスウェル方程式は使えなくなるの？」と不安に思われるかもしれませんが、そんなことはありません。電荷は正の電荷と負の電荷がそれぞれ単独に存在し、その場合でも電気力線は定義できるので、磁力線に関する③の方程式も、電気力線に関する方程式である①に準ずる形に直せば通用します。モノポールの存在は、マクスウェル方程式全体を否定するものではないのでどうぞご安心ください。

ファラデーが磁力線や電気力線を考案し、空間を物理的な性質を持つ「場」と捉えたことは先に書いた通りです。その上でマクスウェルは、互いを誘発する関係にある電場と磁場を合わせて**「電磁場**

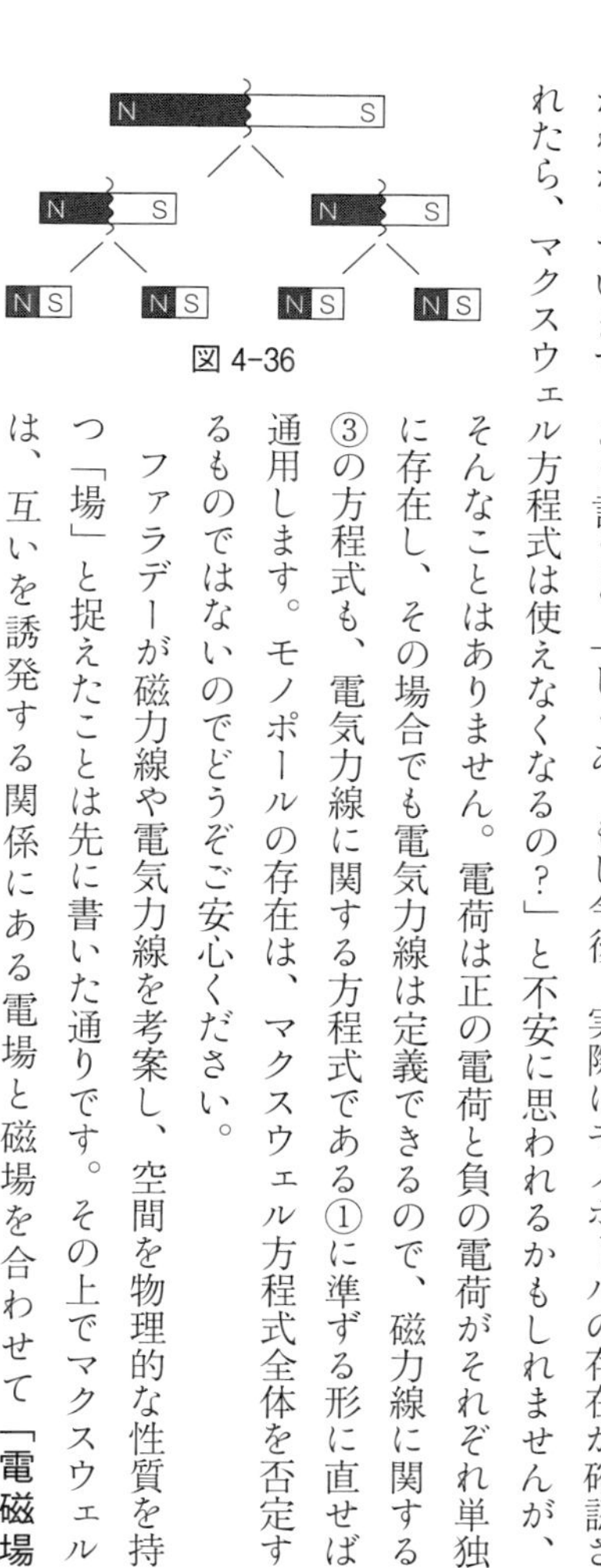

図 4-36

（electromagnetic field）」と呼びました。電場と磁場を統一的に扱ったわけです。マクスウェルのこの見方は、やがて、「自然界のすべての力は同じ起源を持つのではないか？」というアイディアにつながります。

第1章で紹介した自然界の4つの力（重力相互作用・電磁相互作用・強い核力・弱い核力）のうち、重力を除く3つを統一する理論を**大統一理論**と言います。この大統一理論とビッグバン宇宙論を組み合わせると、宇宙の誕生（ビッグバン）直後にはモノポールが大量に作られたはずなのです。それなのに、現在はひとつも残っていないというのはおかしい。もしモノポールが発見できれば、大統一理論やビッグバン宇宙論の正しさが証明できるので、モノポールの観測は、現代物理学の最重要課題のひとつであると言っても過言ではありません。

④について

276頁で、電流のまわりには「右ねじの法則」の方向に磁場が生じることを紹介しました。これを**「アンペールの法則」**と言います。これに対しマクスウェルは、電流がなくても、電場さえ変化すれば、磁場が生じるのではないかと考えました。マクスウェルはこれを確かめるために、コンデンサーを組み込んだ回路を使って実験をしました。

コンデンサー（capacitor）というのは、２枚の金属板（極板といいます）を向かい合わせに設置することで、電荷を貯め込むためのものです。電池の負極側に繋がれた極板には電池から供給された電子が貯まり、極板全体が負に帯電します。これにより、その向かい側の極板の電子は導線を伝って逃げてしまうので、結果的に正に帯電します。これがコンデンサーに電荷が貯まる仕組みです（図４－37）。

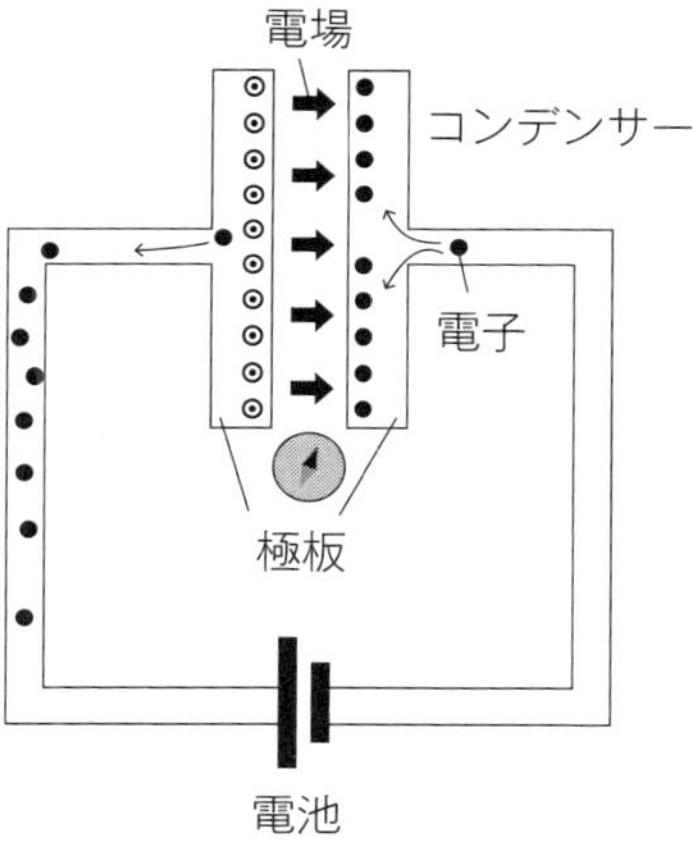

図 4-37

極板間には導線がないので、「電流」は流れません。でも、電池から電子が供給されることで、極板にたまる電荷は変化するので、その電荷量に応じて極板間の電場は変化します。そこで、マクスウェルはコンデンサーの近くに磁場が生じるかどうかを測定しました。もし磁場を生じるためには電流が欠かせないというのなら、コンデンサーの近くには磁場は生まれないはずです。

結果は、マクスウェルの予想通り、コンデンサーのすぐ近くにも――電流の近くと同じように――磁場が確認できました。やはり、電流はなくとも**電場が変化すれば磁場は生じる**のです。この結果を受けて、マクスウェルは、アンペールの法則を発展させる形で④の方程式を導きました。

†電磁波

マクスウェル方程式のうち、磁場が変化すれば、電場が生じることを意味する②と（たとえ電流が存在しなくても）電場が変化すれば、磁場が生じることを意味する④は、きわめて対照的です。

前に「磁場とは運動する電荷に力を及ぼす空間である」と紹介しました。また「電場とは、荷電粒子に力を及ぼす空間」です。ここでちょっとした思考実験をしてみましょう。

今あなたは、「磁場のある空間」にいます。そこに速度を持つ荷電粒子がやってきました。どうなりますか？　そうですね。あなたのいる空間には磁場があるので、粒子は「フレミングの左手の法則」の親指の方向に、ローレンツ力を受けます。

次に、同じ空間にもうひとり別の観測者を用意します。ただし、この観測者は粒子と同じ速度で移動しています――実際には難しそうですが、仮想的にそういう状況だと思ってください。こちらの観測者にとっては、荷電粒子は静止して見えますので、もはやローレンツ力を受けているとは考えられません。しかし、粒子が力を受けているのは事実です。静止する荷電粒子が力を受けるということは、その空間には電場があると言わざるを得ないでしょう。つまりこの観測者にとっては、あなたのいる空間は、「電場のある空間」です。

立場が違えば、磁場と電場が入れ替わってしまうのは、一見不思議なことですが、ひとつの「場」を違う側面から見ているに過ぎないと考えれば、辻褄が合います。電場と磁場はまさに表裏一体なのです。

マクスウェルは、自身がまとめた方程式における電場と磁場に着目し、次のように考えました。

あるところに変化する電流があるとすると、そのまわりにアンペールの法則によって磁場が生まれる。これを「磁場①」としよう。電流が変化すると磁場①も変化するから、今度は電磁誘導の法則によって電場が生まれる。これを「電場①」とする。磁場①の変化によって、電場①も変化するので、また新しい磁場が生まれる。これを「磁場②」とする……と繰り返せば、磁場と電場が限りなく交互に生成されることになるのではないか？（図4−38）

こうして、マクスウェルは、変化する電流をきっかけに、周囲に電場と磁場が無限に広がっていくことを予想しました。一方、「マクスウェル方程式」を、電流や電荷がないという仮定のもとに連立方程式として解くと、電場と磁場がそれぞれ「波」であることを示す波動方程式が得られます。マクスウェルは、これらのことから、**変動する電場と磁場は交互に作用しながら波として伝わる**のではないかと考え、これを**電磁波（electromagnetic wave）**と名付けました（図4−39）。

マクスウェル自身は、電磁波を実験で確かめることはできませんでしたが、「マクスウェル方程式」をもとに伝播速度を計算してみたところ、なんとその速度は、当時知られていた光の速度（秒速30万km）にかなり近いものでした。このことを根拠に、マクスウェルは**「光は電磁波である」**との大胆な仮説を立てました。

マクスウェルの死後、ベルリン科学アカデミーは、その予言（仮説）が正しいかどうか

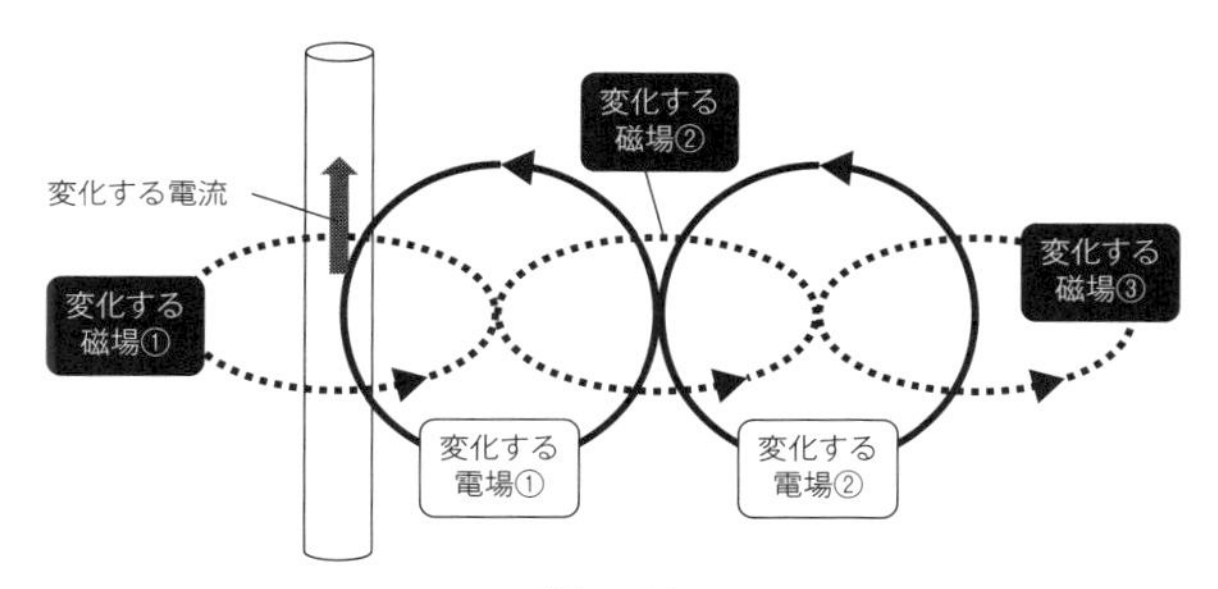
変化する電流
変化する
磁場①
変化する
磁場②
変化する
磁場③
変化する
電場①
変化する
電場②

図 4-38

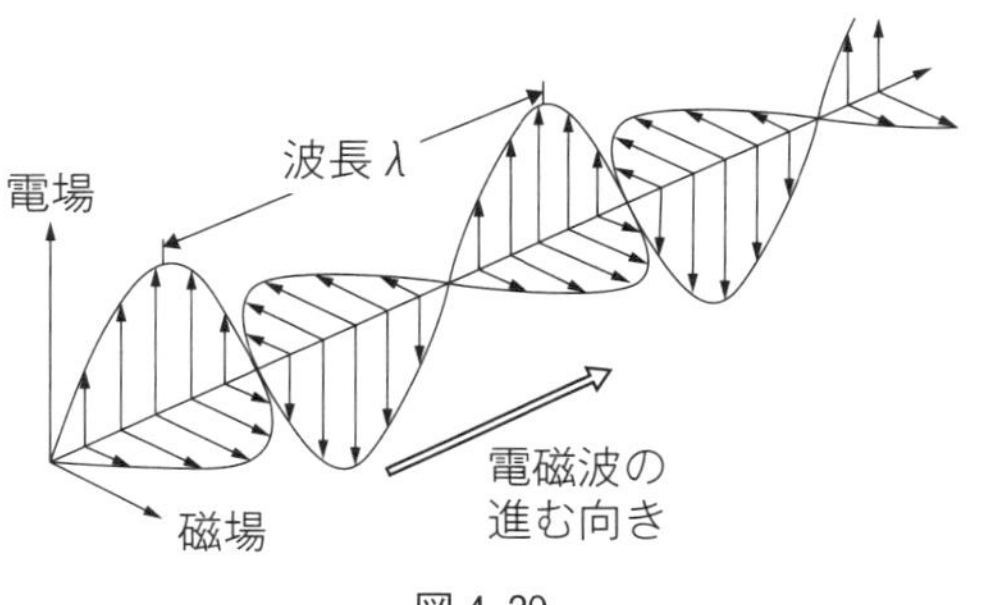
波長 λ
電場
磁場
電磁波の
進む向き

図 4-39

を検証する実験を懸賞付きで募集しました。そこに応募したのがドイツの**ハインリヒ・ヘルツ**（1857―1894）です。ヘルツは1888年に電磁波の存在を確かめ、さらに電磁波には直進、反射、屈折などの波の性質があることも実証しました。ただしヘルツは、わずか10年後にイタリアの**グリエルモ・マルコーニ**（1874―1937）によって実現する**無線電気通信**に、電磁波が応用できるということには気づいていなかったようです。

たとえば、ある導体Aを流れる電流が変動すると、電磁波が生まれ、電場と磁場が空間を――たとえ真空であったとしても――伝わっていきます。この電磁波が離れたところにある導体Bに当たると、その電場によって電子が動き、導体Bには電流が流れます。これは導体A（送信側）の電子の運動エネルギーが導体B（受信側）の電子に伝わったことを意味します。すなわち、**電磁波はエネルギーを伝える**のです。

マルコーニが開発した無線電気通信は、テレビ、ラジオ、携帯、無線LAN、衛星通信、電子レンジ等々、電波を使ったすべてのテクノロジーの基礎になっています。

私たちがふだん**「電波」**と呼んでいるものと「光」と呼んでいるものはどちらも電磁波ですが、波長が違います。**波長の短い電磁波は「光」**であり、**波長の長い電磁波は「電波」**です。具体的には、波長が0・1㎜以上の電磁波を電波といいます。

情報量：少 ↔ 多

直進性：弱 ↔ 強

名称		およその波長	主な用途
ELF	極超長波	100km～10万km	潜水艦通信
VLF	超長波	10km～100km	潜水艦通信
LF	長波	1km～10km	電波時計の標準電波 船舶／航空機用ビーコン
MF	中波	100m～1km	船舶通信 AM放送（ラジオ）
HF	短波	10m～100m	航空機通信 船舶通信 短波ラジオ ラジコン
VHF	超短波	1m～10m	FM放送（ラジオ） アマチュア無線
UHF	極超短波	10cm～1m	携帯電話 テレビ 無線LAN、Bluetooth 電子レンジ
SHF	センチ波	1cm～10cm	衛星放送 気象レーダー ETC 無線LAN
EHF	ミリ波	0.1mm～1cm	電波望遠鏡 衛星通信 自動車衝突防止レーダー

図4-40

電波は波長によって、その用途が違います。詳しくは図4－40を見てください。

一般に、波長が長いものは、伝える情報量が少ないのですが、非常に遠くまで伝えることができます。直進性も弱いので広い範囲に向けた通信に適していると言えるでしょう。電波はふつう、海中を透過することができませんが、波長が10km以上になれば、回折性（障害物を回り込む性質）に富むので、海中でも遠くに情報を伝えることができます。よって、潜水艦では超長波以上の波長の電波が使われるのです。

一方、波長が短いものは伝える情報量が多く、直進性も強いという特徴があるので、特定の方向に向けて通信するのに適しています。

特別コラム

特殊相対性理論入門

アインシュタインの書斎には3人の科学者の肖像画（写真）が飾られていました。その3人とは、ニュートンとファラデーとマクスウェルです。アインシュタインの書斎にニュートンが飾られていたことは「さもありなん」と思われるでしょうが、残りの2人がファラデーとマクスウェルだというのは、少々電磁気学に偏っていると感じる方も多いのではないでしょうか？

しかし、アインシュタインの特殊相対性理論は、**慣性系にいる**（等速直線運動をする）**すべての観測者が、マクスウェルの方程式を修正なく使えるようにするためには、ニュートン力学をどのように修正すべきか**を考えるところから始まっています。特殊相対性理論とは、いわば電磁気学に軸足を置いて着想された理論なのです。実際、特殊相対性理論の論文のタイトルは『運動物体の電気力学について』というものでした。ここでいう「電気力学」とは「電磁気学」のことですから、いかにアインシュタインが電磁気学を中心に考えていたかがわかります。

以上の経緯を踏まえれば、アインシュタインの書斎に飾られた3人のうちの2人が、電磁気学を切り拓き、その礎を築いたファラデーとマクスウェルであることはごく自然なことだと言えます。そこで、電磁気学を扱った本章の最後のコラムには特殊相対性理論を取り上げることにしました。コラムとしては少し長くなってしまうかもしれませんが、よろしければどうぞ最後までお付き合いください。

相対性理論には「特殊相対性理論」と「一般相対性理論」の2種類があります。「一般〜」は「特殊〜」の10年後に発表されたもので、「特殊〜」をバージョンアップさせたものです。本コラムでは「特殊相対性理論」に絞って説明をしていきたいと思います。

まず、特殊相対性理論が到達した結論をまとめておきましょう。それは次の4つです。

(1) 同時性の不一致
(2) 時間の流れが遅くなる
(3) 動いている物体は縮む
(4) 質量が増大する

どれも日常感覚からすると不思議な感じがするものばかりですが、これらは次の2つの原理から導かれました。

光速度不変の原理

第3章のコラムで、「光は誰に対しても秒速30万kmで進む」という事実を紹介しました。これを「光速度不変の原理」といいます。

観測者がどのような速度で動いたとしても、光速は常に秒速30万kmだというのは、にわかには信じがたいことですが、これは、様々な方法で精度よく実証されている事実です。もちろん、他の物体の移動速度は、観測者がどのような速度で移動するかによって変わってしまいます。なぜ光だけが「特別」なのでしょうか？　実は光が特別なわけではありません。光は質量を持ちませんが、質量がゼロであればどんな物質も光速と同じ速度で運動します。つまり**光速とは「自然界の最高スピード」であり、この最高スピードが不変だということ**なのです。

相対性原理

時代は16世紀にまで遡ります。当時はまだ、地動説よりも天動説が信じられていました。そして、地動説を否定する科学者達は「もし地動説が正しいのならば、球を真上に投げ上げたら、球が空中にある間も地球は動くのだから、球は決して手元に戻ってこないはずだ」等と言って、地動説は間違っていると主張しました。しかしのちに**ガリレオ・ガリレイ**は「船が止まっていようと、静かに動いていようと、マスト（船の帆をはる柱）の上から球を落とせば、いつも球はマストの真下に落ちる」という例を上げて地球が動いていたとしても天動説の支持者たちが述べたようなことはおきないと主張しました。

つまり、ガリレオは「**静止している場所だろうが、一定の速さで動いている場所だろうが、そこで起きる物体の運動に違いは表れない**」と考えたのです。

アインシュタインはガリレイの考えをさらに発展させて、「慣性系（等速直線運動をする空間）では、光の進み方を決める物理法則、すなわちマクスウェル方程式を含むすべての物理法則が静止した場所と同じように成り立つ」と考えました。これを「特殊相対性原理」と言います。

光速度不変の原理と特殊相対性原理は、特殊相対性理論を理解する上でのポイントになりますのでよく覚えておいてください。

（1）同時性の不一致

今、左のイラスト（図4－41）のように宇宙船が右方向に光速に近い速度で進んでいるとします。宇宙船の前と後ろには光検出器があり、光が届くと即座に発光弾が発射される仕組みになっています。

まず宇宙船の中央にある光源から同時に光が発せられます。宇宙船内の観測者Aにとって、光速度不変の原理より、光は左右に同じ速さで進みます。光は光源から等距離にある光検出器に「同時」に到着するので、観測者Aからすると発光弾は同時に発射されることになります。

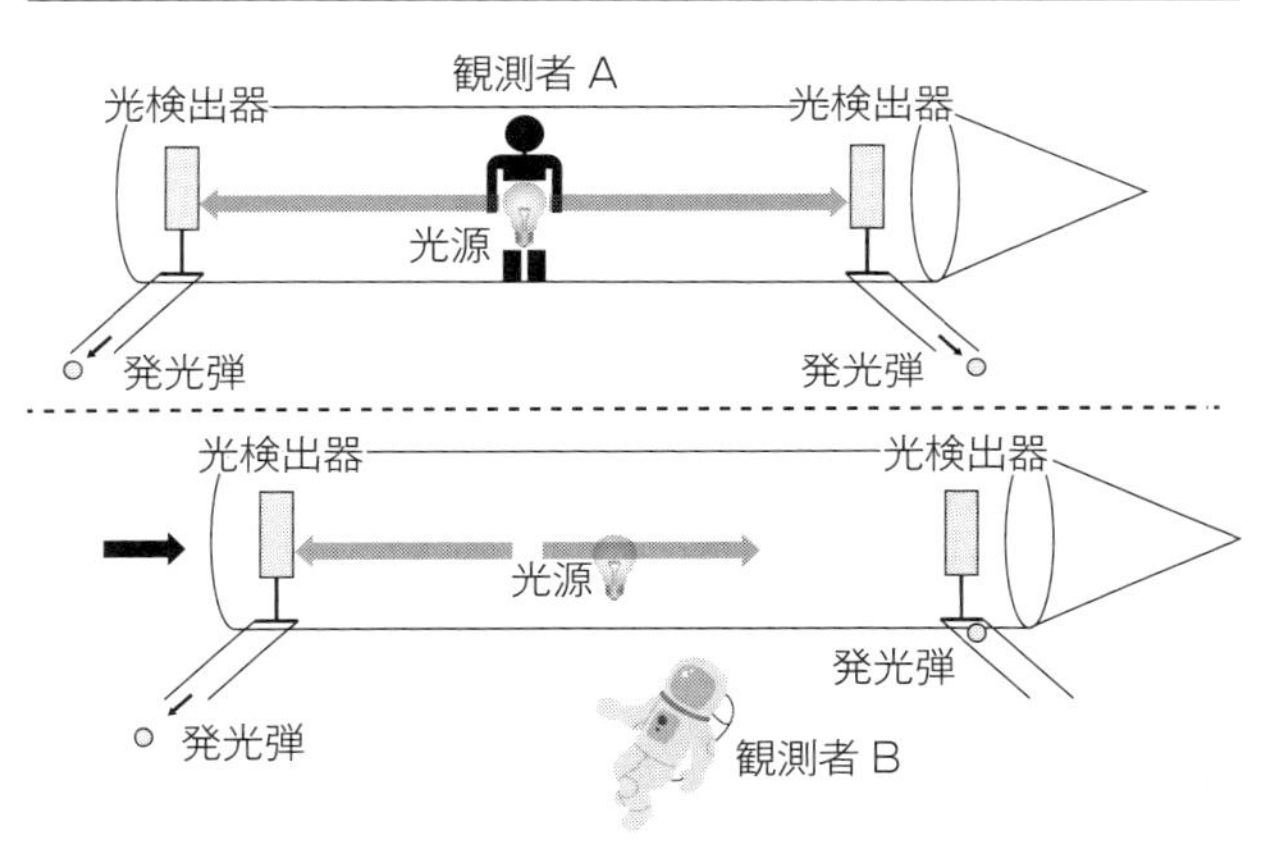

図 4-41

一方、宇宙にいる観測者Bから見るとどうでしょうか？　Bにとっても光は、光速度不変の原理により、光源の運動に関係なく、左右に同じ速さで進みます。ただし、宇宙船は光が進んでいる間も観測者Bから見て右側に進んでいるため、左側の光検出器は光に接近し、光は速く届きます。反対に右側の光検出器は光から遠ざかるので光が遅れて届きます。結果として観測者Bにとっては、発光弾は同時に発射されません。

このように光速に近い速度で移動している宇宙船内のAと宇宙の観測者Bの間で「同時」が一致しないという現象が置きます。これを**同時性の不一致**といいます。

（2）動いている方が遅れる

仮想的に、光速に近い速度で動く宇宙船内に「光時計」を作ったとします。光時計は上部と下部に鏡があり、その間を光が行ったり来たりすることで時間をはかる仕組みになっています。光時計の下部には発光源があります。今は簡単にするために光が下部から発せられて上部に届くまでの時間を「1秒」とします。

最初に宇宙船内の観測者Aの立場で考えます。

相対性原理より、宇宙船内は静止しているのと変わらないので、光源から出た光はまっすぐ上に進みます。そして光速度不変の原理より観測者Aにとって光の速度は秒速30万kmです。

次に宇宙にいる観測者Bの立場で考えます（図4‐42）。

宇宙船内の光時計の光源から光が出て上部に届くまでの間に、宇宙船は移動しているので、光は斜めに進むように見えます。そして、この観測者Bから見ても光速度不変の原理より光の速度は秒速30万kmでなければなりません。すなわち「1秒」の間に

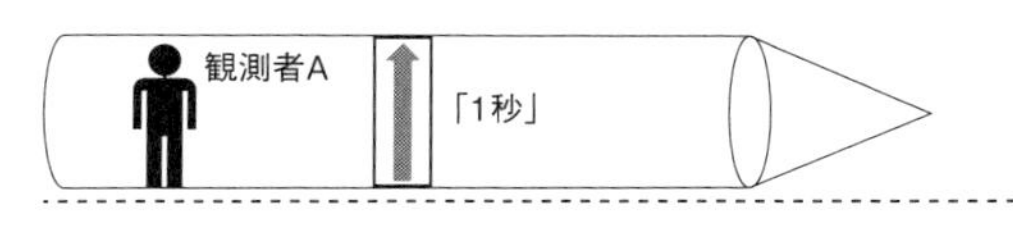

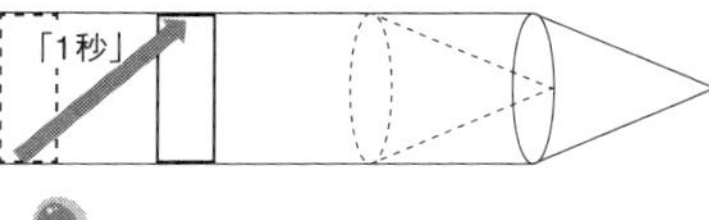

図 4-42

進む距離（ここでは光時計の長さ）は同じです。

しかし、光は明らかに光時計の長さよりも長い距離を移動しています。観測者Bにとっては、光は「1秒」で進める距離よりも長い距離を進まないと、宇宙船内の光時計の上部に光が届かないように見えるわけです。すなわち宇宙の観測者にとっては、宇宙船内の光時計で光が上部に達するまでには「1秒」よりも長い時間かかるように見える、というわけです。

仮に、宇宙の観測者Bにとって「1・5秒」で光時計の上部に光が達するとしましょう。しかし、あくまで宇宙船内の観測者Aにとっては光が光時計の上部に達するまでの時間は「1秒」です。ということは……？　そうです。宇宙の観測者Bにとっての「1・5秒」の間に、宇宙船内では「1

秒」しか経過していないことになります。

以上より、観測者Bからすると、宇宙船内の時間は遅れている（ゆっくり流れる）ということになるのです。非常に奇妙な結論ですが、これは「相対性原理」と「光速度不変の原理」から自然と導かれる結論なのです。

実例

頭の中で想像した思考実験によって「動いている時計は遅れる（ゆっくり進む）」ということが分かりましたが、このことが実際の実験で確かめられた例はないのでしょうか？　あります。宇宙からは宇宙線という高エネルギーの放射線が地球に降り注いでいます。そして宇宙線が地球の大気上層部にある原子と衝突すると、ミューオン（ミュー粒子）というミクロの粒子が生まれます。このミューオンは光とほぼ同じ速さで大気中を飛行するのですが、100万分の2秒ほどで壊れて別の粒子に変化してしまうことが分かっています（図4-43）。

光とほぼ同じ速度で飛ぶミューオンが100万分の2秒という寿命の間にどれだけ飛行できるかを計算すると、約600mです。一方地球の大気の厚さは約20kmなので、大気上層部で生まれたミューオンが地表にまでやってくることはないはずです。ところが、地表で大量のミューオンが検出されることが実験で確認されています。どうしてそんなことが起こるのでしょうか？

そうです。これこそまさに「動いている時計が遅れる」実例です。ミューオンの寿命は100万分の2秒だと書きましたが、これはあくまでミューオンが止まっている時の寿命です。実際のミューオンは光速に近い速度で移動しているために、寿命が約50倍に伸びて、厚い大気を通り抜けて地表にまで到達できるのです。

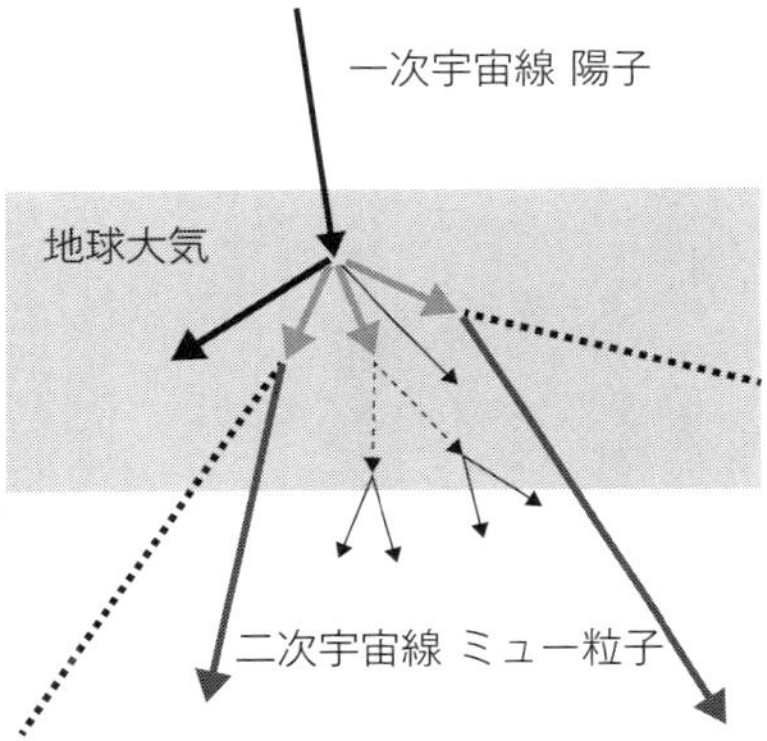

図 4-43

(3) 動いている物体は縮む

右のミューオンの例は面白いことを示唆しています。

もしミューオンと並んで飛行する人がいるとして、その人がミューオンを見たら、ミューオンの寿命は別に長くなってはいないのです。ミューオンと並んで飛行している人からすれば、ミューオンは静止しているので、ミューオンの寿命は100万分の2秒のままです。しかし、大気の上層部で生まれたミューオンが大気層を通り抜けて地表にまで到達している、という事実に変わりはありません。そこで新たな真理が生まれます。それは「**動くものは、進行方向の長さが縮む**」ということです。

ミューオンと並んで飛んでいる人にとっては、ミューオンは止まっていて、地球の大気層の方が光とほぼ同じ速度で動いていると考えます。すると、動いている大気は進行方向の長さが縮むので、大気の厚さが20kmから数百mになってしまうのです。これにより、100万分の2秒という寿命で600mしか進めないはずのミューオンが地表に到達することができるのです。

これもにわかには信じがたいことですが、動いているものの長さは止まっている時に測った長さよりも短く計測されるという性質を持っているのです。時間と同様に空間的な長さも相対的であることを明らかにしたのが相対性理論なのです。

(4) 質量が増大する

相対性理論は光速度不変の原理と相対性原理を土台にして、時間や空間の不思議な性質を明らかにしました。ですが、光の速さには、不変であるということ以外にも特別な意味があることにアインシュタインは気づきました。それは「光速はこの世で実現できる最高の速さだ」ということです。つまり速さには超えられない上限値があるのです。

しかし、そうだとすると大きな疑問が生まれてきます。

電圧をかけるなどして、電子（負の電荷をもつ粒子）に電気的なエネルギーを与えて、加速することを考えましょう。ふつうに考えれば、エネルギーを与え続ければ、電子の速さは際限なく大きくなっていきそうです。しかし、速さに上限があるなら、電子にいくらエネルギーをつぎ込んでも光速には到達できないことになります……どういうことでしょうか？

止まった電子にエネルギーEを与えて、光速の86・6％まで加速できたとします。特殊相対性理論によると、さらに同じエネルギーEを与えても光速の7・7％分しか加速できません。さて加速に使われなかったエネルギーはどこに消えてしまったのでしょうか？　第1章で学んだ運動方程式（$ma=F \rightarrow a=\frac{F}{m}$）によると、加速度は与え

$$E=mc^2$$

【E：エネルギー、m：質量、c：光速】

る力が大きいほど大きく、質量が大きいほど小さくなります。電子にエネルギーを加えるのは電子に力を与え続けることに相当しますが、エネルギーを与えても（力を加え続けても）たいして加速をしないのは、**光速に近くなった電子の質量（m）が増えて、力（F）の効果を打ち消しているから**だ、と考えるしかなさそうです。

つまり、「物体は光速に近づくほど加速しにくくなる、すなわち『質量』が増える」という結論になるのです。違う言い方をすればこうなります。**「エネルギーは質量に変わった」**。この事を表した有名な式が上の式です。

従来の科学ではエネルギーと質量は違うものだと考えられていましたが、アインシュタインはエネルギーと質量が同じものであると考えました。また、エネルギーが質量に変わるのと同様に、質量がエネルギーに変わることもあります。その代表例が原子力発電で使われるウランの核分裂反応です。ウランの原子核が分裂して複数の原子核になるとき、約０・１％の質量が減ります。その質量は膨大な量の原子力エネルギーとして放出されます。

もし、1円玉5枚の質量（5g）をすべてエネルギーに変えることができるとすると、東京ドーム1杯分（124万kℓ）の20℃の水を沸騰させることができます。

特殊相対性理論の概略はここまでです。以上の議論では「**加速度運動**」と「**重力**」が登場しませんが、この2つを扱える理論として特殊相対性理論をバージョンアップした理論が一般相対性理論です。

ちなみに、アインシュタインが最初に特殊相対性理論を発表した論文には、どこにも「相対性理論」という用語は登場しません。一連の理論に「相対性理論」と命名したのは、ドイツの物理学者であり、量子論の創始者でもある**マックス・プランク**（1858―1947）です。実は、アインシュタインが（後に言われるところの）「特殊相対性理論」を最初に発表した当時はあまり評判になりませんでした。しかし、プランクが、引用文献が一つもないことに注目し、「基本的原理から絶対的かつ不変な推論を自力で導いたところが素晴らしい」と激賞したことで、広く注目を集めるようになりました。

おわりに

私はふだん、数学塾で数学を教えていますが、そもそも数学に興味を持ったきっかけは物理でした。高校生の頃は、宇宙の始まりなどを考える宇宙論に興味がありました。その後少し変節して、大学では、太陽系の起源などを探る地球惑星物理学科というところに進んだのですが、宇宙の法則を表す数式にふれるうちに、数学が持つ言語としての豊かさに惹かれるようになりました。

ガリレオ・ガリレイが語ったとされる「宇宙は数学という言語で書かれている」の言葉の通り、数学は眼前の自然現象を記述するために発展したという側面があります。実際、ニュートンらが活躍した17~18世紀頃まで、数学と物理は不可分の関係にありました。

もし、地球以外の場所に知的生命体がいるのなら（きっといるはずです！）彼らが宇宙を記述するために用いている「言語」は、我々の数学に近いものであるような気がしてなりません。

「はじめに」にも書きました通り、宇宙や自然は人類が生まれるずっと前から、人類とは無関係に、ある仕組み（自然法則）に則って存在しています。我々が今日までに「物理」として解き明かしてきたのは、全体の仕組みのほんの一部に過ぎませんが、物理現象には――数学をここまで発展させる原動力になるほど――「解明したい」と思わせる強い魅力があります。それは垣間見える自然の仕組みが実に美しいからだと私（と科学者の多く）は思っています。本書を通してその美しさが伝わったかどうかは、筆者である私の力量にかかっており、読者の皆様の判断を仰ぐしかありませんが、せめて物理の魅力の万分の一でも伝わりますように、と願うばかりです。

今回、貴重な機会を与えて下さり、また筆の遅い私の原稿を根気強く待って下さった筑摩書房と編集者の橋本陽介氏にはこの場をお借りして改めて感謝申し上げます。

本書の執筆にあたっては、次頁に記す文献を随所で参考にさせていただきました。高校の教科書も含めて、どれも大変中身の濃い良書です。本書を通して少しでも物理に興味を持って下さったのなら、是非ともこれらの文献にも手を伸ばしていただきたいと思います。

ではこれで筆を置きます。またどこかでお会いできることを楽しみに。

2つの台風が関東に上陸した令和元年年秋　永野裕之

参考文献

文部科学省検定済教科書『物理基礎』数研出版
文部科学省検定済教科書『物理』数研出版
文部科学省検定済教科書『物理基礎』啓林館
文部科学省検定済教科書『物理』啓林館
『ビジュアル物理（ニュートン別冊）』ニュートンプレス
安孫子誠也著『歴史をたどる物理学』東京教学社
奥村弘二著『いきいき物理 マンガで冒険』日本評論社
小山慶太著『光と電磁気――ファラデーとマクスウェルが考えたこと』講談社
小山慶太著『ノーベル賞でたどる物理の歴史』丸善出版
小山慶太著『マンガおはなし物理学史』講談社
河合塾物理科編纂『物理教室』河合出版
鯉沼拓著『宇宙一わかりやすい高校物理』学研プラス
左巻健男著『面白くて眠れなくなる物理』ＰＨＰ研究所
トム・ジャクソン著、新田英雄監修・訳、ヴォルフガング・フォグリ訳、フォグリ未央訳『歴史を変えた１００の大発見 物理――探究と創造の歴史』丸善出版
竹内淳著『高校数学でわかるマクスウェル方程式』講談社
為近和彦著『忘れてしまった高校の物理を復習する本』中経出版
近角聡信・三浦登編纂『理解しやすい物理（物理基礎収録版）』文英堂

アダム・ハート＝デイヴィス著、山崎正浩訳『シュレディンガーの猫——実験でたどる物理学の歴史』創元社
ファインマン著、江沢洋訳『物理法則はいかにして発見されたか』岩波書店
ファインマン著、坪井忠二訳『ファインマン物理学〈1〉力学』岩波書店
文英堂編集部編『高校 これでわかる物理基礎』文英堂
文英堂編集部編『これでわかる物理』文英堂
牟田淳著『学びなおすと物理はおもしろい』ベレ出版
ウォルター・ルーウィン著、東江一紀訳『これが物理だ！——マサチューセッツ工科大学「感動」講義』文藝春秋
ドン・S・レモンズ著、村山斉監修、倉田幸信訳『物理２６００年の歴史を変えた51のスケッチ』プレジデント社
山本明利・左巻健男著『新しい高校物理の教科書——現代人のための高校理科』講談社
山本義隆著『新・物理入門』駿台文庫
山本義隆著『熱学思想の史的展開』筑摩書房
横川淳著『ぼくらは「物理」のおかげで生きている』実務教育出版

ちくま新書
1454

やりなおし高校物理

二〇一九年一二月一〇日　第一刷発行

著　者　永野裕之（ながの・ひろゆき）

発行者　喜入冬子

発行所　株式会社 筑摩書房
東京都台東区蔵前二‐五‐三　郵便番号一一一‐八七五五
電話番号〇三‐五六八七‐二六〇一（代表）

装幀者　間村俊一

印刷・製本　三松堂印刷 株式会社

ISBN978-4-480-07271-9 C0242